S7-200 可编程控制器项目化教程

主　编　崔维群　许　峰
副主编　杨经伟　谢　建
　　　　郭翠云　张宝泉
主　审　张水利

北京理工大学出版社
BEIJING INSTITUTE OF TECHNOLOGY PRESS

内容提要

本书以西门子 S7-200 系列 PLC 为对象,讲解了 PLC 在运动控制、过程控制和网络通信控制三大类系统中的应用,涵盖了 PLC 的主要应用领域。

本书由学校、行业和企业专家共同合作完成,共分为 6 个项目,每个项目又包含若干个任务。除项目 1 外,其他项目中的任务均从生产实践中选题提炼,包括教学目标、任务引入、任务分析、相关知识和任务实施等环节,基于工作过程,采用"任务驱动"和"教学做一体化"的模式编写,注重职业技能的训练和养成以及 PLC 工程应用能力的培养。

为了加强读者对所学内容的掌握及便于自学,书中配套了相关动画、微课、课件、教案、阶段测试题及参考答案等数字化资源,每个项目后面附有思考与练习。

本书可作为高等院校电气自动化技术、机电一体化技术、电子信息工程技术、生产过程自动化技术、计算机控制技术等专业的教材,也可供从事 PLC 系统设计、调试和运行维护的工程技术人员自学或培训使用。

版权专有　侵权必究

图书在版编目(CIP)数据

S7-200 可编程控制器项目化教程 / 崔维群,许峰主编. —北京:北京理工大学出版社,2018.2(2021.1 重印)
　ISBN 978-7-5682-5301-7

Ⅰ.①S… Ⅱ.①崔… ②许… Ⅲ.①可编程序控制器-教材 Ⅳ.①TM571.61

中国版本图书馆 CIP 数据核字(2018)第 027059 号

出版发行 / 北京理工大学出版社有限责任公司	
社　　址 / 北京市海淀区中关村南大街 5 号	
邮　　编 / 100081	
电　　话 / (010)68914775(总编室)	
(010)82562903(教材售后服务热线)	
(010)68948351(其他图书服务热线)	
网　　址 / http://www.bitpress.com.cn	
经　　销 / 全国各地新华书店	
印　　刷 / 三河市天利华印刷装订有限公司	
开　　本 / 787 毫米×1092 毫米　1/16	责任编辑 / 张鑫星
印　　张 / 18	文案编辑 / 张鑫星
字　　数 / 430 千字	责任校对 / 周瑞红
版　　次 / 2018 年 2 月第 1 版　2021 年 1 月第 3 次印刷	责任印制 / 李志强
定　　价 / 45.00 元	

图书出现印装质量问题,请拨打售后服务热线,本社负责调换

前言 Preface

本书结合可编程控制器技术与应用课程的改革和建设，尝试以工作过程为导向，以岗位需求为标准，以职业技能培养为主线而编写的立体化教材。在注重讲解基础知识的同时，力求突出课程的岗位性、技能性、工程性和应用性。

本书共分为 6 个项目。项目 1 主要讲解了 PLC 的概念、产生、分类、组成和工作原理，S7–200 PLC 的组成及结构，S7–200 CPU 模块的种类、特点及主要技术指标，S7–200 数字量 I/O 扩展模块的种类、特点、地址分配及接线等内容。项目 2 以电动机的正反转控制和 Y—△ 降压启动控制为任务，主要讲解了 S7–200 PLC 的数据类型、寻址方式、内部编程元件、梯形图编程方法、位逻辑指令和定时器/计数器指令及其应用等内容。项目 3 以流水灯控制、交通灯控制、组合钻床控制和机械手控制为任务，主要讲解了 S7–200 的数据传送类指令、表操作类指令、移位和循环移位指令、程序控制类指令、子程序及调用指令等；并以顺控系统设计为主线，讲解了顺序控制系统的概念，顺序功能图的结构、组成及画法，顺序功能图转梯形图的方法以及顺控系统设计方法和设计步骤等内容。项目 4 以步进电动机运行控制和电动机转速测量显示为任务，主要讲解了步进电动机和步进电动机驱动器及旋转编码器的结构、分类及选用，S7–200 的高速脉冲输出指令、数学运算类指令、逻辑运算类指令、数据转换类指令、高速计数器指令、中断及中断处理程序等内容。项目 5 以锅炉温度的 PLC 控制为任务，主要讲解了 S7–200 的模拟量 I/O 的技术指标、地址分配及接线、PID 回路控制指令、比较触点指令等内容。项目 6 以基于网络通信的电动机 PLC 远程控制和变频器多段速运行的 PLC 控制为任务，主要讲解了 S7–200 的网络及通信的有关基本概念、网络类型、网络硬件和协议、网络设置、网络读写指令、USS 通信协议及指令编程、西门子 V20 变频器设置等内容。附录 A 介绍了 STEP 7–Micro/WIN 编程软件的使用方法。附录 B 介绍了 S7–200 仿真软件的使用方法。

本书由山东水利职业学院崔维群、许峰担任主编，山东水利职业学院杨经伟和山东比特智能科技股份有限公司谢建、青岛酒店管理职业学院郭翠云、潍坊市技师学院张宝泉担任副主编，山东水利职业学院张水利担任主审。项目 1 由谢建编写，项目 2 及与全书配套的动画、微课由许峰编写制作，项目 3 由崔维群编写，项目 4 由杨经伟编写，项目 5 由山东水利职业学院孔艳梅编写，项目 6 由山东水利职业学院申加亮编写，附录 A 由烟台金建设计研究工程有限公司李丰志编写，附录 B 由山东比特智能科技股份有限公司李学忠、李彦田编写。书中部分内容参阅了有关文献，对书中所有参考文献的作者表示衷心感谢！本书的编写还得到了淄博三品电子科技有限公司陈敏健、楚浩军，日照亚太森博浆纸有限公司刘升、刘磊，日照威德电子科技有限公司王友明等工程师的大力支持和帮助，在此一并表示感谢！

　　由于编者水平有限，书中错误与不妥之处在所难免，恳请广大读者批评指正。

编　者

党的二十大精神进教材修订内容及说明

为贯彻落实《中共中央关于认真学习宣传贯彻党的二十大精神的决定》、国家教材委员会办公室《关于做好党的二十大精神进教材工作的通知》（国教材办〔2022〕3号）等文件精神和要求，进一步推动党的二十大精神进教材、进课堂、进头脑，编者对教材进行了修订，主要修订内容如下表。

二十大精神进教材修订表

修订页码及内容	修订后内容（请扫描二维码观看）
P1 "引言"部分	P1 引言
P13 "1.1.5 可编程控制器的特点、应用及发展方向"部分增加"【扩展阅读】可编程控制器在我国的发展、存在的问题及对策探讨"	P13 【扩展阅读】可编程控制器在我国的发展、存在的问题及对策探讨
P13 "1.1.5 可编程控制器的特点、应用及发展方向"部分增加"【扩展阅读】大国工程通过冗余提高可靠性"	P13 【扩展阅读】大国工程通过冗余提高可靠性
P54 倒数第二段	P54 倒数第二段
P68 【例2-6】题干部分	P68 【例2-6】题目
P81 "3.1.1 任务引入"部分	P81 "3.1.1 任务引入"

目录

项目1 可编程控制器系统认知 ·· 1
  任务1.1 初识可编程控制器 ·· 2
    1.1.1 可编程控制器的产生及定义 ·· 2
    1.1.2 可编程控制器的组成 ·· 3
    1.1.3 可编程控制器的工作原理及工作过程 ·· 9
    1.1.4 可编程控制器的分类及主要技术指标 ·· 12
    1.1.5 可编程控制器的特点、应用及发展方向 ·· 13
  任务1.2 认识S7-200可编程控制器结构 ·· 15
    1.2.1 S7-200 PLC系统结构 ·· 16
    1.2.2 S7-200 PLC的系统扩展 ·· 28
  思考与练习 ·· 34

项目2 三相交流异步电动机的PLC控制 ·· 35
  任务2.1 三相交流异步电动机正反转运行的PLC控制 ·· 36
    2.1.1 任务引入 ·· 36
    2.1.2 任务分析 ·· 37
    2.1.3 相关知识 ·· 37
    2.1.4 任务实施 ·· 61
  任务2.2 三相鼠笼式异步电动机Y—△降压启动的PLC控制 ·································· 63
    2.2.1 任务引入 ·· 63
    2.2.2 任务分析 ·· 63
    2.2.3 相关知识 ·· 64
    2.2.4 任务实施 ·· 74
  思考与练习 ·· 77

项目3 顺序控制系统的PLC控制 ·· 80
  任务3.1 简单流水灯的PLC控制 ·· 81
    3.1.1 任务引入 ·· 81
    3.1.2 任务分析 ·· 81
    3.1.3 相关知识 ·· 81
    3.1.4 任务实施 ·· 96
  任务3.2 认识顺序功能图 ·· 98

3.2.1 顺序控制系统设计法及顺序功能图的组成 ················· 98
3.2.2 顺序功能图的结构 ··· 103
3.2.3 顺序功能图转换为梯形图程序的方法 ······················· 104
任务 3.3 交通灯的 PLC 控制 ·· 112
3.3.1 任务引入 ··· 112
3.3.2 任务分析 ··· 113
3.3.3 任务实施 ··· 113
任务 3.4 组合钻床的 PLC 控制 ··· 117
3.4.1 任务引入 ··· 118
3.4.2 任务分析 ··· 118
3.4.3 任务实施 ··· 119
任务 3.5 机械手的 PLC 控制 ·· 124
3.5.1 任务引入 ··· 124
3.5.2 任务分析 ··· 125
3.5.3 相关知识 ··· 125
3.5.4 任务实施 ··· 131
思考与练习 ··· 136

项目 4 步进电动机的 PLC 控制及电动机的转速测量 ················· 142
任务 4.1 步进电动机的 PLC 控制 ·· 143
4.1.1 任务引入 ··· 143
4.1.2 任务分析 ··· 143
4.1.3 相关知识 ··· 144
4.1.4 任务实施 ··· 153
任务 4.2 电动机的转速测量 ··· 157
4.2.1 任务引入 ··· 157
4.2.2 任务分析 ··· 157
4.2.3 相关知识 ··· 157
4.2.4 任务实施 ··· 189
思考与练习 ··· 195

项目 5 模拟量系统的 PLC 控制 ·· 197
任务 5.1 锅炉温度的 PLC 控制 ··· 198
5.1.1 任务引入 ··· 198
5.1.2 任务分析 ··· 198
5.1.3 相关知识 ··· 199
5.1.4 任务实施 ··· 215
思考与练习 ··· 220

项目 6 基于网络通信的 PLC 控制 ·· 221
任务 6.1 基于网络通信的电动机 PLC 远程控制 ······················· 222
6.1.1 任务引入 ··· 222

  6.1.2 任务分析 ·· 222
  6.1.3 相关知识 ·· 222
  6.1.4 任务实施 ·· 235
  6.1.5 系统安装调试 ·· 242
 任务 6.2 变频器多段速运行的 PLC 控制 ·· 242
  6.2.1 任务引入 ·· 242
  6.2.2 任务分析 ·· 242
  6.2.3 相关知识 ·· 243
  6.2.4 任务实施 ·· 249
 思考与练习 ·· 254
附录 A STEP 7–Micro/WIN 编程软件的使用 ·· 255
 A.1 STEP 7–Micro/WIN 软件的安装 ·· 255
 A.2 STEP 7–Micro/WIN 软件的使用 ·· 255
附录 B S7–200 仿真软件的使用 ·· 275
 B.1 软件概述 ·· 275
 B.2 软件使用 ·· 275
参考文献 ·· 279

项目 1

可编程控制器系统认知

引言

可编程控制器（图1.1）又叫可编程逻辑控制器（Programmable Logic Controller，PLC）。1969年，美国数字设备公司（DEC）研制出第一台PLC，主要由分立元件和中小规模集成电路组成，只能完成简单的逻辑控制及定时、计数功能。20世纪70年代初，将微处理器引入可编程控制器，使PLC增加了运算、数据传送及处理等功能，完成了真正具有计算机特征的工业控制装置。20世纪70年代中末期，计算机技术已全面引入可编程控制器中，使其具有了更高的运算速度、更小的体积、更可靠的工业抗干扰设计和模拟量运算等特点。20世纪80年代初，可编程控制器呈现出了新的特点：大规模、高速度、高性能、产品系列化，在先进工业国家已获得广泛应用。

20世纪末期，可编程控制器的发展更加适应于现代工农业生产的需要。从控制规模上来说，这个时期发展了大型机和超小型机；从控制能力上来说，诞生了各种各样的特殊功能单元，用于压力、温度、转速、位移等各式各样的控制场合；从产品的配套能力上来说，生产了各种人机界面单元、通信单元，使应用可编程控制器的工业控制设备的配套更加容易。随着计算机控制技术的不断发展，可编程控制器的应用越来越广泛普及。目前，可编程控制器在工农业生产和民用领域的应用都得到了长足的发展，成为自动化技术的重要组成部分和支柱之一。

图1.1 可编程控制器

任务1.1　初识可编程控制器

知识目标

了解可编程控制器的产生、定义、分类、特点、应用及发展；掌握可编程控制器的基本组成、工作原理及主要技术指标。

1.1.1　可编程控制器的产生及定义

1. 可编程控制器的产生

在可编程控制器出现之前，工业控制领域主要是继电器—接触器控制系统占主导地位。继电器—接触器控制系统有着十分明显的缺点：体积大、耗电多、可靠性差、寿命短、接线复杂、灵活性和适应性差，尤其当生产工艺发生变化时，就必须重新设计、重新安装，造成时间和资金的严重浪费。为了改变这一现状，适应汽车型号不断更新的要求，1968年美国通用汽车公司提出了研制一种新型工业控制系统来取代继电器—接触器控制系统，为此，特拟定了10项公开招标的技术要求，这10项技术要求分别是：

（1）使用计算机作为主控制器，编程简单，程序可现场修改；
（2）维护方便，最好采用插件式模块化结构；
（3）可靠性高于继电器—接触器控制系统；
（4）体积小于继电器—接触器控制系统；
（5）可将数据直接送入管理计算机；
（6）在成本上可与继电器—接触器控制系统竞争；
（7）输入可为交流市电；
（8）输出可为交流市电、2 A以上，能直接驱动接触器、电磁阀等；
（9）通用性强，易于扩展；
（10）用户程序存储器容量至少为4 KB。

根据这10条，美国数字设备公司（DEC）于1969年研制出了世界上第一台可编程控制器，并成功应用于通用汽车公司的自动生产线。从此，可编程控制器这一新的控制技术在世界范围内迅速发展起来。

当时可编程控制器叫可编程逻辑控制器，目的是用来取代继电器—接触器控制系统，以执行逻辑判断、定时、计数等控制功能。后来，随着半导体技术，尤其是微处理器和微型计算机技术的发展，使PLC在概念、设计、性价比以及应用等方面都有了新的突破。这时的PLC已不仅仅是完成逻辑判断功能，还同时具有数据处理、PID调节和数据通信等功能，称之为可编程控制器（Programmable Controller，PC）更为合适。但为了与个人计算机（Personal Computer）的简称PC相区别，一般仍将它简称为PLC。

PLC是计算机技术与传统的继电器—接触器控制技术相结合的产物，其基本设计思想是把计算机功能完善、灵活性高、通用性强等优点和继电器—接触器控制系统的简单易懂、操作方便、价格便宜等优点结合起来。继电器—接触器控制系统已有上百年历史，在复杂的继电器—接触器控制系统中，故障的查找和排除困难，花费时间长，严重地影响工农业生产。而 PLC 克服了继电器—接触器控制系统中机械触点的接线复杂、可靠性低、功耗高、通用性和灵活性差的缺点，充分利用微处理器的优点，并将控制器和被控对象方便地连接起来。

从用户角度来看，可编程控制器是一种无触点设备，改变控制程序即可改变生产工艺。因此，如果在初步设计阶段就选用可编程控制器，可以使系统设计和调试变得简单容易。从制造生产可编程控制器的厂商角度来看，在制造阶段不需要根据用户的订货要求专门设计控制器，适合批量生产。由于这些特点，可编程控制器问世以后很快受到工业控制界的欢迎，并得到了迅速发展。

2. 可编程控制器的定义

国际电工委员会（IEC），曾于 1982 年 11 月颁发了可编程控制器标准草案第 1 稿，1985 年 1 月又颁发了第 2 稿，1987 年 2 月颁发了第 3 稿。该草案中对可编程控制器的定义是：

可编程控制器是一种数字运算操作的电子系统，专为在工业环境下应用而设计。它采用了可编程序的存储器，用来在其内部存储和执行逻辑运算、顺序控制、定时、计数和算术运算等操作命令，并通过数字式和模拟式的输入和输出，控制各种类型的机械或生产过程。可编程控制器及其有关外围设备，都按易于与工业系统联成一个整体、易于扩充其功能的原则设计。

定义强调了可编程控制器是"数字运算操作的电子系统"，是一种计算机。它是"专为在工业环境下应用而设计"的工业控制计算机。

1.1.2 可编程控制器的组成

通过前面的介绍我们知道，可编程控制器实际上就是专为控制应用领域而设计的计算机，其结构和我们常见的计算机结构基本相同，也是由硬件和软件两大部分组成。下面我们主要介绍其硬件结构和组成。

可编程控制器的结构多种多样，但其组成基本相同，如图 1.2 所示，都是以微处理器为核心，主要由 CPU、存储器、电源专门设计的输入/输出（I/O）接口电路、通信接口、电源、扩展模块、编程装置等组成。编程装置将用户程序送入可编程控制器，在可编程控制器运行状态下，输入接口电路接收外部元件发出的输入信号，可编程控制器执行程序，并根据程序运行后的结果，控制输出接口电路驱动外部设备动作。

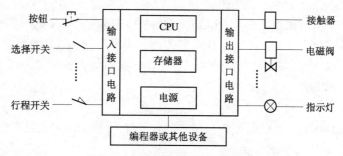

图 1.2 可编程控制器的系统结构

1. CPU

CPU 是可编程控制器的控制中枢，相当于人的大脑。CPU 一般由控制器、运算器和寄存器等部分组成，通常都被封装在一个集成芯片上。CPU 通过地址总线、数据总线、控制总线与存储单元、输入输出接口电路等连接。

CPU 的功能主要有：

① 接收并存储用户程序和数据；

② 监控、诊断 PLC 工作状态；

③ 进行数据通信；

④ 将外部输入设备通过输入接口电路输入的信号状态写入输入映像存储区；

⑤ 从存储器逐条读取用户指令，按指令规定的功能进行数据传送、逻辑运算、算术运算等操作，并将结果送到输出映像存储区；

⑥ 根据输出映像存储区的内容控制输出信号的状态，然后输出接口电路将输出信号进行转换控制输出设备动作，从而完成相应的控制功能。

CPU 常用的微处理器有通用型微处理器、单片机和位片式微处理器等。通用型微处理器常见的如 Intel 公司的 8086 系列芯片，单片机型的微处理器如 Intel 公司的 MCS-96 系列单片机，位片式微处理器如 AMD 公司的 AM 2900 系列微处理器等。

目前，在一些厂家生产的 PLC 中，还采用了冗余技术，即采用双 CPU 或三 CPU 工作，进一步提高了系统的性能和可靠性。采用冗余技术可使 PLC 的平均无故障工作时间达到几十万小时以上。

2. 存储器

可编程控制器的存储器按照读写方式分为只读存储器 ROM 和随机读写存储器 RAM；按照用途和功能分为系统程序存储器和用户存储器。

用户程序和中间运算数据存放在随机读写存储器 RAM 中，RAM 存储器是一种高密度、低功耗、价格便宜的半导体存储器，它存储的内容是容易丢失的，可用电池做备用电源。当系统掉电时，用户程序可以保存在只读存储器 EEPROM 中或由后备电池或大电容支持的 RAM 中。EEPROM 兼有 ROM 和 RAM 的优点，用来存放需要长期保存的重要数据。

系统程序存储器用于存放 PLC 生产厂家编写的系统程序并固化在只读存储器 PROM 或 EPROM 中，用户不能访问或修改。系统程序相当于计算机的操作系统，它关系到 PLC 的性能。系统程序主要包括系统监控程序、用户指令解释程序、标准程序模块、系统调用管理等程序以及各种系统参数等。

用户存储器可分为三部分：用户程序区、数据区、系统区。用户程序区用于存放经编程器输入的用户程序；数据区用于存放 PLC 在运行过程中所用到和生成的各种工作数据，主要包括输入、输出映像寄存器，定时器、计数器的预置值和当前值等；系统区主要存放 CPU 的组态数据，如输入/输出组态、定义存储区保持范围、模拟电位器设置、高速计数器配置、高速脉冲输出配置、通信组态等。

3. 输入/输出（I/O）接口电路

输入/输出接口电路是 PLC 与被控对象之间传递输入/输出信号的接口部件，输入/输出接口电路要有良好的电隔离和滤波功能。

PLC 输入接口电路的作用是将 PLC 接的外部输入设备（如行程开关、按钮、传感器等）

提供的符合 PLC 输入电路要求的信号（通常为高电压、大电流信号），通过光电耦合电路转换（转换后的信号为低电压、小电流信号）送至 PLC 内部电路。输入接口电路通常以光电隔离和阻容滤波的方式提高抗干扰能力，输入响应时间一般为毫秒级。PLC 输出接口电路的作用是将 PLC 向外输出的信号（低电压、小电流信号）转换成可以驱动外部执行器工作的信号（通常为高电压、大电流信号），如控制接触器线圈等电器的通断电等。另外，输出接口电路也通过光电耦合电路转换，使 PLC 内部电路与外部的强电隔离，以保证系统的可靠性。

1）数字量输入接口电路

PLC 的输入接口电路分为数字量输入（又叫开关量输入）接口电路和模拟量输入接口电路，下面主要讲解数字量输入接口电路结构。数字量输入接口电路又分为直流输入和交流输入两种形式。输入电路中设有光电隔离和滤波电路，以防止由于输入触点抖动或外部干扰脉冲引起错误的输入信号。输入信号均经过光电隔离、滤波，然后送入输入锁存器等待 CPU 采样，每路输入信号均有发光二极管（LED）显示，以指明信号是否到达 PLC 的输入端子。输入信号的电源均可由用户提供，直流输入信号的电源也可由 PLC 自身提供。

（1）直流数字量输入接口电路典型结构如图 1.3 所示，图中点画线矩形框内为 PLC 内部电路，框外左侧为外部输入设备接线。图 1.3 中只画出了对应于一个输入点的电路结构，其他输入点对应的电路结构与此相同。其中 VL 为输入点是否有输入的 LED 指示灯，VLC 为光电耦合器。通常，PLC 的若干个输入点组成一组，一组输入只需提供一个输入电源，COM 端就是这一组输入的公共端。由图 1.3 可以看出，由于 VL 和 VLC 内部的 LED 都采用了两个 LED 反向并联的形式，所以为每组输入提供的外接直流电源的极性是任意的。

电路工作原理如下：当开关 S 闭合时，光电耦合器导通，VL 点亮，表示外部输入设备（此处为开关 S）处于接通状态。此时 A 点为高电平，该电平经滤波器送到内部电路中。当 PLC 在循环扫描的输入采样阶段锁入该路信号时，将该输入点对应的映像寄存器状态置 1；当 S 断开时，光电耦合器不导通，VL 不亮，表示外部输入设备处于断开状态。此时 A 点为低电平，该电平经滤波器送到内部电路中。当 PLC 在循环扫描的输入采样阶段输入该路信号时，将该输入点对应的映像寄存器状态置 0。

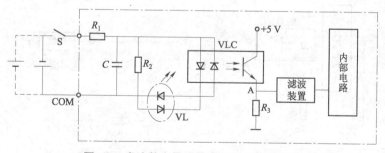

图 1.3　直流数字量输入接口电路典型结构

（2）交流数字量输入接口电路典型结构如图 1.4 所示，图中点画线矩形框内为 PLC 内部电路，框外左侧为外部输入设备接线。图 1.4 中只画出了对应于一个输入点的电路结构，其他输入点对应的电路结构与此相同。其中 C 为隔直电容，对交流近似于短路。交流数字量输入接口电路的结构和工作原理与直流输入电路基本相同，在此不再赘述。

2）数字量输出接口电路

PLC 的输出接口电路也分为数字量输出（又叫开关量输出）接口电路和模拟量输出接口电路，下面主要讲解数字量输出接口电路结构。

数字量输出接口电路根据所使用的器件不同又分为晶体管输出、继电器输出和双向晶闸管输出三种形式，它们所能驱动的负载类型、负载大小和响应时间不一样。输出信号先经过输出锁存器，然后经过光电隔离后驱动输出器件动作，从而控制负载的通断电。每路输出均有发光二极管指示，负载所需要的电源均由用户提供。

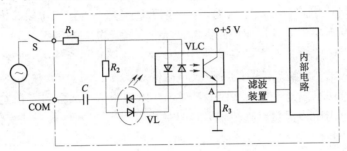

图 1.4　交流数字量输入接口电路典型结构

（1）晶体管数字量输出接口电路典型结构如图 1.5 所示。这种输出形式只可驱动直流负载，所以又称直流输出。其中 VL 为输出 LED 指示灯，VLC 为光电耦合器，VT 为输出晶体管，VD 为保护二极管，可防止负载电压极性接反或高电压、交流电压损坏晶体管，FU 为熔断器。

其电路工作原理为：当内部电路的输出状态为 1 时，光电耦合器 VLC 导通，使晶体管 VT 饱和导通，从而使负载得电，同时 VL 点亮，表示该输出点有输出。当内部电路的输出状态为 0 时，光电耦合器 VLC 断开，晶体管 VT 截止，从而使负载失电，同时 VL 熄灭，表示该输出点无输出。如果负载是感性的，则需要给负载并接续流二极管（如图 1.5 中的虚线所示），这样当负载断电时，可通过续流二极管释放能量，保护输出晶体管 VT 免受高电压的冲击。

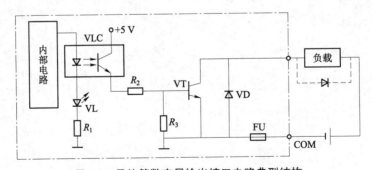

图 1.5　晶体管数字量输出接口电路典型结构

晶体管输出的优点是可靠性强，动作速度快，开关频率高，寿命长；其缺点是过载能力差，只能带直流负载。建议在输出变化快，负载由直流供电的场合优先选用。

（2）继电器数字量输出接口电路典型结构如图 1.6 所示。这种输出形式既可驱动交流负载，又可驱动直流负载，所以又称交直流输出。图 1.6 中点画线矩形框内为 PLC 内部电路，框外右侧为外部输出设备接线。图 1.6 中只画出了对应于一个输出点的电路结构,其他输出点对应的电路结构与此相同。其中 VL 为输出 LED 指示灯,K 为输出继电器,VD 为继电器线圈的续流二极管,以保护内部电路免受高电压的冲击。与输入一样,PLC 的若干个输出点也可组成一组,一组输出只需提供一个负载电源,COM 端就是这一组输出的公共端。

其电路工作原理为:当内部电路的输出状态为 1 时,使继电器 K 的线圈通电,继电器的常开触点闭合,从而使负载得电,同时 VL 点亮,表示该输出点有输出。当内部电路的输出状态为 0 时,使继电器 K 的线圈断电,继电器的常开触点断开,从而使负载断电,同时 VL 熄灭,表示该输出点无输出。

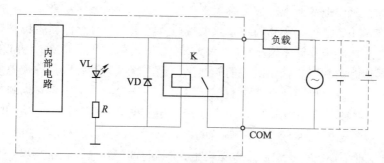

图 1.6 继电器数字量输出接口电路典型结构

继电器输出的优点是适用电压范围宽,导通压降小,带负载能力强,且既能带交流负载又能带直流负载,承受瞬时过电压和过电流的能力强;其缺点是动作速度慢,开关频率低,动作次数(寿命)有限。建议在输出变化不频繁时优先选用。

(3)晶闸管数字量输出接口电路典型结构如图 1.7 所示。这种输出形式适合驱动交流负载,所以又称交流输出。其中 VL 为输出 LED 指示灯,VLC 为光电耦合器(光控双向晶闸管),R_2 和 C 构成阻容吸收保护电路,FU 为熔断器。

其电路工作原理为:当内部电路的输出状态为 1 时,VLC 中的发光二极管导通发光,相当于给双向晶闸管施加了触发信号,双向晶闸管导通,负载得电,同时输出指示灯 VL 点亮,表示该输出点有输出;当内部电路的输出状态为 0 时,双向晶闸管关断,负载失电,此时输出指示灯 VL 熄灭,表示该输出点无输出。

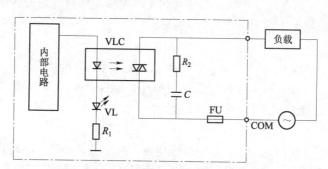

图 1.7 晶闸管数字量输出接口电路典型结构

由于双向晶闸管和晶体管同属于半导体材料元件,所以其优缺点与晶体管输出形式相似,适合于负载由交流供电、输出量变化快的场合选用。

3）对 PLC 输入/输出的进一步理解

在 PLC 上，每个实际的数字量或模拟量输入在内部存储器中都有一个唯一的存储单元与其对应，用来存储本输入的实际状态或数值，由这些存储单元组成的存储区域叫输入映像寄存器区。与数字量输入对应的叫数字量输入映像寄存器区，与模拟量输入对应的叫模拟量输入映像寄存器区。对于每个数字量输入点，一般对应数字量输入映像寄存器区的一个存储器位。因为数字量输入点主要用来连接诸如按钮、继电器、行程开关等的触点设备，这些设备只有闭合、断开两种状态，正好可以用存储器中的一个位来表示。存储器位为"1"表示触点闭合，输入点有输入；存储器位为"0"表示触点断开，输入点没有输入。对于每个模拟量输入点，一般对应模拟量输入映像寄存器区的一个字。

与输入一样，PLC 上每个实际的数字量或模拟量输出在内部存储器中也都有一个唯一的存储单元与其对应，用来存储本输出的实际状态或数值，由这些存储单元组成的存储区域叫输出映像寄存器区。与数字量输出对应的叫数字量输出映像寄存器区，与模拟量输出对应的叫模拟量输出映像寄存器区。对于每个数字量输出点，一般对应数字量输出映像寄存器区的一个存储器位。因为数字量输出点主要用来连接诸如继电器、接触器、电磁阀的线圈及指示灯等设备，这些设备通常也只有得电、断电两种状态，正好可以用存储器中的一个位来表示。存储器位为"1"表示输出点有输出，设备得电；存储器位为"0"表示输出点没有输出，设备断电；对于每个模拟量输出点，一般对应模拟量输出映像寄存器区的一个字。

通过上面的描述可知，PLC 的输入/输出可以理解为有三层含义：一是输入/输出设备；二是 PLC 上的输入/输出点（每个输入/输出点在 PLC 上都有对应的接线端子）；三是 PLC 内部与输入/输出点对应的存储单元。输入/输出设备都需要接在输入/输出点的接线端子上，输入端子上的输入信号反映了输入设备的状态，输出设备的状态由输出端子上的输出信号所决定，而与输入点对应的存储单元中的数值又反映了输入端子输入的信号，与输出点对应的存储单元中的数值又决定了输出端子输出的信号，所以输入/输出设备的状态最后都间接地反映在与其对应的存储单元的状态或数值中。PLC 的 CPU 只要通过读取与输入点对应的存储单元的状态或数值就能间接地知道输入设备的状态；反之，CPU 只要向与输出点对应的存储单元中写入相应的数值就能间接地控制输出设备的状态。故输入/输出设备、输入/输出点及与输入/输出点对应的存储单元这三者之间是一一对应的，并通过 PLC 的软、硬件系统构成一个有机统一的整体。正是通过这个统一的整体，PLC 才能完成对现场设备或生产过程的控制，具体控制过程和原理将在本项目的 1.1.3 中讲解。

4. 通信接口

通信接口用于连接编程装置、文本显示器、触摸屏等，并能组成 PLC 的控制网络。PLC 通过一定的通信接口与计算机连接，可以实现编程、监控、联网等功能。PLC 上常用的通信接口有 RS-232 接口、RS-485 接口、RJ45 以太网接口等。

5. 电源

电源的作用是把外部电源（如 220 V 交流电源、24 V 直流电源等）转换成内部工作电源。外部连接的电源，通过 PLC 内配有的一个专用开关式稳压电源，将交流/直流供电电源转化为 PLC 内部电路工作需要的电源（如 DC +5 V、DC ±12 V、DC +24 V 等），并可为外部设备（如直流数字量输入等）提供 24 V 直流电源。

6. 扩展模块

为了适应日益广泛的控制需求，PLC 通常还设计了各种扩展模块来完成某种特定功能，如 I/O 扩展模块、称重模块、位置控制模块、通信模块等，不同 PLC 能提供的扩展模块的种类和数量不尽相同。这些模块通常都内置 CPU，具有一定的智能性，但不能单独工作，必须通过相应的接口与 PLC 基本模块连接才能正常工作。

7. 编程装置

编程装置又叫编程器，是 PLC 的重要外围设备。利用编程器可以将用户程序送入 PLC 的存储器，还可以用编程器检查、修改和调试程序，监视 PLC 的工作状态等。目前 PLC 的编程器主要有两类：一类是带有专用编程软件的计算机，这也是最常用的编程器；另一类是专用便携式编程器。

在可编程控制器发展的初期，使用专用编程器来编程。专用编程器只能对某一厂家的某些产品编程，使用范围有限。小型可编程控制器价格较便宜，携带方便的手持式编程器、大中型可编程控制器则使用以小型 CRT 作为显示器的便携式编程器。手持式编程器一般不能直接输入和编辑梯形图，只能输入和编辑指令，但它有体积小、便于携带、可用于现场调试、价格便宜的优点。

随着个人计算机的普及，越来越多的用户使用基于个人计算机的编程器。目前基本上所有的可编程控制器生产厂商或经销商都可向用户提供编程软件，在个人计算机上添加适当的硬件接口和软件包，即可对 PLC 进行编程及在线调试等，对于查找故障非常有利。

1.1.3 可编程控制器的工作原理及工作过程

PLC 原理

1. PLC 的工作原理和工作过程

在一个 PLC 控制系统中，大部分输入/输出设备都需要接到与 PLC 输入/输出点对应的接线端子上。PLC 的主要任务就是要不断检测输入设备的状态变化，然后执行用户程序，用户程序要根据输入设备状态的变化情况控制输出设备的动作，从而完成相应的控制功能。具体来说，PLC 采用了如图 1.8 所示的循环扫描的工作方式和工作过程。

PLC 连续执行用户程序和其他任务的循环序列称为扫描，整个扫描过程执行一次所需要的时间称为扫描周期。PLC 的扫描周期与 PLC 本身的性能（CPU 处理速度）、用户程序的大小、PLC 的硬件组成等诸多因素有关，即使对同一 PLC、同一用户程序，因为每次扫描的通信处理时间及用户程序执行时间都有可能不同，所以每个扫描周期的时间也可能不同，但一般不会超过扫描周期的最长限制时间。对于大部分中小型 PLC 而言，一个扫描周期的最长时间一般都会控制在几百毫秒之内。

一般 PLC 都具有 RUN（运行）和 STOP（停止）两种工作方式。在图 1.8 中，当 PLC 处于 RUN 方式时，执行循环扫描的所有 5 个阶段；当 PLC 处于 STOP 方式时，只执行循环扫描的前 2 个阶段，不执行后 3 个阶段。对于不同型号的 PLC，图 1.8 所示

图 1.8 PLC 工作原理示意图

的循环扫描过程中各个阶段的顺序可能不同，这是由 PLC 内部的系统程序所决定的。

（1）内部处理。在此阶段，PLC 执行自诊断测试、重新启动循环扫描时间监视定时器等操作。自诊断测试主要包括硬件检查、用户程序检查、存储器校验等，如果发现异常，PLC 可以根据相应的故障类型进行必要的处理，如停止 PLC 运行、进行报警或显示错误、在 PLC 内部产生出错标志等。若自诊断正常，则继续向下扫描。前面讲过，对于大部分 PLC 而言，一个扫描周期的最长时间一般会控制在几百毫秒之内，这主要是为了保证 PLC 系统的输出能尽快跟随输入的变化而变化，从而保证系统的安全性和可靠性。这个扫描周期的最长时间就是靠一个循环时间监视定时器定时来保证的，只要一个扫描周期的时间不超过监视定时器的定时时长，PLC 即认为扫描正常。否则，PLC 就会认为扫描出现问题。如果出现这种情况，PLC 一般会自动将自己由运行状态转换为停止状态，以保证系统安全。所以，为了保证 PLC 正常工作时监视定时器不超时，必须在每个扫描周期的内部处理阶段将监视定时器清零，重新启动新一轮扫描的监视定时。

（2）通信处理。在此阶段，PLC 自动监测并处理各通信端口接收到的信息，即检查是否有编程器、计算机或其他 PLC 等的通信请求，若有则进行相应的处理。

（3）输入采样。在此阶段，PLC 集中性地依次读取所有输入点上输入信号的当前状态（输入点上输入信号的当前状态是由该输入点所接的输入设备的状态所决定的），然后将其写到对应的输入映像寄存器的存储单元中。例如，对于数字量输入，如果某个输入点接的输入设备在输入采样阶段是闭合的，则经过输入采样后，PLC 会将与该输入点对应的数字量输入映像寄存器中的存储器位写"1"（即该数字量输入点有输入），反之写"0"（即该数字量输入点没有输入）。PLC 在输入采样阶段对输入点的采样是全面的、彻底的，它与输入端子是否真正连接有输入设备无关。换言之，即使输入端子上没有连接输入设备，其状态同样会被采样（在 PLC 中这些输入信号一般为状态 0）。输入采样完成后，在之后的用户程序执行过程中，用户程序读取的是在输入扫描阶段 PLC 写入输入映像寄存器中的数值（而非读取输入点此时连接的输入设备的实际状态），并以此值判断输入点所接的外部输入设备的状态。所以，除了输入采样阶段外，在一个扫描周期的其余四个阶段，输入点上信号的变化并不会影响输入映像寄存器的值，也不会影响用户程序的执行结果，这就要求输入信号要有足够的宽度才能被 PLC 读取并响应。

（4）执行用户程序。在此阶段，PLC 对用户编写的程序按顺序进行扫描执行。若程序是采用梯形图编写的，则 PLC 总是按照自上而下、自左而右的顺序扫描每条指令，并分别从存储器中（包括但不限于输入映像寄存器和输出映像寄存器）读取所需要的数据进行运算、处理，再将结果写入输出映像寄存器或其他存储器中保存。对于数字量输出映像寄存器，其中的数值在用户程序执行期间可能会发生变化，但未到输出刷新阶段之前，其内容不会送到输出端口。即在用户程序执行期间，即使与数字量输出对应的输出映像寄存器中的内容发生了变化，但数字量输出端口的状态在没有执行输出刷新之前是不会发生变化的。

（5）输出刷新。当用户程序执行完毕后，即进入输出刷新阶段。在此阶段，PLC 集中性地将所有存储在数字量输出映像寄存器中的结果转存到输出锁存器中，并通过数字量输出接口电路输出相应的信号，驱动外部负载动作。数字量输出映像寄存器中的存储器位为"1"时，对应的输出点有输出，其所接负载得电；反之，存储器位为"0"时，对应的输出点没有输出，其所接负载不得电。

在输出刷新完成后，PLC 进入下一个扫描周期，如此周而复始。如果程序中使用了中断并且有中断事件出现，则 PLC 立即执行中断处理程序，中断处理程序可以在扫描周期的任意点被执行。

下面对 PLC 的工作原理和工作过程简要总结如下：在 PLC 控制系统中，所有的输入/输出设备都要接到与输入/输出点对应的接线端子上。输入设备状态的变化（如按钮这种数字量输入设备上触点的闭合或断开）会使输入点上的信号发生相应的变化，通过输入接口电路的转换，这种信号变化会在输入扫描阶段被 PLC 检测到并转换成一定形式的数字信号写到与输入点对应的存储单元中；用户程序通过读这些存储单元的状态或数值从而间接地知道输入设备的状态变化情况，并通过用户程序的处理、计算决定输出设备是否动作以及如何动作，这主要是通过将用户程序处理、计算的结果写入输出映像寄存器实现的；执行完用户程序后，在输出刷新阶段，PLC 再将输出映像寄存器中存储的结果转存到输出锁存器中，并通过输出接口电路转换成一定的输出信号驱动外部负载动作。PLC 正是通过周而复始地执行上述过程，使输出设备的状态及时跟随输入设备状态的变化而变化，从而完成对生产设备或过程的控制。

2.【扩展知识】PLC 的输入/输出滞后分析

PLC 的输入采样、执行用户程序、输出刷新过程如图 1.9 所示。由上述 PLC 的工作过程可以看出，除输入采样阶段外，即使输入发生了变化，输入映像寄存器的内容也不会立即改变，而要等到扫描周期的输入采样阶段才能改变。暂存在输出映像寄存器中的输出信号，要等到一个扫描周期的最后一个阶段——输出刷新阶段，PLC 才会集中将这些输出信号全部转存给输出锁存器，成为实际的 PLC 输出。因此输入、输出状态的改变需要一个扫描周期的时间，换言之，输入、输出的状态保持一个扫描周期时间。

另外，由上述 PLC 的工作过程还可以看出，PLC 的输出是滞后于输入的变化而变化的，最长滞后时间可能会达到近两个扫描周期。对于中小型 PLC，一个扫描周期通常在几毫秒到几百毫秒，它对一般的工业控制系统通常没有什么影响，但对响应速度要求较快，即要求输出尽快跟随输入变化的系统，为减少输出滞后于输入的影响，在编程时应尽量缩短和优化程序代码或在程序中使用立即输入/输出（立即 I/O）指令。如果程序中使用了立即 I/O 指令，则 PLC 在执行到该指令时会直接存取输入/输出点。用立即 I/O 指令读输入点时，PLC 会跨过输入映像寄存器而直接读取指令执行时输入点的实际信号状态，且不更新相应的输入映像寄存器的值；用立即 I/O 指令写输出点时，PLC 会将相应的输出映像寄存器的值修改，并将输出点的输出信号立即更新为与输出映像寄存器的值相一致的信号，而不用等到输出刷新阶段。所以，通过立即 I/O 指令可以有效缩短输出滞后于输入的时间。

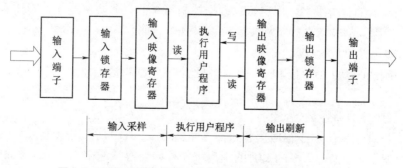

图 1.9　PLC 的输入采样、执行用户程序、输出刷新过程

1.1.4 可编程控制器的分类及主要技术指标

1. 可编程控制器的分类

1)按规模分类

所谓 PLC 的规模通常是指 PLC 可以控制的最大输入/输出(I/O)点数的总和。一般而言，PLC 能控制的 I/O 点数越多，则其可以控制的对象就越复杂，可组成的控制系统规模也就越大，其他功能也就相应加强，因此 PLC 可以控制的最大 I/O 点数是衡量 PLC 性能与规模的重要指标之一。需要注意的是，此处所说的最大 I/O 点数不是实际系统中所使用的 I/O 点数，实际使用的 I/O 点数不仅要少于 PLC 可以控制的最大 I/O 点数，在有些场合甚至相差很大。

根据 PLC 可以控制的最大 I/O 点数，可将 PLC 分为小型、中型和大型三种。

(1)小型 PLC。这类 PLC 可以控制的最大 I/O 点数一般小于 256 点，以开关量控制为主，具有体积小、价格低等优点。小型 PLC 可用于逻辑控制、定时/计数控制、顺序控制及少量模拟量控制的场合，一般代替继电器—接触器系统在单机或小规模生产过程中使用。

(2)中型 PLC。中型 PLC 的 I/O 点数一般在 256~1 024 点，功能比较丰富，配置灵活，兼有开关量和模拟量控制能力，适用于较复杂系统的逻辑控制和过程控制。

(3)大型 PLC。大型 PLC 的 I/O 点数一般在 1 024 点以上，具有完善的功能模块和很强的网络通信功能，适用于大型自动生产线和大规模生产过程控制、集散式控制及工厂自动化网络等。此外，大型 PLC 还具有构成多 CPU 系统、冗余系统的功能，可以适应高速、高可靠性要求的控制场合。

2)按结构形式分类

可分为整体式结构和模块式结构两大类。

(1)整体式 PLC 是将电源、CPU、存储器、I/O 部件等组成部分集中配置在一起，有的甚至集中安装在一块印刷电路板上，并装在一个机壳内，形成一个整体。整体式结构的 PLC 具有结构紧凑、体积小、重量轻、价格低等优点。一般小型或超小型 PLC 多采用这种结构。

(2)模块式 PLC 是把各个组成部分做成独立的模块，如 CPU 模块、输入/输出模块、电源模块等。各模块以一定的形式相互连接或做成插件式结构并可组装在一个具有标准尺寸、带有若干插槽的机架内。模块式结构的 PLC 配置灵活，装配和维修方便，易于扩展。一般大中型 PLC 都采用这种结构。

2. 可编程控制器的主要技术指标

可编程控制器的种类很多，用户可以根据控制系统的具体要求选择不同技术性能指标的 PLC。可编程控制器的技术性能指标主要有以下几个方面。

1)输入/输出(I/O)点数

可编程控制器的 I/O 点数指 PLC 可以控制的最大 I/O 点数的总和。它是衡量 PLC 性能的重要指标之一。

2)用户程序存储器容量

PLC 的存储器主要由程序存储器和数据存储器组成。其中，用户程序存储器的容量越大，可以编制出越复杂的程序。小型 PLC 的用户程序存储器容量通常为几千个字，而大型 PLC 的用户程序存储器容量通常为几万个字以上。

3）内部元件的种类与数量

在编制 PLC 程序时,需要用到大量的内部元件来存放中间变量、运算结果、模块设置和各种标志位等信息及用于保持数据、定时计数等,这些元件的种类与数量越多,表示 PLC 存储和处理各种信息的能力越强。

4）扫描速度

扫描速度是指 PLC 执行用户程序的速度,是衡量 PLC 性能的重要指标。PLC 用户手册一般给出执行各条指令所用的时间,可以通过比较各种 PLC 执行相同操作所用的时间来衡量扫描速度的快慢。

5）指令系统

指令功能的强弱、数量的多少也是衡量 PLC 性能的重要指标。编程指令的功能越强、数量越多,PLC 的处理能力和控制能力也越强,用户编程也越简单、方便,越容易完成复杂的控制任务,但掌握起来也相对复杂。用户应根据实际需求选择适合指令系统的可编程控制器。

6）通信功能

通信有 PLC 之间的通信和 PLC 与其他设备之间的通信。通信主要涉及通信模块、通信接口、通信协议和通信指令等内容。通信和组网能力也已成为目前 PLC 产品水平的重要衡量指标之一。

7）特殊功能单元

特殊功能单元种类的多少与功能的强弱是衡量 PLC 产品的一个重要指标。近年来各 PLC 厂商非常重视特殊功能单元的开发,特殊功能单元种类日益增多,功能越来越强,使 PLC 的控制功能日益强大。

8）可扩展能力

PLC 的可扩展能力包括 I/O 点数的扩展、存储容量的扩展、联网功能的扩展、各种功能模块的扩展等。在选择 PLC 时,经常需要考虑 PLC 的可扩展能力。

另外,厂家的产品手册上还提供 PLC 的负载能力、外形尺寸、重量、保护等级、适用的安装和使用环境,如温度、湿度等性能指标供用户参考。

1.1.5 可编程控制器的特点、应用及发展方向

1. 可编程控制器的特点

可编程控制器的主要特点如下:

(1) 编程简单,使用方便。

梯形图是一种图形化的编程语言,其术语沿用了继电器—接触器控制系统,具有形象直观、易学易懂等优点,是可编程控制器首选的编程语言。有继电器—接触器控制系统基础的电气技术人员只要很短的时间就可以熟悉梯形图语言,并用来编制用户程序。

(2) 控制灵活,具有很好的柔性和灵活性。

可编程控制器用软件功能取代了继电器—接触器控制系统中大量的中间继电器、时间继电器、计数器等器件。硬件配置确定后,可以通过修改用户程序,方便快速地适应工艺条件的变化,具有很好的柔性和灵活性。

(3) 功能强,扩充方便,性价比高。

可编程控制器一般采用模块化结构,配有品种齐全的各种硬件供用户选用,用户能灵活

方便地进行配置，组成不同功能、不同规模的系统。其内部有成百上千个可供用户使用的编程元件，有很强的逻辑判断、数据处理、PID 调节和数据通信等功能，可以实现非常复杂的控制。如果元件不够，只要加上需要的扩展单元即可，扩充非常方便。与继电器—接触器控制系统相比，具有很高的性价比。

（4）控制系统设计及施工的工作量少，维修方便。

与继电器—接触器控制系统相比，可编程控制器可以节省大量的配线，减少安装接线时间，缩小控制柜体积，节省费用。另外，其故障率很低，具有完善的自诊断和显示功能，便于迅速查找和排除故障。

（5）丰富的 I/O 接口。

由于 PLC 只是整个自动控制系统中的控制中枢，为了实现对生产过程或设备的控制，它还必须与控制现场的各种输入/输出设备相连接才能完成控制任务。因此，PLC 除了具有计算机的 CPU、存储器等基本部分以外，还具有丰富的 I/O 接口模块。对不同的现场信号（如交流、直流、开关量、模拟量、脉冲等）都有相应的 I/O 模块与现场的器件或设备（如按钮、行程开关、传感器及变送器等）直接连接。另外，为了提高 PLC 的操作性能，它还有多种人机对话接口；为了组成控制网络，还配备了多种通信联网用的接口模块等。

（6）可靠性高，抗干扰能力强。

可编程控制器是为完成生产现场的控制而设计的计算机，通过采取一系列硬件和软件措施来保证系统的可靠性，提高系统的抗干扰能力。硬件措施如屏蔽、滤波、电源调整与保护、隔离、后备电池等，软件措施如故障检测、信息保护和恢复、程序的检测和校验、循环时间监控等。以上措施大大提高了 PLC 系统的可靠性和抗干扰能力，平均无故障工作时间达数万小时以上，可以直接用于有强烈干扰的生产现场。

（7）体积小、重量轻、能耗低。

由于采用半导体集成电路，与传统控制系统相比，其体积小、重量轻、功耗低。

2. 可编程控制器的应用

目前，可编程控制器已在工业、农业、民用、军事等领域得到了广泛的应用。随着其性价比的不断提高，应用范围还在不断扩大，主要有以下几个方面。

（1）逻辑控制。

可编程控制器具有"与""或""非"等各种逻辑运算能力，能进行组合逻辑控制、定时控制与顺序控制等，是 PLC 最为普及的应用领域。

（2）运动控制。

通过专用的运动控制模块或灵活运用相关指令，可编程控制器可以使运动控制与顺序控制有机地结合在一起，并广泛地用于各种运动控制领域，如金属切削机床、装配机械、机器人、电梯等。随着变频器、伺服驱动器、电动机软启动器等的普遍使用，可编程控制器可以与变频器、伺服驱动器、软起动器等有机结合，使运动控制功能更为强大。

（3）过程控制。

可编程控制器可以接收温度、压力、流量等连续变化的模拟量，通过模拟量 I/O 模块实现模拟量和数字量之间的 A/D 转换和 D/A 转换，并对被控模拟量实现闭环 PID 控制。现代大中型可编程控制器一般都有 PID 闭环控制功能，此功能已经广泛地应用于轻工、化工、机械、冶金、电力、建材等行业。

（4）数据处理。

可编程控制器具有数学运算、数据传送、数据转换、数据排序和查表及位操作等功能，可以完成大量数据的采集、分析和处理。数据处理一般用于大型控制系统，如柔性制造系统，也可以用于过程控制系统，如造纸、冶金、食品等的控制系统。

（5）构建网络控制。

可编程控制器的通信包括主机与远程 I/O 之间的通信、多台可编程控制器之间的通信、可编程控制器和其他设备（如计算机、变频器等）之间的通信等。可编程控制器与其他智能控制设备一起，可以组成"集中管理、分散控制"的分布式控制系统。

当然，并非所有的可编程控制器都具有上述功能，用户应根据具体的系统需要选择合适的可编程控制器，这样既能完成控制任务，又可节省资金。

3. 可编程控制器的发展方向

（1）向高集成、高性能、高速度、大容量发展。

集成电路技术、微处理器技术、存储技术等的发展为可编程控制器的发展提供了良好的基础。大型可编程控制器大多采用多 CPU 结构，不断地向高性能、高速度和大容量方向发展。

（2）向普及化方向发展。

由于微型可编程控制器的价格便宜、体积小、重量轻、能耗低，很适合于单机自动化。另外，其外部接线简单，容易实现或组成控制系统等优点，在很多控制领域得到了广泛应用。

（3）向模块化、智能化发展。

可编程控制器采用模块化结构，大大方便了使用和维护。PLC 的各种智能模块本身就是一个小的微型计算机系统，有很强的信息处理能力和控制功能，它们可以完成 PLC 的主 CPU 难以兼顾的功能，简化了系统设计和编程，提高了 PLC 的适应性和可靠性。

（4）向软件化发展。

个人计算机（PC）的价格便宜，具有很强的数学运算、数据处理、通信和人机交互能力。目前，已有很多厂商推出了可在 PC 上运行的能实现可编程控制器功能的软件包，即"软 PLC"，"软 PLC"在很多方面比传统的"硬 PLC"更有优势。

（5）向网络化发展。

随着网络技术的不断发展，很多控制产品都增加了智能控制和通信功能，如变频器、智能仪表、软启动器等，它们可以和 PLC 联网通信，实现更强大的控制功能。通过双绞线、同轴电缆或光纤联网，PLC 可以将信息传送到几十甚至数百公里远的地方，通过 Modem 和互联网，PLC 可以与世界上其他任何地方的计算机装置进行通信。

任务 1.2　认识 S7-200 可编程控制器结构

教学目标

1. 知识目标

了解 S7-200 PLC 的组成及结构；掌握 S7-200 CPU 模块的分类、特点及主要技术指标；掌握 S7-200 数字量扩展模块的种类、特点及主要技术指标。

2. 能力目标

能根据开关量 PLC 控制系统的实际需求进行 S7–200 PLC 的选型和配置；能将开关量输入/输出设备连接到 PLC；能对 CPU 及扩展模块上的数字量 I/O 点进行地址分配。

PLC 外形

1.2.1　S7–200 PLC 系统结构

西门子公司的 SIMATIC 可编程控制器主要有 S5 和 S7 两大系列。目前，S5 系列 PLC 已被新研制生产的 S7 系列所代替。S7 系列 PLC 以结构紧凑、可靠性高、功能全等优点，在自动控制领域占有重要地位。

西门子 S7 系列可编程控制器目前又分为 S7–400、S7–300、S7–1500、S7–1200、S7–200 五个系列，其中 S7–400 为大型 PLC，S7–300 为中型 PLC，S7–1200 和 S7–200 为小型 PLC。S7–1500 是西门子公司于 2013 年推出的准备替代 S7–300/400 的新一代 PLC。

S7–200 PLC 属于模块式结构，具有结构简单、使用方便等特点，尤其适合初学者学习。它主要由 CPU 模块（又叫主机或基本单元）、I/O 扩展模块、功能扩展模块、计算机或编程器以及通信电缆等构成，如图 1.10 所示。S7–200 有专门针对中国市场生产的 S7–200 CN 及其升级产品 S7–200 SMART。

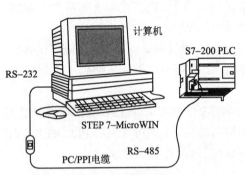

图 1.10　S7–200 PLC 系统构成

1. CPU 模块

1）概述

S7–200 PLC 的 CPU 模块将微处理器、存储器、电源和 I/O 等部件紧凑地集成在一个单元内，从而形成了一个功能强大的微型 PLC。

S7–200 PLC 的 CPU 模块主要有 CPU 221、CPU 222、CPU 224、CPU 224 XP、CPU 224 XPsi 和 CPU 226 六种基本型号，所有型号都带有数量不等的数字量输入/输出，且 CPU 224 XP 和 CPU 224 XPsi 还带有 2 路模拟量输入和 1 路模拟量输出。S7–200 CPU 模块示意图如图 1.11 所示，实物如图 1.12 所示。在上部端子盖内有输出及供电电源接线端子；在下部端子盖内有输入及传感器电源接线端子；在前侧盖内有 CPU 工作方式开关（RUN/STOP/TERM）、模拟电位器及扩展模块连接接口；在模块左侧分别有工作状态指示灯、空插槽及通信接口。

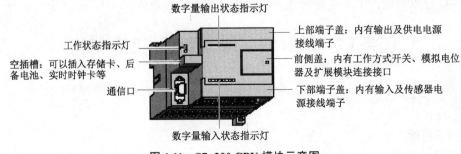

图 1.11　S7–200 CPU 模块示意图

输入接线端子、输出接线端子分别用于连接外部输入和输出设备。工作状态指示灯用于指示 CPU 的工作方式、系统错误状态等，数字量输入/输出状态指示灯用于指示 CPU 模块上数字量 I/O 的当前状态。空插槽位置可以插入存储卡、后备电池或实时时钟卡。RS-485 通信接口是 S7-200 实现人—机对话、机—机对话的通道。通过它，PLC 可以和编程器、触摸屏、文本显示器等外部设备相连，也可以和其他 PLC 或上位计算机连接。扩展模块连接接口是 S7-200 CPU 用于扩展输入/输出和其他模块的接口。根据需要，S7-200 的 CPU 模块（除 CPU 221 外）可以通过扩展接口进行系统扩展，如扩展数字量输入/输出模块、模拟量输入/输出模块等，并用扩展电缆将它们和 CPU 模块连接起来。

S7-200 PLC 的 CPU 具有下列特点：

（1）CPU 内部集成有 DC 24 V 传感器电源。该电源可用于给直流数字量输入点或继电器输出扩展模块的继电器线圈供电。

图 1.12　S7-200 CPU 模块实物图
（a）CPU 224；（b）CPU 224XP

（2）高速脉冲输出。具有 2 路高速脉冲输出端子（Q0.0、Q0.1），输出脉冲频率可达 20 kHz，用于控制步进电动机或伺服电动机等。

（3）高速计数器。S7-200 有 4～6 路高速计数器，最高计数频率可达 200 kHz，用于对比 CPU 扫描频率快的高速脉冲信号进行计数。

（4）通信口。支持 PPI、MPI 通信协议，并具有自由口通信能力。

（5）模拟电位器。调整模拟电位器可以改变特殊寄存器 SMB28 和 SMB29 中的数值，以改变程序运行时的参数，如定时器、计数器的预置值、过程量的控制参数等。

（6）EEPROM 存储器卡（选件）。可作为修改或拷贝程序的快速工具。

（7）后备电池（选件）。PLC 掉电后，用户数据（如标志位状态、数据块、定时器、计数器等）可通过内部超级电容存储 50～100 小时，通过选用后备电池能延长存储时间到 200 天左右。

（8）不同的设备类型。CPU 221～226 各有直流和交流两种不同的供电方式。

（9）数字量输入/输出点。CPU 22X 上自带的数字量输入全部为 24 V 直流输入，数字量输出有继电器输出和晶体管输出两种类型。

2）CPU 的主要技术指标

（1）各型号 CPU 的主要技术指标。

各型号 CPU 主要技术指标如表 1.1 所示。

表 1.1 各型号 CPU 的主要技术指标

技术指标 CPU 型号	CPU 221	CPU 222	CPU 224	CPU 224 XP CPU 224 XPsi	CPU 226
用户程序存储器类型	EEPROM	EEPROM	EEPROM	EEPROM	EEPROM
用户程序存储器容量 　在线程序编辑时 　非在线程序编辑时	4 096 字节 4 096 字节	4 096 字节 4 096 字节	8 192 字节 12 288 字节	12 288 字节 16 384 字节	16 384 字节 24 576 字节
掉电保持时间，超级电容（小时）/后备电池（天）	50/200	50/200	100/200	100/200	100/200
主机数字量 I/O 点数	6/4	8/6	14/10	14/10	24/16
主机模拟量 I/O 点数	0/0	0/0	0/0	2/1	0/0
数字量 I/O 映像区	256 位（128 入/128 出）				
模拟量 I/O 映像区	0	32 字（16 入/16 出）	64 字（32 入/32 出）	64 字（32 入/32 出）	64 字（32 入/32 出）
AC 240 V 供电电流（仅 CPU），最大电流/mA	15，60	20，70	30，100	35，100	40，160
DC 24 V 供电电流（仅 CPU），最大电流/mA	80，450	85，500	110，700	120，900	150，1 050
DC 24 V 传感器电源的额定电流，峰值电流/mA	180，1 500	180，1 500	280，1 500	280，1 500	400，1 500
可扩展模块	无	2	7	7	7
为扩展模块提供 DC 5 V 电源最大电流/mA	—	340	660	660	1 000
高速计数器 　单相 　双相	总共 4 个 4 个，30 kHz 2 个，20 kHz	总共 4 个 4 个，30 kHz 2 个，20 kHz	总共 6 个 6 个，30 kHz 4 个，20 kHz	总共 6 个 4 个，30 kHz 2 个，200 kHz 3 个，20 kHz 1 个，100 kHz	总共 6 个 6 个，30 kHz 4 个，20 kHz
高速脉冲输出	2（20 kHz）	2（20 kHz）	2（20 kHz）	2（100 kHz）	2（20 kHz）
模拟量调节电位器	1 个	1 个	2 个	2 个	2 个
实时时钟	有（时钟卡）	有（时钟卡）	有（内置）	有（内置）	有（内置）
RS-485 通信口	1	1	1	2	2
各组数字量输入点数	4，2	4，4	8，6	8，6	13，11
各组数字量输出点数	4（直流） 3，1（继电器）	6（直流） 3，3（继电器）	5，5（直流） 4，3，3（继电器）	5，5（直流） 4，3，3（继电器）	8，8（直流） 4，5，7（继电器）

（2）CPU 上自带的输入/输出主要技术指标。

CPU 直流数字量输入主要技术指标如表 1.2 所示，CPU 数字量输出主要技术指标如表 1.3 所示，CPU 224 XP 和 CPU 224 XPsi 上自带的模拟量输入主要技术指标如表 1.4 所示，模拟量输出主要技术指标如表 1.5 所示。

表 1.2 CPU 直流数字量输入技术指标

技术指标 \ CPU 型号	CPU 221、CPU 222 CPU 224、CPU 226	CPU 224 XP、CPU 224 XPsi	
输入类型	漏型/源型	漏型/源型	
额定电压	24 V DC，4 mA 典型值	24 V DC，4 mA 典型值	
最大持续允许电压	30 V DC		
浪涌电压	35 V DC，500 ms		
逻辑 1（最小值）	15 V DC，2.5 mA	15 V DC，2.5 mA（I0.0～I0.2，I0.6～I1.5） 4 V DC，8 mA（I0.3～I0.5）	
逻辑 0（最大值）	5 V DC，1 mA	5 V DC，1 mA（I0.0～I0.2，I0.6～I1.5） 1 V DC，1 mA（I0.3～I0.5）	
输入滤波	0.2～12.8 ms 可选		
连接 2 线接近开关传感器允许的最大漏电流	1 mA		
隔离 光电隔离 隔离组	是 500 V AC，1 min 见图 1.15～图 1.25		
高速计数器（HSC）输入	逻辑 1 电平	单相	两相
所有 HSC	15～30 V DC	20 kHz	10 kHz
所有 HSC	15～26 V DC	30 kHz	20 kHz
仅 CPU 224 XP 和 CPU 224 XPsi 上的 HC4，HC5	>4 V DC	200 kHz	100 kHz
电缆最大长度 屏蔽	普通输入 500 m，HSC 输入 50 m（推荐使用屏蔽双绞线）		
电缆最大长度 非屏蔽	普通输入 200 m		

表 1.3 CPU 数字量输出主要技术指标

技术指标 \ CPU 型号	直流输出 CPU 221、CPU 222 CPU 224、CPU 226	直流输出 CPU 224 XP	直流输出 CPU 224 XPsi	继电器输出
输出类型	固态 MOSFET（源型）		固态 MOSFET（漏型）	干触点
额定电压	24 V DC	24 V DC	24 V DC	24 V DC 或 250 V AC

续表

技术指标		CPU 型号 CPU 221、CPU 222 CPU 224、CPU 226	直流输出 CPU 224 XP	直流输出 CPU 224 XPsi	继电器输出
电压范围		20.4～28.8 V DC	5～28.8 V DC （Q0.0～Q0.4） 20.4～28.8 V DC （Q0.0～Q0.4）	5～28.8 V DC	5～30 V DC 或 5～250 V AC
最大浪涌电流		8 A，100 ms			5 A，4 s，10% 占空比
逻辑 1（最小值）		20 V DC， 最大电流时	L+减 0.4 V， 最大电流时	L+减 0.4 V，通过 10 kΩ 上拉电阻 接 L+	—
逻辑 0（最大值）		0.1 V DC，10 kΩ 负载		1 M 加 0.4 V， 最大负载	—
每点额定电流（最大）		0.75 A			2.0 A
每个公共端的额定电流 （最大）		6 A	3.75 A	7.5 A	10 A
漏电流（最大）		10 μA			
照明负载（最大）		5 W			30 W DC，200 W AC
感性嵌位电压		L+减 48 V DC，1 W 功耗		1 M 加 48 V DC， 1 W 功耗	—
接通电阻（触点）		0.3 Ω 典型（0.6 Ω 最大）			0.2 Ω
隔离 光电隔离 逻辑到触点 电阻（逻辑到触点） 隔离组		是 500 V AC，1 min — — 见图 1.15、图 1.17、图 1.19、图 1.21、图 1.23、图 1.24			是 — 1 500 V AC，1 min 100 MΩ 见图 1.16、图 1.18、 图 1.20、图 1.22、 图 1.25
最大延迟	从断开到接通	2 μs（Q0.0 和 Q0.1） 15 μs（其他）		0.5 μs（Q0.0 和 Q0.1） 15 μs（其他）	—
	从接通到断开	10 μs（Q0.0 和 Q0.1） 130 μs（其他）		1.5 μs（Q0.0 和 Q0.1） 15 μs（其他）	—
	切换	—			10 ms
最大脉冲频率		20 kHz（Q0.0 和 Q0.1）		100 kHz（Q0.0 和 Q0.1）	1 Hz
电缆最大 长度	屏蔽 非屏蔽	500 m 150 m			

表 1.4 CPU 224 XP 和 CPU 224 XPsi 模拟量输入技术指标

技术指标	CPU 型号	CPU 224 XP、CPU 224 XPsi
	输入数量	2 路
	模拟量输入类型	单端
	电压范围	±10 V
	满量程数字量范围	−32 000～32 000
	直流输入阻抗	>100 kΩ
	最大输入电压	30 V DC
	分辨率	11 位，加 1 位符号位
	LSB 值	4.88 mV
	隔离	无
精度	最差情况，0 ℃～55 ℃	满量程的 ±2.5%
	典型，25 ℃	满量程的 ±1.0%
	重复性	满量程的 ±0.05%
	模数转换时间	125 ms

表 1.5 CPU 224 XP 和 CPU 224 XPsi 模拟量输出技术指标

技术指标		CPU 型号	CPU 224 XP、CPU 224 XPsi
		输出数量	1 路
信号范围		电压	0～10 V（有限电源）
		电流	0～20 mA（有限电源）
		满量程范围	0～32 000
LSB 值		电压	2.44 mV
		电流	4.88 μA
		隔离	无
精度	最差情况，0 ℃～55 ℃	电压输出	满量程的 ±2%
		电流输出	满量程的 ±3%
	典型，25 ℃	电压输出	满量程的 ±1%
		电流输出	满量程的 ±1%
建立时间		电压输出	<50 μs
		电流输出	<100 μs

续表

技术指标	CPU 型号	CPU 224 XP、CPU 224 XPsi
最大输出驱动能力	电压输出	≥5 000 Ω 最小
	电流输出	≤500 Ω 最大

3）CPU 的接线

除 CPU 224 XPsi 外，所有型号的 CPU 都有两种类型，用户可根据需要选用，其标识在 CPU 模块的右上方，如图 1.13 所示。一种是 CPU 22 X AC/DC/RLY（继电器），其中 AC 表示 PLC 的供电方式为交流（120 V/240 V），DC 表示数字量输入为直流输入，RLY（Relay）或继电器表示数字量输出为继电器输出；另一种是 CPU 22 X DC/DC/DC，其中，第一个 DC 表示 PLC 的供电方式为直流（24 V），第二个 DC 表示数字量输入为直流输入，第三个 DC 表示数字量输出为直流输出。两种型号的 CPU 都提供 DC 24 V 直流电源（传感器电源）给外部元件（如直流数字量输入等）供电。CPU 224 XPsi 只有 DC/DC/DC 一种型号。

PLC 型号及接线

图 1.13 CPU 型号标识

（1）直流数字量输入/输出的源型和漏型接线。

S7-200 CPU 模块本身带的数字量输入全部是直流输入形式，数字量输出有直流（晶体管）输出和交直流（继电器）输出两种形式。在具体接线时，每个直流输入的供电电源极性可以任意连接，电源正极连接公共端的称为源型接线，负极连接公共端的称为漏型接线。对于直流输出，给负载供电的电源也有两种接线形式，电源正极连接公共端的称为源型接线，电源负极连接公共端的称为漏型接线，但与输入不同的是，电源极性必须按照给定的形式连接，不能任意连接。直流数字量输入/输出的源型和漏型接线如图 1.14 所示。

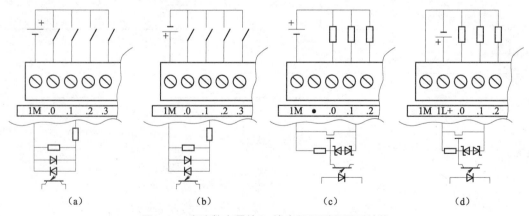

图 1.14 直流数字量输入/输出的源型和漏型接线

(a) 直流输入漏型接线；(b) 直流输入源型接线；(c) 直流输出漏型接线；(d) 直流输出源型接线

（2）不同型号 CPU 的接线。

图 1.15～图 1.25 所示为 S7–200 PLC 不同型号的 CPU 输入/输出分组情况及接线图。需要注意的是 CPU 224 XPsi DC/DC/DC 上的直流数字量输出采用的是漏型接线，其他型号 CPU 上的直流数字量输出采用的是源型接线。

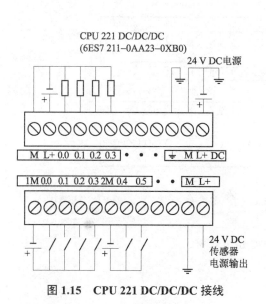

图 1.15　CPU 221 DC/DC/DC 接线　　　　　图 1.16　CPU 221 AC/DC/RLY 接线

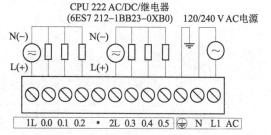

图 1.17　CPU 222 DC/DC/DC 接线　　　　　图 1.18　CPU 222 AC/DC/RLY 接线

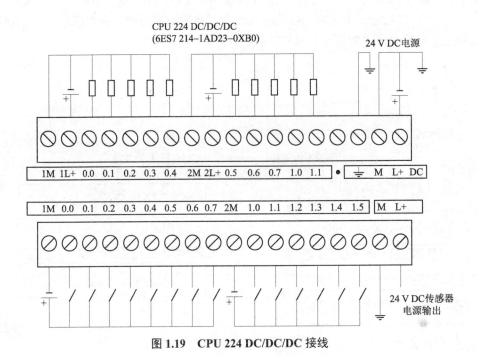

图 1.19 CPU 224 DC/DC/DC 接线

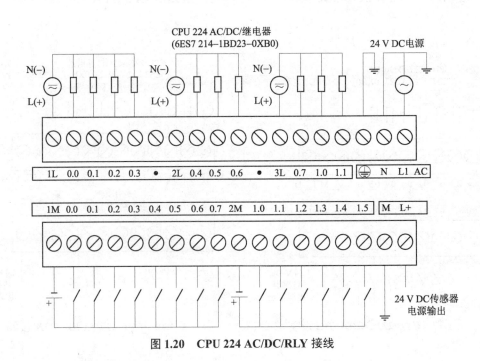

图 1.20 CPU 224 AC/DC/RLY 接线

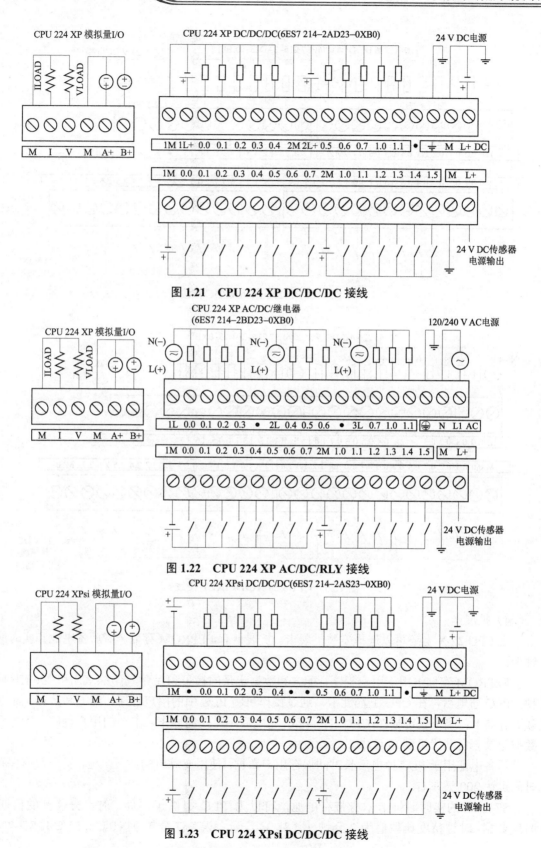

图 1.21　CPU 224 XP DC/DC/DC 接线

图 1.22　CPU 224 XP AC/DC/RLY 接线

图 1.23　CPU 224 XPsi DC/DC/DC 接线

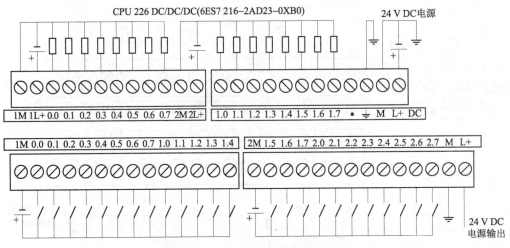

图1.24　CPU 226 DC/DC/DC 接线

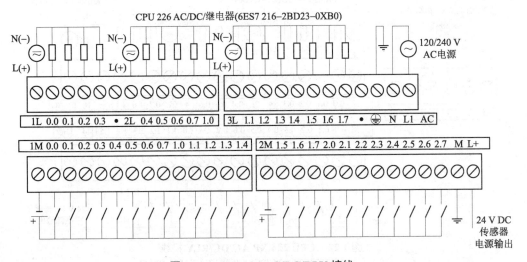

图1.25　CPU 226 AC/DC/RLY 接线

4）扩展卡

在 CPU 22 X 上还可以选择安装扩展卡。扩展卡有 EEPROM 存储卡、后备电池和实时时钟卡。

EEPROM 存储卡用于用户程序、配方和数据记录的拷贝和保存，有 64 KB 和 256 KB 两种。PLC 通电后再在 CPU 上插此卡，通过操作可将 PLC 中的用户程序、配方和数据记录装载到存储卡；当卡已经插在 CPU 上，PLC 通电后不需任何操作，卡上的用户程序、配方和数据记录会自动拷贝到 PLC 中。

后备电池用于 PLC 掉电后长时间保存用户数据。使用充满电的后备电池，用户数据保存时间可达 200 天左右。

S7-200 的实时时钟卡本身带有电池，可以为 PLC 提供年、月、时、分、秒的日期/时间数据，时钟精度典型值为 2 分钟/月（25℃），最大误差 7 分钟/月（0℃～55℃）。S7-200

会保留一份关于 CPU 主要事件的历史归档，该归档带有时间标记，所归档的内容包括：CPU 何时上电、何时进入运行模式以及何时出现致命错误等。在设置了实时时钟之后，归档条目就会带有正确的时间和日期。CPU 221、CPU 222 没有内置实时时钟，需要外插实时时钟卡才能获得此功能，CPU 224 以上的都有内置实时时钟，可以不需要插此卡。

5）CPU 的工作方式

CPU 前面板上有三个发光二极管显示当前 PLC 状态和工作方式，绿色 RUN 指示灯亮，表示 PLC 处于运行状态；红色 STOP 指示灯亮，表示 PLC 处于停止状态；SF/DIAG 指示灯如果亮红灯，表示系统故障，存在致命错误，此时 PLC 会停止工作，如果亮黄灯，可能是编程定义/处于强制状态或其他原因。

(1) STOP（停止）。CPU 工作于 STOP 方式时，不执行用户程序，此时可以通过编程装置向 PLC 装载用户程序或进行系统设置，在程序编辑、上下载等处理过程中，必须把 CPU 置于 STOP 方式。

(2) RUN（运行）。CPU 在 RUN 工作方式下，执行用户程序。

可用以下方法改变 CPU 的工作方式：

① 用工作方式开关改变工作方式。工作方式开关有 3 个挡位：STOP、TERM（Terminal）、RUN。把方式开关打到 STOP 位置，可以使 PLC 切换到 STOP 状态；把方式开关打到 RUN 位置，可以使 PLC 切换到 RUN 状态；把方式开打到 TERM（暂态）或 RUN 位置，允许 STEP 7–Micro/WIN 软件设置 CPU 工作状态。如果工作方式开关设为 STOP 或 TERM，PLC 上电时会自动进入 STOP 状态；如果工作方式开关设为 RUN，PLC 上电时会自动进入 RUN 状态。

② 用编程软件改变工作方式。可以使用 STEP 7–Micro/WIN 编程软件设置工作方式。此时，PLC 工作方式开关必须打到 RUN 或 TERM 位置。

③ 在程序中用指令改变工作方式。在程序中插入一个 STOP 指令，则 PLC 就会由 RUN 方式进入 STOP 方式。

2. 个人计算机或编程器

个人计算机或编程器装上 STEP 7–Micro/WIN 编程软件后，即可供用户进行程序的编辑、调试和监视等，其基本功能是创建、编辑、调试用户程序以及组态系统等。STEP 7–Micro/WIN 编程软件是基于 Windows 的应用软件，目前最常用的是 STEP 7–Micro/WIN V4.0。STEP 7–Micro/WIN V4.0 SP6 可以安装在 Microsoft Windows XP/2000（SP3 以上版本）/Vista 基本版或专业版，STEP 7–Micro/WIN V4.0 SP9 可以安装在 32 位或 64 位的 Microsoft Windows 7 上。

3. 通信电缆

通信电缆是用来连接 S7–200 PLC 与个人计算机或编程器通信的。通常，S7–200 PLC 和编程器的通信是使用 RS–232/PPI 电缆连接 CPU 模块上的 RS–485 接口和计算机的 RS–232 串口进行；当计算机只有 USB 接口没有 RS–232 串口时，可使用 USB/PPI 电缆；当使用通信处理器时，可使用多点接口（MPI）电缆。

4. 电源

外部提供给 S7–200 PLC 的电源技术指标如表 1.6 所示。

表 1.6　外部提供给 S7–200 PLC 的电源技术指标

特　性	24 V 电源	AC 电源
电压允许范围	20.4～28.8 V	85～264 V，47～63 Hz
冲击电流	10 A，28.8 V	20 A，254 V
内部熔断器（用户不能更换）	3 A，250 V 慢速熔断	2 A，250 V 慢速熔断

1.2.2　S7–200 PLC 的系统扩展

1. S7–200 PLC 的扩展模块种类及扩展能力

S7–200 PLC 的 CPU 模块本体集成有不同数量的输入/输出，当本体输入/输出不够用或需要扩展诸如 PROFIBUS 通信等其他功能时，就需要在 CPU 模块的基础上增加扩展模块。为适应不同的应用需求，S7–200 PLC 具有多种类型的扩展模块，主要包括数字量扩展模块、模拟量扩展模块、功能扩展模块等，具体如表 1.7 所示。本节主要介绍数字量扩展模块，模拟量扩展模块将在项目 5 中介绍，其他扩展模块在本书中不再介绍。

表 1.7　S7–200 PLC 的扩展模块种类

扩展模块名称	扩展模块类型			
	数字量扩展模块			
输入 EM221	8×DC 输入	8×AC 输入	16×DC 输入	
输出 EM222	4×DC 输出	4×继电器输出	8×继电器输出	
	8×DC 输出	8×AC 输出		
混合 EM223	4×DC 输入/ 4×DC 输出	8×DC 输入/ 8×DC 输出	16×DC 输入/ 16×DC 输出	32×DC 输入/ 32×DC 输出
	4×DC 输入/ 4×继电器输出	8×DC 输入/ 8×继电器输出	16×DC 输入/ 16×继电器输出	32×DC 输入/ 32×继电器输出
	模拟量扩展模块			
输入 EM231	4×模拟输入	8×模拟输入	4×热电偶输入	8×热电偶输入
	2×RTD 输入	4×RTD 输入		
输出 EM232	2×模拟输出	4×模拟输出		
混合 EM235	4×模拟输入/ 1×模拟输出			
	功能扩展模块			
	位置控制模块 EM253	称重扩展模块 SIWAREX MS	PROFIBUS–DP 扩 展模块 EM277	ASI 扩展模块 CP243–2
	以太网扩展模块 CP243–1	Internet 扩展 模块 CP243–1 IT	MODEM 扩展模块 EM241	

S7–200 PLC 的扩展模块由 CPU 供给 5 V 工作电源，不能单独使用，必须与 CPU 模块连接才能使用。连接时，CPU 模块放在最左侧，扩展模块用扁平电缆与左侧的模块依次相连，其安装方式有面板安装和导轨安装两种，如图 1.26 所示。

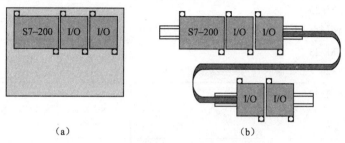

图 1.26　S7–200 PLC 扩展模块的安装

（a）面板安装；（b）导轨安装

在 S7–200 所有型号的 CPU 中，CPU 221 不能带扩展模块，CPU 222 最多可以带 2 个扩展模块，CPU 224、CPU 224 XP、CPU 224 XPsi 和 CPU 226 最多可以带 7 个扩展模块。具体进行系统配置时，一个 CPU 模块到底能带多少个扩展模块，还受 CPU 给扩展模块提供 5 V 电源的能力以及每种扩展模块消耗 5 V 电源的容量限制。如 CPU 224 对扩展模块提供 5 V 电源的容量是 660 mA，如果扩展 EM222 8×AC 120/230 V 数字量输出模块，则因为每块 EM222 8×AC 120/230 V 需要消耗 110 mA 的 5 V 电流，所以最多能扩展 6 块，而不是 7 块。

2. S7–200 的数字量扩展模块

当 CPU 集成的数字量输入/输出点不够用时，可选用数字量扩展模块。数字量扩展模块有数字量输入扩展模块、数字量输出扩展模块和数字量输入/输出扩展模块三类，具体如表 1.8 所示。

表 1.8　数字量扩展模块种类

类型	型　　号	各组输入点数	各组输出点数	模块消耗 5 V 电源电流/mA
输入模块 EM221	EM221 8×24 V DC 输入	4，4		30
	EM221 8×120 V/230 V AC 输入	8 点相互独立		30
	EM221 16×24 V DC 输入	4，4，4，4		70
输出模块 EM222	EM222 4×24 V DC 输出—5 A		1，1，1，1	40
	EM222 4×继电器输出—10 A		1，1，1，1	30
	EM222 8×24 V DC 输出—0.75 A		4，4	50
	EM222 8×继电器输出—2 A		4，4	40
	EM222 8×120 V/230 V AC 输出		8 点相互独立	110
输入/输出模块 EM223	EM223 4×24 V DC 输入/4×24 V DC 输出—0.75 A	4	4	40
	EM223 4×24 V DC 输入/4×继电器输出—2 A	4	4	40

续表

类型	型号	各组输入点数	各组输出点数	模块消耗5V电源电流/mA
输入/输出模块 EM223	EM223 8×24 V DC 输入/8×24 V DC 输出—0.75 A	4, 4	4, 4	80
	EM223 8×24 V DC 输入/ 8×继电器输出—2 A	4, 4	4, 4	80
	EM223 16×24 V DC 输入/16×24 V DC 输出—0.75 A	8, 8	4, 4, 8	160
	EM223 16×24 V DC 输入/ 16×继电器输出—2 A	8, 8	4, 4, 4, 4	150
	EM223 32×24 V DC 输入/ 32×24 V DC 输出—0.75 A	16, 16	16, 16	240
	EM223 32×24 V DC 输入/ 32×继电器输出—2 A	16, 16	11, 11, 10	205

1）数字量输入扩展模块

数字量输入扩展模块分为直流输入和交流输入两种类型，下面分别加以说明。

（1）直流输入扩展模块。

直流输入扩展模块的内部电路结构与图 1.3 基本相同，图 1.27 所示为 EM221 8×24 V DC 直流输入模块端子接线图及实物图，其他直流输入扩展模块接线详见《S7–200 可编程控制器系统手册》。EM221 8×24 V DC 共有 8 个数字量输入，分成两组。1 M、2 M 分别是两组输入电路的公共端，每组需由用户提供一个 24 V 直流电源，每组输入既可以接成源型，也可以接成漏型。

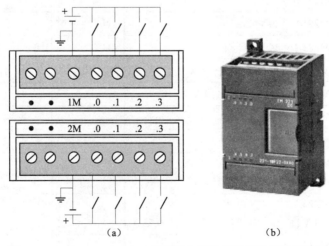

图 1.27　EM221 8×24 V DC 直流输入模块端子接线图及实物图
(a) 端子接线图；(b) 实物图

（2）交流输入扩展模块。

交流输入扩展模块的内部电路结构与图 1.4 基本相同，图 1.28 所示为 EM221 8×120/230 V AC 交流输入模块端子接线图，其他交流输入扩展模块接线详见《S7–200 可编程控制器系统手册》。EM221 8×120/230 V AC 共有 8 个分隔式数字量输入端子，每个输入点都占用 2～3 个接线端子。它们各自使用 1 个独立的交流电源（由用户提供），且这些交流电源可以不同相。

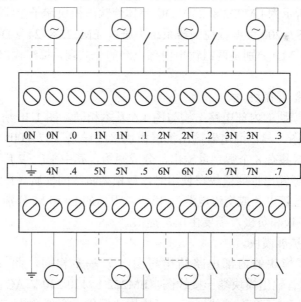

图 1.28　EM221 8×120/230 V AC 交流输入模块端子接线图

数字量输入扩展模块的主要技术指标如表 1.9 所示。

表 1.9　数字量输入扩展模块的主要技术指标

项　目	直流输入	交流输入
输入类型	漏型/源型	—
输入电压额定值	24 V DC	120 V AC，6 mA 或 230 V AC，9 mA
最大持续允许电压	30 V DC	264 V AC
浪涌电压（最大值）	35 V DC，500 ms	—
逻辑 1（最小值）	15 V DC，2.5 mA	79 V AC，2.5 mA
逻辑 0（最大值）	5 V DC，1 mA	20 V AC 或 1 mA AC
输入延时（最大值）	4.5 ms	15 ms
连接 2 线接近开关传感器允许的漏电流（最大值）	1 mA	1 mA
光电隔离（电流，现场到逻辑）	500 V AC，1 min	1 500 V AC，1 min
非屏蔽电缆长度（最大值）	300 m	300 m
屏蔽电缆长度（最大值）	500 m	500 m

2）数字量输出扩展模块

数字量输出扩展模块分为晶体管输出、继电器输出和晶闸管输出三种，以适应不同的负载类型，下面分别加以说明。

（1）晶体管输出扩展模块。

晶体管输出扩展模块的内部电路结构与图 1.5 基本相同（内部输出开关使用的是 MOSFET），图 1.29 所示为 EM222 8×24 V DC 晶体管输出模块端子接线图，其他晶体管输出扩展模块接线详见《S7–200 可编程控制器系统手册》。EM222 8×24 V DC 共有 8 个数字量输出，分成两组。1 L+、2 L+分别是两组输出内部电路的公共端，每组输出需用户提供一个 DC 24 V 电源。

（2）继电器输出扩展模块。

继电器输出扩展模块的内部电路结构与图 1.6 基本相同，图 1.30 所示为 EM222 8×继电器输出模块端子接线图，其他继电器输出扩展模块接线详见《S7–200 可编程控制器系统手册》。EM222 8×继电器共有 8 个数字量输出，分成两组，其中 1 L、2 L 分别是两组输出内部电路的公共端。继电器输出扩展模块在使用时，应根据负载的性质（直流或交流负载）来选用负载回路的电源（直流电源或交流电源）。模块左下角的 L+和 M 分别是为继电器线圈供电的直流 24 V 电源的正极和负极，需要由用户提供。

（3）晶闸管输出扩展模块。

晶闸管输出扩展模块的内部电路结构与图 1.7 基本相同，图 1.31 所示为 EM222 8×120/230 V AC 晶闸管输出模块端子接线图。EM222 8×120/230 V AC 共有 8 个分隔式数字量输出，每个输出占用 2~3 个接线端子，且由用户提供一个独立的交流电源，这些交流电源可以不同相。

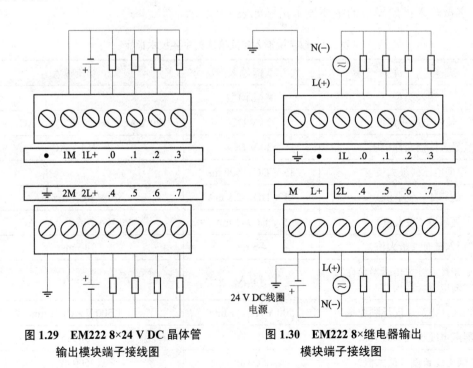

图 1.29　EM222 8×24 V DC 晶体管输出模块端子接线图　　图 1.30　EM222 8×继电器输出模块端子接线图

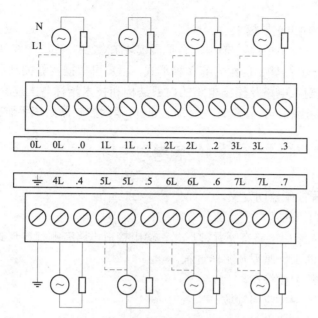

图 1.31 EM222 8×120/230 V AC 晶闸管输出模块端子接线图

数字量输出扩展模块的主要技术指标如表 1.10 所示。

表 1.10 数字量输出扩展模块的主要技术指标

项目	晶体管输出		继电器输出		晶闸管输出
	0.75 A	5 A	2 A	10 A	
电压允许范围	20.4～28.8 V DC		5～30 V DC 或 5～150 V AC		40 至 264 V AC
24 V 线圈电压范围	—	—	20.4～28.8 V DC		—
浪涌电流（最大值）	8 A，100 ms	30 A	5 A，4 s	15 A，4 s	5 A rms，2 AC 周期
每点额定电流（最大）	0.75 A	5 A	2 A	10 A 阻性 2 A DC 感性 3 A AC 感性	0.5 A AC
公共端额定电流（最大）	10 A	5 A	10 A	10 A	0.5 A AC
灯负载（最大）	5 W	50 W	30 W DC/ 200 W AC	100 W DC/ 1 000 W AC	60 W
接通电阻	0.3 Ω 典型值 （0.6 Ω 最大值）	0.05 Ω 最大值	0.2 Ω 最大值	0.1 Ω 最大值	410 Ω，负载电流低于 0.05 A 时最大值
开关频率	—		1 Hz		10 Hz
触点机械寿命	—		10 000 000 次	30 000 000 次	—
额定负载时触点寿命	—		100 000 次	30 000 次	—
非屏蔽电缆长度	150 m		150 m		150 m
屏蔽电缆长度	500 m		500 m		500 m

3）数字量输入/输出扩展模块

S7–200 PLC 配有数字量输入/输出混合扩展模块 EM223，在一个模块上既有数字量输入又有数字量输出，且输入/输出的组合有多种形式，用户可根据实际控制需求选用。数字量输入/输出扩展模块的输入电路及输出电路的内部结构和技术指标与上述介绍的相应形式的数字量输入和数字量输出相同，接线详见《S7–200 可编程控制器系统手册》。

思考与练习

（1）简述可编程控制器的定义。

（2）可编程控制器的基本组成部分有哪些？

（3）PLC 的输入接口电路有哪几种形式？输出接口电路有哪几种形式？各有何特点？

（4）简述 PLC 的工作原理及工作过程。

（5）简述 PLC 的主要特点。

（6）简述 PLC 的主要应用领域。

（7）简述 PLC 的发展方向。

（8）简述 S7–200 PLC 的系统构成。

（9）S7–200 PLC 的 CPU 目前主要有几种型号？各型号分别有多少个输入/输出点？

（10）简述 CPU 224 AC/DC/Relay 和 CPU 224 DC/DC/DC 的区别。

（11）S7–200 PLC 的工作方式有几种？如何改变其工作方式？

（12）简述 S7–200 PLC 数字量扩展模块的种类和主要用途。

（13）S7–200 PLC 不同类型的 CPU 最多可以带多少个扩展模块？简述 S7–200 PLC 进行扩展配置时应考虑哪些因素。

（14）某 PLC 控制系统拟采用 S7–200 PLC。该控制系统需要 40 个直流数字量输入点、24 个直流数字量输出点、6 个继电器数字量输出点，数字量输入输出要求至少预留 20%余量。请选择 CPU 模块及扩展模块，并计算实际配置下的输入/输出数量。

项目 2

三相交流异步电动机的 PLC 控制

 引言

　　三相交流异步电动机是一种将电能转化为机械能的电力拖动装置,具有结构简单、运行可靠、价格便宜、容易制造、过载能力强、坚固耐用、运行效率较高及使用、安装、维护方便等优点,成为各类电动机中应用最为广泛的一种,也是目前生产机械最常使用的电力拖动装置,其作为原动机被广泛应用于工农业生产的各个领域,用来拖动各类生产机械的运动。例如,在工业方面,用于拖动中小型轧钢设备、各种金属切削机床(图 2.1)、轻工机械、矿山机械、港口机械等;在农业方面,用于拖动风机、水泵、脱粒机、粉碎机以及其他农副产品的加工机械等;在民用方面,用于拖动电梯、塔吊等。控制电动机间接地实现了对生产机械的控制,所以掌握使用 PLC 对三相交流异步电动机进行控制的方法对以后的学习和工作都具有非常重要的意义。

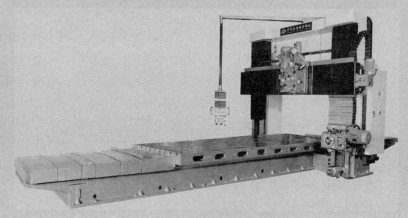

图 2.1　龙门铣床

任务 2.1　三相交流异步电动机正反转运行的 PLC 控制

教学目标

1. 知识目标

掌握 S7-200 PLC 的数据类型和寻址方式，掌握 S7-200 PLC 的数据存储区域及功能，掌握 S7-200 PLC 数字量输入/输出点的地址分配，了解 S7-200 PLC 的编程语言种类及特点，掌握梯形图的组成及编程注意事项，掌握 S7-200 PLC 的位逻辑运算类指令及应用。

2. 能力目标

掌握 S7-200 PLC 与编程器的连接及设置方法，学会 STEP 7-Micro/WIN 软件的基本使用，能使用 PLC 进行三相交流异步电动机点动、长动和正反转控制系统的设计、安装和调试。

2.1.1　任务引入

三相交流异步电动机的正反转控制是电动机的基本控制环节之一，通过电动机的正反转可以控制生产机械的基本运动方式。如电梯的上升和下降，机床主轴的前进和后退，机械滑台的前后、左右移动等都是电动机正反转运行的结果。

任务说明之正反转 PLC 控制系统

三相交流异步电动机的正反转是通过控制正反转接触器线圈的通断电从而改变定子绕组的相序来实现的，其主电路以及由继电器—接触器构成的控制电路如图 2.2 所示。该电路可以实现电动机的正转—停止—反转控制功能，正反转之间不能直接切换。

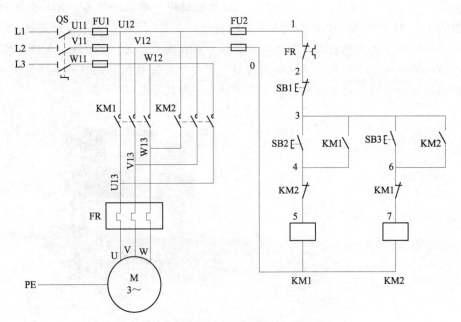

图 2.2　三相交流异步电动机正反转控制电路

2.1.2 任务分析

为避免两相电源短路,保证电动机正常工作,正转接触器 KM1 和反转接触器 KM2 的主触点不能同时闭合。所以,图 2.2 中,在控制正、反转的两个接触器的线圈电路中相互串联一个对方的常闭触点形成互锁关系,使 KM1 和 KM2 的线圈不能同时得电,从而避免了 KM1 和 KM2 的主触点同时闭合。

图 2.2 中由继电器—接触器构成的三相交流异步电动机正反转控制电路可以改由 PLC 来实现。此时,电动机主电路保持不变,控制电路部分的功能改由 PLC 结合硬件接线和软件编程来实现。下面将学习相关知识和方法。

2.1.3 相关知识

1. S7-200 PLC 的数据类型

通过项目 1 的学习我们知道,可编程控制器实际上就是一台计算机。计算机的所有功能都是在硬件的基础上使用某种编程语言编写程序来实现的,而所有编程语言使用的基础就是首先了解其数据类型。

1)S7-200 PLC 的数据类型及数据范围

S7-200 系列 PLC 的基本数据类型有 1 位布尔型(BOOL 位型)、8 位字节型整数(BYTE)、16 位无符号整数(WORD)、16 位有符号整数(INT)、32 位无符号双字整数(DWORD)、32 位有符号双字整数(DINT)、32 位实数(REAL)及字符串。除用于 SHRB 指令外,8 位字节型数据只能表示 0~255 之间的无符号数或字符串中的一个字符,不能表示有符号整数;实数型数据采用 32 位单精度浮点数表示。S7-200 的数据类型、长度及范围如表 2.1 所示。

表 2.1 S7-200 的数据类型、长度及范围

数据的类型及长度	无符号整数范围		有符号整数范围	
	十进制	十六进制	十进制	十六进制
字节 B(8 位)	$0 \sim 2^8-1$	0~FF	$-128 \sim 127$	$-80 \sim 7F$
字 W(16 位)	$0 \sim 2^{16}-1$	0~FFFF	$-2^{15} \sim 2^{15}-1$	8 000~7FFF
双字 D(32 位)	$0 \sim 2^{32}-1$	0~FFFFFFFF	$-2^{31} \sim 2^{31}-1$	80 000 000~7FFFFFFF
位(BOOL,1 位)	0、1			
实数(32 位)	$-3.4 \times 10^{38} \sim 3.4 \times 10^{38}$			
字符串	每个字符串以多个字节的形式存储,每个字节存放字符串的一个字符。字符串的最大长度为 255 个字节,第一个字节中定义该字符串的长度			

2)常数的表示

S7-200 的许多指令中经常会用到常数,常数可以用二进制、十进制、十六进制、字符串或实数等多种形式表示,如十进制常数:-1 234;十六进制常数:16#3AC6;二进制常数:2#1010 0001 1110 0000;字符串:'Show';实数(浮点数):+1.175495E-38(正数),-1.175495E-38(负数)。

2. S7–200 PLC 的存储器编址

在计算机内部，操作数等数据都需要放在存储器中保存，指令对操作数的读写其实是 CPU 通过访问对应的存储器来实现的。因为计算机内部的存储器是由许多存储单元组成的，所以为了保证每个存储器单元都能被访问且不相互混淆，计算机中每个同类型的存储单元都有一个唯一的由若干位二进制数组成的二进制地址与其对应（对于不同计算机系统，二进制地址位数可能会不同），而 CPU 对存储器的访问最终都是通过与其对应的二进制地址来完成的。为了便于记忆和书写，在高级编程语言中，实际编程时访问存储器一般都不再使用其二进制地址，而是使用更加便于记忆和书写的符号地址（如高级语言中的变量名）或其他形式的地址，在程序编译或运行时再由计算机将这些符号地址或其他形式的地址转换成对应的二进制地址。

另外，计算机中的存储器可分为随机读写存储器 RAM 和只读存储器 ROM。RAM 主要用来存放中间运算结果和可变的数据，又称数据存储器；ROM 主要用来存放程序和不变的数据，又称程序存储器。因为编程时使用的存储器主要是 RAM，所以对于用户来说，主要关心计算机中 RAM 的大小及地址。对于 PLC 同样如此，其内部也有许多数据存储器及可编程元件（所谓可编程元件可以理解为：能完成某种特定功能且其行为能被使用者通过编程控制的由若干硬件构成的组件集合，如定时器、计数器等），为了便于访问，PLC 对其内部的数据存储器和可编程元件按照功能划分成不同的存储区域，并对每种存储区域分配了不同的符号以便于识别，这些符号称为存储区域标识符（如 S7–200 PLC 中，I 为数字量输入映像寄存器区的存储区域标识符，Q 为数字量输出映像寄存器区的存储区域标识符，V 为变量存储区的存储区域标识符等）。此外 PLC 还对每块存储区域所包含的所有存储单元或可编程元件进行地址编码（即所谓的编址），以便它们可以被唯一地识别。我们在编程时就使用这些地址编码对存储器或可编程元件进行访问。

因为存储器的存储单位可以是位（bit）、字节（Byte）、字（Word）或双字（Double Word），所以 S7–200 PLC 中存储器地址的编码表示也分为位、字节、字、双字地址格式，相应地，对存储器进行访问时，可以按位、字节、字或双字进行。下面分别加以说明。

1）位地址格式

S7–200 PLC 中，位地址的一般格式为：存储区域标识符+字节编号.位编号，如 I4.5、Q0.0、V2.1 等，如图 2.3 所示。I4.5 就是上边标记为黑色的位地址。I 是数字量输入映像寄存器区的存储区域标识符，4 表示数字量输入映像寄存器区字节地址编号为 4 的字节，5 是第 4 个字节的第 5 位，在字节编号 4 与位编号 5 之间用点号"."隔开。所以位地址 I4.5 就表示数字量输入映像寄存器第 4 个字节的第 5 位。

2）字节、字、双字地址格式

S7–200 PLC 中，字节、字、双字地址格式为：存储区域标识符+数据长度+字节、字或双字的起始字节地址。其中数据长度为 B 表示该地址为 1 个字节（8 位二进制数长度），为 W 表示该地址为 1 个字（16 位二进制数长度），为 D 表示该地址为 1 个双字（32 位二进制数长度），如图 2.4 所示。图 2.4 中，VB100、VW100、VD100 分别表示变量存储器中的一个字节、一个字和一个双字的地址。VW100 由 VB100、VB101 两个字节组成，且 VB100 是高字节，VB101 是低字节；VD100 由 VB100～VB103 四个字节组成，且 VB100 是最高字节，VB103 是最低字节。

3）其他地址格式

数据存储区域中，还包括定时器（T）、计数器（C）、累加器（AC）、高速计数器（HC）等。它们的地址格式为：存储区域标识符+元件编号，如 T24 表示第 24 号定时器的地址，它既可以表示第 24 号定时器的状态位，也可以表示第 24 号定时器的当前值。

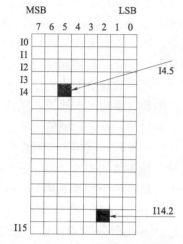

图 2.3　S7–200 PLC 位地址格式示例

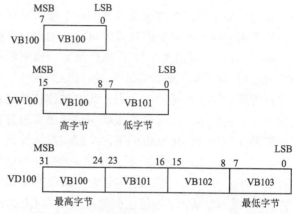

图 2.4　S7–200 PLC 字节、字、双字地址格式示例

3. S7–200 PLC 的数据存储区域及功能

1）S7–200 PLC 的数据存储区域及功能

上面已经讲过，为便于使用和记忆，S7–200 PLC 将其内部的数据存储器和可编程元件按照功能划分成了不同的存储区域，并用不同的符号作为存储区域标识符，如数字量输入映像寄存器 I，数字量输出映像寄存器 Q 等。掌握不同存储区域的功能和使用方法是进行 S7–200 PLC 编程的基础。

（1）数字量输入映像寄存器（输入继电器）I。

数字量输入映像寄存器中某一个位的值反映了 PLC 所接的某个数字量输入设备的状态，它与数字量输入电路配合，为 PLC 的使用者及时得知数字量输入设备的状态提供接口。PLC 的每个数字量输入点都在该存储区域有一个唯一的位与其对应，且这些位的值只在 PLC 每个扫描周期的输入采样阶段才可能发生变化，其他四个阶段不会变化。在 PLC 某个扫描周期的输入采样阶段，如果某个数字量输入点所接的输入设备是闭合的，则 PLC 就会将与其对应的位写入"1"，此时也称该数字量输入点有输入；反之 PLC 就会将与其对应的位写入"0"，此时也称该数字量输入点没有输入。到了扫描周期的执行用户程序阶段，用户程序就可以通过指令读这些位的值，如果读出某个位的值是"1"，则表示在该扫描周期与这个位对应的数字量输入点所接的输入设备是闭合的；如果读出某个位的值是"0"，则表示在该扫描周期与这个位对应的数字量输入点所接的输入设备是断开的。这样，编程者就可以间接地得知输入设备的状态，从而在程序中进行进一步处理。

在 S7–200 系列 PLC 中，数字量输入映像寄存器的大小为 16 个字节，128 个位，可按位、字节、字或双字访问。按位访问地址范围为 I0.0～I0.7、I1.0～I1.7、…、I15.0～I15.7，按字节访问的地址范围为 IB0～IB15，按字访问的地址范围为 IW0～IW14，按双字访问的地址范围为 ID0～ID12。需要注意的是，由于该存储区域是在每个扫描周期的输入采样阶段由 PLC 的系统软件根据输入设备的状态写入"1"或"0"，所以在用户程序中，该存储区域不要随便写入数值。

（2）数字量输出映像寄存器（输出继电器）Q。

数字量输出映像寄存器中某一个位的值用于控制 PLC 所接的某个数字量输出设备的状态，它与数字量输出电路配合，为 PLC 的使用者控制数字量输出设备的状态提供接口。PLC 的每个数字量输出点都在该存储区域有一个唯一的位与其对应，且这些位的值一般只在 PLC 每个扫描周期的执行用户程序阶段才可能会由用户程序控制其发生变化，其他四个阶段不会变化。如果该存储区域的某个位在 PLC 某个扫描周期的执行用户程序阶段由用户程序写入了"1"，则在该扫描周期的输出刷新阶段，PLC 会将与该位对应的数字量输出点接通，从而使该输出点所接的输出设备得电动作，此时也称该数字量输出点有输出；反之，该输出点所接的输出设备不会得电，此时也称该数字量输出点没有输出。这样，编程者就可以在程序中根据控制要求控制该存储区域位的值，从而间接地控制数字量输出设备的状态。由以上说明可以看出，一般情况下，数字量输出设备得电或断电的状态至少会维持一个扫描周期的时间。

在 S7–200 系列 PLC 中，数字量输出映像寄存器的大小也是 16 个字节，128 个位，可按位、字节、字或双字访问。按位访问地址范围为 Q0.0～Q0.7、Q1.0～Q1.7、……、Q15.0～Q15.7，按字节访问的地址范围为 QB0～QB15，按字访问的地址范围为 QW0～QW14，按双字访问的地址范围为 QD0～QD12。在用户程序中，该存储区域既能读，也能写。

（3）模拟量输入映像寄存器 AI。

模拟量输入映像寄存器中某一个字的值反映了 PLC 所接的某路模拟量输入信号的状态，它与模拟量输入电路配合，为 PLC 使用者及时得知模拟量输入信号的变化提供接口。PLC 的每路模拟量输入都在该存储区域有一个唯一的字与其对应，这样，编程者就可以在程序中通过读取该存储区域字的值间接地得知模拟量输入信号的大小，从而通过程序进行进一步处理。

因为一个字的长度为 16 位，故在 S7–200 PLC 中，模拟量输入映像寄存器中字的地址均以偶数表示，如 AIW0、AIW2……。

在 S7–200 系列 PLC 中，模拟量输入映像寄存器的大小根据 CPU 型号的不同而不同。CPU 221 没有模拟量输入映像寄存器；CPU 222 有 16 个字，编址为 AIW0、AIW2、……、AIW30；CPU 224/224 XP/224 XPsi/226 有 32 个字，编址为 AIW0、AIW2、……、AIW62。模拟量输入映像寄存器只能按字访问，不能按位、字节和双字访问，且在用户程序中只能读，不能写。

S7–200 PLC 对模拟量输入的刷新方式比较复杂。如果在系统块的"输入滤波器"设置中启用了模拟量输入滤波功能，则 S7–200 PLC 会在每一个扫描周期刷新模拟量输入并执行滤波功能，且将滤波后的值写入对应的模拟量输入映像寄存器区的字中。如果在系统块的"输入滤波器"设置中没有启用模拟量输入滤波功能，则 S7–200 PLC 不会在每个扫描周期刷新扩展模块的模拟量输入，只有当用户程序访问模拟量输入时，S7–200 PLC 才会直接从扩展模块读取模拟量的 A/D 转换值。对于 CPU 224 XP 和 CPU 224 XPsi 上的两路模拟量输入，S7–200 PLC 会在每个扫描周期都刷新模拟量输入，且进行平均值滤波，因此，该两路模拟量输入通常不需要设置输入滤波。AS–i 主站模块、热电偶模块和 RTD 模块要求禁止使用模拟量输入滤波功能。

（4）模拟量输出映像寄存器 AQ。

模拟量输出映像寄存器中某一个字的值决定了 PLC 某路模拟量输出的信号的大小，它与模拟量输出电路配合，为 PLC 使用者控制模拟量输出信号的大小提供接口。PLC 的每路模拟量输出都在该存储区域有一个唯一的字与其对应，这样，编程者就可以通过在程序中控制该存储区域字的值，从而间接地控制模拟量输出信号的大小，驱动模拟量设备按照要求工作。

与模拟量输入映像寄存器一样，在 S7-200 系列 PLC 中，模拟量输出映像寄存器中字的地址也均以偶数表示，如 AQW0、AQW2，且其大小也是根据 CPU 型号的不同而不同。CPU 221 没有模拟量输出映像寄存器；CPU 222 有 16 个字，编址为 AQW0、AQW2、…、AQW30；CPU 224/224 XP/224 XPsi/226 有 32 个字，编址为 AQW0、AQW2、…、AQW62。模拟量输出映像寄存器只能按字访问，不能按位、字节和双字访问，且在用户程序中只能写，不能读。

需要注意的是，对于 S7-200 PLC 来说，只要模拟量输出映像寄存器中字的值发生了变化，PLC 会立即通过模拟量输出电路将其转换成模拟信号并从对应的模拟量输出端子输出，即模拟量输出的刷新与扫描周期无关。

说明：以上四种存储器都与 PLC 的实际输入/输出相对应，对于其中没有与输入/输出设备对应的存储单元一般也不要在用户程序中随意使用。

（5）变量存储器 V。

变量存储器主要用于存放程序的中间运算结果或参数设置，在进行数据处理时，变量存储器会被经常使用。变量存储器可以按位、字节、字或双字为单位进行访问，在用户程序中，该存储区域既能读，也能写，也即该存储区域的位既可以出现在梯形图的触点上，也可以出现在线圈上，且同一个位在触点上出现的次数没有限制。在 S7-200 系列 PLC 中，该存储区域的大小根据 CPU 型号的不同而不同。CPU 221/222 有 2 048 个字节（2 KB），按位访问的地址范围为 V0.0～V0.7、V1.0～V1.7、…、V2047.0～V2047.7，按字节访问的地址范围为 VB0～VB2047，按字访问的地址范围为 VW0～VW2046，按双字访问的地址范围为 VD0～VD2044。CPU 224 有 8 192 个字节（8 KB），按位访问的地址范围为 V0.0～V0.7、V1.0～V1.7、…、V8191.0～V8191.7，按字节访问的地址范围为 VB0～VB8191，按字访问的地址范围为 VW0～VW8190，按双字访问的地址范围为 VD0～VD8188。CPU 224 XP/CPU 224 XPsi/CPU 226 有 10 240 个字节（10 KB），按位访问的地址范围为 V0.0～V0.7、V1.0～V1.7、…、V10239.0～V10239.7，按字节访问的地址范围为 VB0～VB10239，按字访问的地址范围为 VW0～VW10238，按双字访问的地址范围为 VD0～VD10236。

（6）位存储器（中间继电器）M。

位存储器主要用于存放程序中位的中间运算结果，其作用类似于继电器控制系统中的中间继电器。在 S7-200 系列 PLC 中，位存储器的大小为 32 个字节、256 个位，可按位、字节、字或双字访问。按位访问时的地址范围为 M0.0～M0.7、M1.0～M1.7、…、M31.0～M31.7，按字节访问的地址范围为 MB0～MB31，按字访问的地址范围为 MW0～MW30，按双字访问的地址范围为 MD0～MD28。在用户程序中，该存储区域既能读，也能写。

（7）顺序控制继电器 S。

顺序控制继电器又称状态元件，是使用顺序控制指令编程时的重要元件。在 S7-200 系列 PLC 中，该存储区域总共有 32 个字节，可按位、字节、字或双字访问。按位访问时的地址范围为S0.0~S0.7、S1.0~S1.7、…、S31.0~S31.7，按字节访问的地址范围为SB0~SB31，按字访问的地址范围为SW0~SW30，按双字访问的地址范围为SD0~SD28。在用户程序中，该存储区域既能读，也能写。

(8) 局部变量存储器L。

局部变量存储器是分配给每个程序组织单元（程序组织单元又称POU，主程序、子程序和中断处理程序都称为POU）的临时存储区。S7-200的每个POU都有64个字节的局部变量存储器，当某个POU执行时，系统为其分配局部变量存储器，一旦POU执行完毕，该局部变量存储器即被释放，其中存储的值也同时丢失。由于局部变量存储器在POU执行时才被分配，且分配时并不对数据进行初始化，所以其初始值是不确定的。因此在程序中用到局部变量存储器的值之前，一般需要对其赋值，否则可能会出现错误的执行结果。

局部变量存储器的前60个字节可以作为POU的内部存储器使用或用于子程序与调用程序之间传递参数，后4个字节作为系统的保留字节，用户不能使用。在程序运行时，S7-200会为主程序和它调用的8个嵌套子程序及中断程序和它调用的1个子程序各分配64字节的局部变量存储器。

局部变量存储器L可以按位、字节、字或双字访问，且该存储区域既能读，也能写。按位访问的地址范围为L0.0~L0.7、L1.0~L1.7、…、L59.0~L59.7，按字节访问的地址范围为LB0~LB59，按字访问的地址范围为LW0~LW58，按双字访问的地址范围为LD0~LD56。

局部变量存储器L和变量存储器V的主要区别在于变量存储器V是全局有效，即变量存储器V中的所有存储单元可以被任何程序组织单元访问；而局部变量器L中的存储单元只是局部有效，即它们只能在相应的程序组织单元中才能访问。

(9) 定时器T。

定时器主要用于定时，是PLC中最常用的编程元件之一。S7-200系列的每个定时器主要由一个16位二进制数组成的当前值寄存器（数值类型为INT）、一个16位二进制数组成的预设值寄存器（数值类型为INT）和一个状态位组成。定时器编程时首先要预置定时值，在运行过程中，当定时器的输入条件满足时，当前值从0开始按一定的时间单位增加，当定时器的当前值达到预设值时，定时器的状态位发生变化。这样，编程者就可以利用定时器状态位的触点实现各种定时逻辑控制。

在S7-200中，定时器共有256个，用符号T和定时器编号来表示，分别为T0~T225。它们不仅仅是定时器的编号，还包含两方面的信息：定时器的状态位和定时器的当前值。这256个定时器的分辨率、定时范围、工作方式并不完全相同，应根据需要正确选用。

(10) 计数器C。

计数器主要用于对脉冲的数量进行计数（对脉冲的上升沿计数），也是PLC中常用的编程元件之一。S7-200系列PLC的每个计数器都可作为增计数器、减计数器或增减计数器，用户应根据需要正确选用。与定时器一样，每个计数器也主要由一个16位二进制数组成的当前值寄存器（数值类型为INT）、一个16位二进制数组成的预设值寄存器（数值类型为INT）和一个状态位组成。在运行过程中，当计数器计到预设的脉冲数量后，计数器的状态位会由"0"变为"1"。

在S7-200 PLC中，计数器共有256个，用符号C和计数器编号来表示，分别为C0~C225，它们也包含两方面的信息：计数器的状态位和计数器的当前值。

(11) 高速计数器 HC。

上边所讲计数器的计数脉冲频率受扫描周期的影响，不能太高。而高速计数器则不受扫描周期的影响，可用来对高速脉冲进行计数，其当前值和预设值是双字长（32 位二进制数）的整数。S7–200 系列 PLC 共有 6 个高速计数器，用符号 HC 和编号来表示，分别为 HC0～HC5。不同 CPU 所能使用的高速计数器数量不尽相同，CPU 221/222 有 4 个高速计数器，编号为 HC0、HC3～HC5；CPU 224 /CPU 224 XP/CPU 224 XPsi/CPU 226 有 6 个高速计数器，编号为 HC0～HC5。

(12) 累加器 AC。

累加器是用来暂存数据的寄存器，可以用来存放运算结果和中间数据。S7–200 系列 PLC 有 4 个 32 位二进制数组成的累加器，编号为 AC0～AC3。累加器可按字节、字和双字存取，分别存取累加器的低 8 位、低 16 位和全部 32 位二进制数。

(13) 特殊存储器 SM。

特殊存储器主要用于存储系统的状态变量、有关的控制参数和信息等，在 CPU 和用户程序之间交换系统信息，是 S7–200 系统和用户之间的接口。用户可以通过该存储区域读取 S7–200 运行过程中的某些状态和运算结果等信息，也可以通过直接设置该存储区域的某些存储单元控制 S7–200 完成一定的控制动作，实现某种功能。

在 S7–200 系列 PLC 中，该存储区域的前 30 个字节只能读，不能写，其余存储单元既能读，也能写，且能按位、字节、字或双字访问。

特殊存储器的大小根据 CPU 型号的不同而不同。CPU 221 有 180 个字节，按位访问的地址范围为 SM0.0～SM0.7，SM1.0～SM1.7，…，SM179.0～SM179.7，按字节访问的地址范围为 SMB0～SMB179，按字访问的地址范围为 SMW0～SMW178，按双字访问的地址范围为 SMD0～SMD176。CPU 222 有 300 个字节，按位访问的地址范围为 SM0.0～SM0.7，SM1.0～SM1.7，…，SM299.0～SM299.7，按字节访问的地址范围为 SMB0～SMB299，按字访问的地址范围为 SMW0～SMW298，按双字访问的地址范围为 SMD0～SMD296。CPU 224/CPU 224 XP/CPU 224 XPsi/CPU 226 有 550 个字节，按位访问的地址范围为 SM0.0～SM0.7，SM1.0～SM1.7，…，SM499.0～SM499.7，按字节访问的地址范围为 SMB0～SMB549，按字访问的地址范围为 SMW0～SMW498，按双字访问的地址范围为 SMD0～SMD496。

特殊存储器主要存储单元的功能说明如表 2.2 所示。

表 2.2 特殊存储器主要存储单元的功能说明

SM 存储单元	主 要 功 能
SMB0	系统状态标志位寄存器
SMB1	指令执行状态标志位寄存器
SMB2	自由口通信接收字符寄存器
SMB3	自由口通信校验错误寄存器
SMB4	中断队列溢出、运行时程序错误、全局中断允许、自由口通信发送空闲等的标志位寄存器
SMB5	I/O 错误状态标志位寄存器

续表

SM 存储单元	主要功能
SMB6	CPU 型号标识寄存器
SMB8~SMB21	I/O 模块标识和错误有关寄存器
SMW22~SMW26	扫描时间有关寄存器
SMB28~SMB29	模拟电位器调整值寄存器
SMB30、SMB130	自由口通信控制寄存器
SMB31~SMW32	永久性内存（EEPROM）写入控制寄存器
SMB34~SMB35	定时中断的时间间隔寄存器
SMB36~SMB65	HSC0、HSC1 和 HSC2 高速计数器有关寄存器
SMB66~SMB85	PTO / PWM 高速脉冲输出控制寄存器
SMB86~SMB94 SMB186~SMB194	通信口接收信息控制有关寄存器
SMW98~SMB114	扩展总线通信错误、扩展模块告警、CPU 告警等有关寄存器
SMB136~SMB165	HSC3、HSC4 和 HSC5 高速计数器有关寄存器
SMB166~SMB185	PLS 指令多段脉冲输出控制有关寄存器
SMB200~SMB549	为功能扩展模块提供的状态信息保留，如 EM 277 PROFIBUS–DP 模块。SMB200 至 SMB249 为系统中的第一个功能扩展模块（离 CPU 最近的模块）保留；SMB250 至 SMB299 为第二个功能扩展模块保留，以此类推

常用特殊存储器的用途如下：

SM0.0：运行状态监视位。只要 PLC 处于 RUN 状态，SM0.0 始终为"1"状态。

SM0.1：初始化脉冲。S7–200 PLC 由 STOP 转为 RUN 状态时，ON（高电平）一个扫描周期（首个扫描周期为 1），因此 SM0.1 的常开触点常用于调用初始化程序等。

SM0.2：当 RAM 中数据丢失时，ON（高电平）一个扫描周期，用于出错处理。

SM0.3：当 PLC 上电进入 RUN 方式时，ON（高电平）一个扫描周期。

SM0.4、SM0.5：占空比为 50%的时钟脉冲。当 PLC 处于运行状态时，SM0.4 产生周期为 1 min 的时钟脉冲，SM0.5 产生周期为 1 s 的时钟脉冲。其可用作时间基准或简易延时。

SM0.6：一个扫描周期为 ON（1），另一个为 OFF（0），循环交替。

SM0.7：工作方式开关位置指示，0 为 TERM 位置，1 为 RUN 位置。

SM1.0：零标志位，数学运算结果为 0 时，该位置 1。

SM1.1：溢出标志位，数学运算结果溢出或非法数值时，该位置 1。

SM1.2：负数标志位，数学运算结果为负数时，该位置 1。

SM1.3：被 0 除标志位。

2）S7–200 PLC 数字量输入/输出点的地址分配

前边已经讲过，PLC 的每个数字量输入点都在数字量输入映像寄存器区有一个唯一的位与其对应，每个数字量输出点也都在数字量输出映像寄存器区有一个唯一的位与其对应。对

S7-200 PLC 来说，其上的每个数字量输入/输出点在相应存储区域对应的位地址是按如下方式确定的：

（1）CPU 模块上提供的数字量输入/输出点具有固定的地址，且输入从 I0.0 开始依次编址，输出从 Q0.0 开始依次编址。

（2）扩展模块上提供的数字量输入/输出点的地址根据扩展模块在扩展链中的位置依次向后递增编址，且数字量输入点和数字量输出点的编址相互独立，互不影响。

（3）每个模块（包括 CPU 模块和扩展模块）上数字量输入/输出点的地址是以字节（8个位）为单位递增分配的。编址时，对各模块上数字量输入/输出点的地址分配也是以 8 点为单位进行的，即使有些模块的输入/输出点数不是 8 的整数倍，但仍以 8 点来分配地址，未用的地址不能分配给扩展链中的后续输入/输出模块。

（4）数字量输入/输出点的编址与输入/输出的类型无关，即数字量输入点的编址与输入点是直流输入还是交流输入无关，数字量输出点的编址与输出点是晶体管输出、继电器输出还是晶闸管输出无关。

例如一个 4 入/4 出的 EM 223 模块需要占用 8 个输入点和 8 个输出点的地址。对于未用的数字量输出映像寄存器中的地址可用来作内部标志位使用，未用的数字量输入映像寄存器中的地址却不可以这样，因为每个扫描周期的输入采样阶段，CPU 都会对这些存储空间清零。

因为 S7-200 PLC 各类 CPU 提供的数字量输入/输出映像寄存器的大小都是 16 个字节，128 个位（数字量输入映像寄存器区为 I0.0~I15.7，数字量输出映像寄存器区为 Q0.0~Q15.7），所以 S7-200 PLC 能配置的最大数字量输入点和数字量输出点都不能超过 128 个。

【例 2-1】某一控制系统选用 S7-200 PLC CPU 224，系统需要 24 点的直流数字量输入、20 点的继电器数字量输出。要求进行系统配置并说明各输入、输出点的地址。

本系统可有多种不同模块的选取组合和配置方案，各模块在 I/O 链中的位置排列方式也可以有多种，图 2.5 所示为其中的一种模块配置和连接形式。表 2.3 所示为该配置下各模块对应的 I/O 地址。

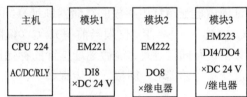

图 2.5 【例 2-1】系统配置示意图

表 2.3 各模块 I/O 地址分配表

主机 I/O		模块 1 I/O	模块 2 I/O	模块 3 I/O	
I0.0	Q0.0	I2.0	Q2.0	I3.0	Q3.0
I0.1	Q0.1	I2.1	Q2.1	I3.1	Q3.1
I0.2	Q0.2	I2.2	Q2.2	I3.2	Q3.2
I0.3	Q0.3	I2.3	Q2.3	I3.3	Q3.3
I0.4	Q0.4	I2.4	Q2.4		
I0.5	Q0.5	I2.5	Q2.5		
I0.6	Q0.6	I2.6	Q2.6		
I0.7	Q0.7	I2.7	Q2.7		
I1.0	Q1.0				
I1.1	Q1.1				
I1.2					
I1.3					
I1.4					
I1.5					

4. S7–200 的寻址方式

S7–200 的指令由操作码和操作数组成。操作码指出指令要干什么，操作数提供完成本指令操作所需要的数据或者经本指令操作处理后的数据应放到什么地方。指令中提供参与操作的操作数或操作数存储地址的方法称为寻址方式。S7–200 的数据寻址方式有立即寻址、直接寻址和间接寻址三类。

1) 立即寻址

一条指令中，如果操作码后面的操作数就是指令操作所需要的具体数据，这种寻址方式就叫立即寻址。如指令 MOVD 2505、VD500，该指令功能将十进制数 2505 传送到 VD500 存储单元中，这里 2505 是源操作数，VD500 是目的操作数。因为源操作数的数值已经在指令中给出，不用再到别处寻找，这种操作数即为立即数，这种寻址方式就是立即寻址。而目的操作数只是给出了其在存储器中的地址 VD500，其寻址方式就是直接寻址。

2) 直接寻址

直接寻址是指在指令中给出了存储数据的存储器或寄存器的名称或地址编号（即操作数的直接地址），PLC 的 CPU 在收到操作数的地址后即可直接到地址指定的存储器单元去读取或写入数据。在 S7–200 PLC 中，直接寻址有按位、字节、字和双字四种方式。指令 MOVD 2505、VD500 中的 VD500 即是按双字方式的直接寻址，而指令 MOVB VB0、MB100 中，源操作数 VB0 和目的操作数 MB100 都是按字节方式的直接寻址。

3) 间接寻址

间接寻址时，指令中既不直接提供操作数，也不提供操作数的直接地址，而是给出了一个地址指针，该地址指针中存放着本指令操作所需数据在存储器的实际二进制地址，CPU 通过使用地址指针中存放的存储器地址来间接存取存储器中的数据。在 S7–200 中，允许对 I、Q、M、V、S、T（仅限当前值）、C（仅限当前值）存储区域进行间接寻址，且不能对位型数据进行间接寻址；能做地址指针的存储区域只能是累加器 AC1～AC3、变量存储器 V 和局部变量存储器 L。间接寻址步骤如下，其示意图如图 2.6 所示。

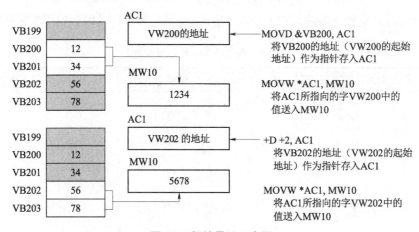

图 2.6 间接寻址示意图

（1）建立指针。间接寻址使用前，首先需要将被访问数据所在存储单元的存储器地址放入地址指针，这个过程叫建立指针。只有建立指针完成后，才能通过指针以间接寻址的方式来存取存储器中的数据。由于 S7-200 的存储器地址是 32 位的二进制数，所以指针必须为双字，建立指针时也必须使用双字传送指令 MOVD 将数据所在存储器的地址送入指针，且双字传送指令的源操作数地址前边必须加"&"符号，表示源操作数所在存储器的地址，而不是存储器中的值。指针一旦建立完成，其里边存放的就是某一存储单元的 32 位二进制地址。例如：MOVD &VB200、AC1，该指令就是将 VB200 的 32 位二进制数地址送入地址指针——累加器 AC1 中。需要注意的是，在 MOVD &VB200、AC1 中，只能使用&VB200，无法使用&VW200 或&VD200。

（2）利用指针存取数据。在使用地址指针存取数据的指令中，操作数前加"*"号表示该操作数为地址指针。例如，MOVW *AC1、MW10、MOVW 表示字传送指令，若 AC1 中的内容为 VB200 的地址，则该指令将 AC1 中的数值为起始地址的一个字长的数据，即 VB200、VB201 组成的字 VW200 中的数据送入 MW10 中，其作用跟 MOVW VW200、MW10 完全相同。

（3）修改指针，继续存取其他数据。由于 S7-200 中，对同一存储区中存储单元的编址是连续的，所以执行完 MOVD &VB200、AC1 后，如果再将 AC1 中的值加 2，则指针 AC1 就指向了 VB202 字节的地址，如果此时再执行 MOVW *AC1、MW10，就会把由 VB202、VB203 两个字节组成的字 VW202 中的数据送入 MW10 内，其余可以此类推。

通过上述间接寻址过程可以看出，在需要对存储区域中若干个连续的同一类型的数据进行处理时，配合循环语句使用间接寻址还是非常方便的，它可以有效缩短程序长度。

5. S7-200 PLC 的编程语言

S7-200 可以用三种语言进行编程，分别是梯形图（Ladder Diagram，LAD），语句表（Statement List，STL）和功能块图（Function Black Diagram，FBD）。梯形图和功能块图是图形式编程语言，语句表是一种类似于汇编语言的文本型编程语言。

S7-200 系列 PLC 的 STEP 7-Micro/Win32 编程软件支持 SIMATIC 和 IEC1131-3 两种指令集。SIMATIC 指令集是西门子系列 PLC 的专用指令集，指令执行速度一般较快，可使用梯形图、语句表、功能块图三种编程语言。IEC1131-3 指令集是国际电工委员会（IEC）推出的 PLC 编程方面的轮廓性标准，鼓励不同的 PLC 厂商向用户提供符合该指令集标准的指令系统，以利于用户编写出适用于不同品牌 PLC 的程序。但对于 S7-200 系列 PLC，该指令集的指令执行时间一般相对要长一些，且只能使用梯形图（LAD）和功能块图（FBD）编程语言编程。许多 SIMATIC 指令集不符合 IEC1131-3 指令集标准，所以两种指令集不能混用，而且许多功能不能由 IEC1131-3 指令集实现。本书后面以 SIMATIC 指令集为主要内容进行介绍与分析。

1）梯形图（LAD）程序设计语言

梯形图程序设计语言是 PLC 最常用的一种程序设计语言。它来源于继电器逻辑控制系统的描述，沿用了继电器、触点、线圈、串并联等术语和类似的图形符号。在电气控制领域，电气技术人员对继电器逻辑控制技术较为熟悉，因此，各厂家、各型号的 PLC 都把它作为第一编程语言。

（1）梯形图的构成。

从逻辑关系看，一个梯形图程序是由若干个网络组成，每个网络都有相应的编号，在本书部分举例中我们将网络编号省去。每个网络由一个或多个梯级（行）组成，程序执行时，CPU 按梯级从上到下、从左到右扫描执行。编译软件能直接指出程序中错误指令所在的网络和行的编号。

从基本构成元素看，梯形图程序的每个网络又是由左右母线、触点、线圈和指令盒这几种基本元素串并联组成，如图 2.7 所示。

① 母线。梯形图两侧的垂直公共线称为母线，左边的母线称为左母线，又叫"火线"；右边的母线称为右母线，又叫"零线"。在分析梯形图的逻辑关系时，为了借用继电器电路的分析方法，可以想象左母线上有"能流"，且"能流"能沿着梯形图中闭合的触点所形成的"通路"向右通过线圈或指令盒流向右母线。在 STEP 7–Micro/WIN32 中，右母线是不画出的，所以图 2.7 中用虚线画出。

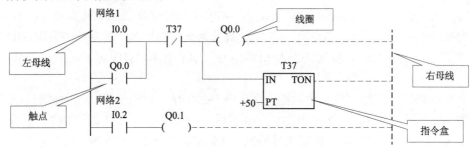

图 2.7 梯形图

② 触点。梯形图中的触点表示对存储器位的读操作，有常开和常闭两种形式，凡是能够按位访问的存储区域的位都可以放到触点上，如图 2.8 所示。CPU 运行扫描到触点指令时，即读触点上指定的存储器位。对于常开触点，当读出该位数据为"1"时触点闭合，"能流"能通过该触点继续向右流动；当读出该位数据为"0"时触点断开，"能流"不能通过该触点继续向右流动。对于常闭触点，当读出该位数据为"1"时触点断开，"能流"不能通过该触点继续向右流动；当读出该位数据为"0"时触点闭合，"能流"能通过该触点继续向右流动。在用户程序中，同一个位的常开触点、常闭触点可以使用无数次。

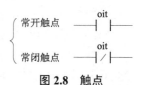

图 2.8 触点

③ 线圈：—(bit)。梯形图中的线圈表示对存储器位的写操作，凡是能够按位访问且可以写的存储区域的位都可以放到线圈上。在 STEP 7–Micro/WIN32 中，线圈的右边必须是右母线。当线圈左侧的触点能有一条闭合的"通路"连到左母线时，则左母线的"能流"就可以通过该闭合的"通路"到达线圈，且通过线圈继续流向右母线，此时，PLC 将线圈的位地址对应的存储器位写"1"，从而使线圈"得电动作"；否则 PLC 将线圈的位地址对应的存储器位写"0"，线圈"不得电"。在用户程序中，同一个位的线圈一般只能使用一次，但其触点可以使用无数次。

④ 指令盒：指令盒代表一些较复杂的功能指令，如定时器、计数器或数学运算指令等。一般情况下，当左母线的"能流"通过指令盒时，指令盒所代表的功能即被执行。

（2）梯形图的编程规则。

① 梯形图程序由网络组成，每个网络由一个或几个梯级（行）组成。

② 从左母线向右以触点开始，以线圈或指令盒结束，构成一个梯级。触点不能出现在线圈右边。在一个梯级中，左右母线之间是一个完整的"电路"，不允许短路、开路。

③ 梯形图中与"能流"有关的指令盒或线圈不能直接接在左母线上；与"能流"无关

的指令盒或线圈必须直接接在左母线上，如 LBL、SCR、SCRE 等。

④ 梯形图中有 EN（或 IN）端的指令盒是与"能流"有关的指令盒，EN（或 IN）端又称使能输入端，该端必须有"能流"到达，指令盒的功能才能被执行。

⑤ 梯形图中有的指令盒有 ENO 端，该端是使能输出端，可以用于指令的级联，无使能输出端的指令盒不能用于级联（如 CALL、LBL、SCR 等）。如果指令盒的使能输入端存在"能流"，且指令盒指令被准确无误地执行后，则 ENO=1 并把"能流"传到下一个指令盒或线圈；如果执行存在错误，则"能流"就在错误的指令盒终止，ENO=0。

⑥ 梯形图中同一触点可以无限次地重复使用。

⑦ 梯形图中同一线圈通常只能出现一次，若出现两次或两次以上叫"双线圈输出"，这种情况一般是不允许的；如果出现，则最后一次有效。

⑧ 梯形图中的触点可以任意串联或并联，但线圈只能并联而不能串联。

⑨ 上重下轻原则：几个串联支路并联，一般应将串联触点多的支路安排在上面，以缩短用户程序的执行时间，如图 2.9（a）所示。

⑩ 左重右轻原则：几个并联支路串联，一般应将并联支路数多的安排在左面，以缩短用户程序的执行时间，如图 2.9（b）所示。

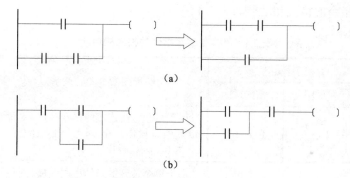

图 2.9　梯形图的上重下轻、左重右轻原则
（a）上重下轻原则；（b）左重右轻原则

2）语句表（STL）程序设计语言

语句表程序设计语言是用助记符来描述程序的一种程序设计语言。语句表程序设计语言与计算机中的汇编语言非常相似，采用助记符来表示操作功能，具有容易记忆、便于掌握的特点，适用于对计算机编程比较熟悉的技术人员使用。

图 2.7 中的梯形图转换为语句表程序如下：

```
网络 1            AN    T37         网络 2
LD   I0.0        =     Q0.0        LD   I0.2
O    Q0.0        TON   T37, +50    =    Q0.1
```

3）功能块图（FBD）程序设计语言

功能块图程序设计语言是采用类似数字电路中由逻辑门电路组成逻辑图的一种图形式编程语言，有数字电路基础的人很容易掌握。功能块图指令由输入、输出段及逻辑关系函数组成。用 STEP 7–Micro/WIN32 编程软件将图 2.7 所示的梯形图转换为功能块图程序，如图 2.10 所示。方框的左侧为逻辑运算的输入变量，右侧为输出变量，输入输出端的小圆圈表示"非"运算,信号自左向右流动。

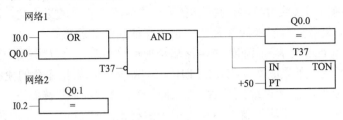

图 2.10 功能块图

6. S7–200 PLC 的位逻辑指令

位逻辑指令是 PLC 最常用的指令,此类指令能够实现基本的位逻辑运算和控制功能。梯形图指令有触点、线圈和指令盒三大类,触点又分常开触点和常闭触点两种形式;语句表指令有装载、与、或以及输出等逻辑关系。位逻辑指令都在 STEP 7–Micro/WIN 指令树的"位逻辑"指令组中。

标准指令之并联程序控制　标准指令之串联程序控制

1)基本位逻辑指令

基本位逻辑指令的格式和功能如表 2.4 所示。

表 2.4 基本位逻辑指令的格式和功能

指令名称	指令格式		梯形图指令功能说明	操作数范围
	梯形图	语句表		
常开触点指令	─┤ ├─ bit	LD bit	用于与左母线连接的常开触点。对位 bit 进行读操作,bit 为 1,触点闭合;bit 为 0,触点断开	bit:I、Q、M、SM、V、S、L、T、C
	─┤ ├─ bit	A bit	用于单个常开触点的串联连接。对位 bit 进行读操作,bit 为 1,触点闭合;bit 为 0,触点断开	
	─┤ ├─ bit	O bit	用于单个常开触点的并联连接。对位 bit 进行读操作,bit 为 1,触点闭合;bit 为 0,触点断开	
常闭触点指令	─┤/├─ bit	LDN bit	用于与左母线连接的常闭触点。对位 bit 进行读操作,bit 为 1,触点断开;bit 为 0,触点闭合	
	─┤/├─ bit	AN bit	用于单个常闭触点的串联连接。对位 bit 进行读操作,bit 为 1,触点断开;bit 为 0,触点闭合	
	─┤/├─ bit	ON bit	用于单个常闭触点的并联连接。对位 bit 进行读操作,bit 为 1,触点断开;bit 为 0,触点闭合	
线圈输出指令	─(bit)	= bit	线圈驱动指令。对位 bit 进行写操作。在梯形图中,当左母线的"能流"能够流到线圈处时,对位 bit 写 1,否则写 0	bit:Q、M、SM、V、S、L、T、C

续表

指令名称	指令格式		梯形图指令功能说明	操作数范围
	梯形图	语句表		
块与指令	—	ALD	用于并联电路块的串联连接	—
块或指令	—	OLD	用于串联电路块的并联连接	—
置位指令	—(S) N	S bit, N	在梯形图中以线圈的形式出现。当左母线的"能流"能够通过流到本线圈处时，对从 bit 开始的连续 N 个位写入 1 并保持；否则指令不执行，其所涉及的位保持不变；$N≤255$	bit：Q、M、SM、V、S、L、T、C； N：常数、IB、QB、MB、SMB、VB、SB、LB、AC、*VD、*AC、*LD，且 $0≤N≤255$
复位指令	—(R) N	R bit, N	在梯形图中以线圈的形式出现。当左母线的"能流"能够流到本线圈处时，对从 bit 开始的连续 N 个位写入 0 并保持；否则指令不执行，其所涉及的位保持不变；$N≤255$	

下面分别对上述指令举例加以说明。

【例 2–2】常开、常闭触点和线圈输出指令使用如图 2.11 所示。

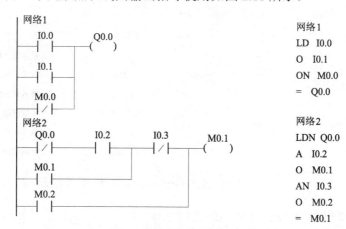

图 2.11 常开、常闭触点和线圈输出指令使用

【例 2–3】线圈输出指令的并联使用如图 2.12 所示。

说明：① 多个线圈输出指令可以任意并联使用，但不能串联。

② 一般情况下，同一个位的线圈输出指令在同一程序中只能出现一次，不能多次出现。

图 2.12 线圈输出指令的并联使用

【例 2–4】置位复位指令的使用如图 2.13（a）所示，其与线圈输出指令比较的时序分析如图 2.13（b）所示。在时序图中，假设 Q0.0 和 Q0.1 的初始状态为 0，Q0.2 和 Q0.3 的初始状态为 1。

说明：① 对同一存储器位可以多次使用 S/R 指令；当 S/R 指令同时有效时，在后面执行的指令会最终起作用。② S/R 指令可以与其他线圈指令或指令盒指令并联使用。

置位复位指令

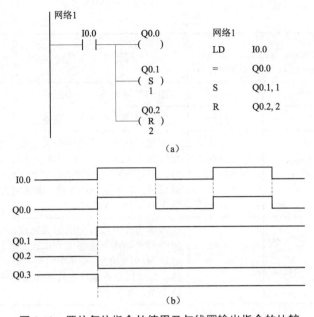

图 2.13 置位复位指令的使用及与线圈输出指令的比较

（a）置位复位指令的使用；（b）置位复位指令与线圈输出指令比较时序图

【**例 2-5**】块与指令 ALD 的使用如图 2.14 所示。

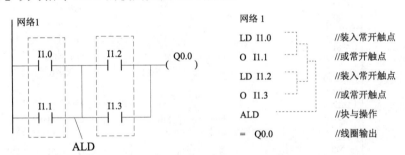

图 2.14 块与指令 ALD 的使用

【**例 2-6**】块或指令 OLD 的使用如图 2.15 所示。

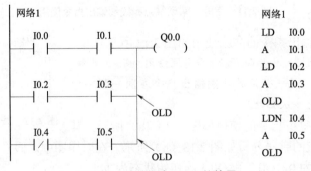

图 2.15 块或指令 OLD 的使用

【**例 2-7**】"启保停"程序。在 PLC 的梯形图程序中，"启保停"程序是最基本，同时也是最常使用的程序之一，其 PLC 接线图和对应的梯形图程序及时序分析如图 2.16 所示。

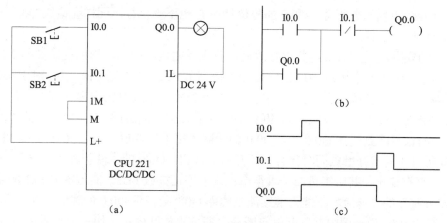

图 2.16 "启保停" PLC 接线图、梯形图程序及时序分析
(a) PLC 接线图；(b) 梯形图程序；(c) 时序分析

  图 2.16 中 SB1 为启动按钮，SB2 为停止按钮，分别接在 PLC 的 I0.0 和 I0.1 两个数字量输入点上，负载接在数字量输出点 Q0.0 上。启动信号和停止信号分别由 SB1 和 SB2 提供，持续时间一般都很短，这种信号称为短信号。"启保停"程序最主要的特点是具有"记忆"功能。按下启动按钮，梯形图中 I0.0 的常开触点闭合，如果这时未按停止按钮，则梯形图中 I0.1 的常闭触点也是闭合的，此时"左母线"的"能流"通过两个闭合的触点流到线圈 Q0.0 处并通过线圈 Q0.0 继续流到"右母线"上，Q0.0 的线圈"得电"，PLC 将位 Q0.0 写入"1"（即 Q0.0 有输出），梯形图中 Q0.0 所对应的常开触点同时闭合。放开启动按钮，I0.0 的常开触点断开，"左母线"的"能流"经闭合的 Q0.0 的常开触点和 I0.1 的常闭触点流过 Q0.0 的线圈，Q0.0 的线圈仍然"得电"，这就是"自锁"或"自保持"功能。在此过程中，Q0.0 一直有输出，其所接负载一直得电。按下停止按钮 SB2，梯形图中 I0.1 的常闭触点断开，"左母线"的"能流"不能再继续流到线圈 Q0.0 处，使 Q0.0 的线圈"断电"，PLC 将位 Q0.0 写入"0"（即 Q0.0 无输出，其所接负载断电），梯形图中其常开触点断开，以后即使放开停止按钮，梯形图中 I0.1 的常闭触点恢复闭合状态，Q0.0 的线圈仍然"断电"。在实际应用中，"启保停"程序的"启动"和"停止"可能由多个触点组成的串、并联电路提供。

  上述功能也可以用置位指令 S 和复位指令 R 来实现，如图 2.17 所示。

  图 2.16 和图 2.17 所示的接线图及梯形图程序在正常工作时是没有任何问题的。但若 I0.1 接的停止按钮 SB2 的常开触点出现接线接触不良，即相当于 SB2 按钮的常开触点没有接到 PLC 的输入点 I0.1 上，此时系统就会出现一旦启动就无法再通过按停止按钮停止运行的情况，这在实际应用中是相当不安全的，也是不允许的。这是由于接线接触不良造成 SB2 按钮的常开触点没有接到 PLC 的输入点 I0.1 上，所以即使按下按钮 SB2，I0.1 也不会有输入。这样，对于图 2.16 梯形图程序中 I0.1 的常闭触点就不会断开，从而使"启保停"程序中的"停"无法起到应有的作用，造成 Q0.0 一直有输出，负载一直得电运行；对于图 2.16 梯形图程序而言，网络 2

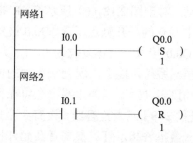

图 2.17 使用 S 和 R 指令实现的"启保停"程序

中 I0.1 的常开触点也不会闭合，Q0.0 的复位指令 R 也不会执行，同样会造成 Q0.0 一直有输出，负载一直得电运行。

所以，为安全起见有必要对其进行改进，改进后的接线图和梯形图程序如图 2.18 所示。

图 2.18（a）中将停止按钮 SB2 的常闭触点接到了 PLC 的输入点 I0.1 上。对于图 2.18（b）的"启保停"程序，当按下启动按钮 SB1 后，I0.0 有输入，其对应的常开触点在梯形图中闭合，此时如果没有按下停止按钮，则 I0.1 的常开触点也是闭合的，"左母线"的"能流"通过两个闭合的触点流到线圈 Q0.0 处，Q0.0 的线圈"得电"，PLC 将位 Q0.0 写入"1"，梯形图中 Q0.0 所对应的常开触点同时闭合；放开启动按钮，Q0.0 的线圈仍然"得电"。在此过程中，Q0.0 一直有输出，其所接负载一直得电。按下停止按钮 SB2，梯形图中 I0.1 的常开触点断开，"左母线"的"能流"不能再继续流到线圈 Q0.0 处，使 Q0.0 的线圈"断电"，PLC 将位 Q0.0 写入"0"，梯形图中其常开触点断开，即使再放开停止按钮，梯形图中 I0.1 的常开触点恢复闭合状态，Q0.0 的线圈仍然"断电"，负载不会得电。综上所述，系统可以正常工作。对于图 2.18（c）所示程序，系统也可以正常工作，具体过程读者自行分析。

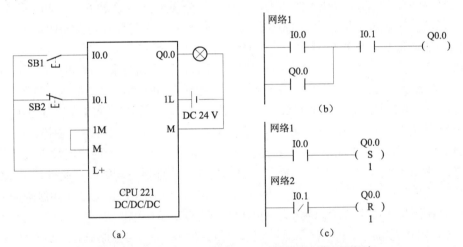

图 2.18　改进后的"启保停"PLC 接线图及梯形图程序
(a) PLC 接线图；(b)"启保停"梯形图程序；(c) S、R 指令梯形图程序

如果停止按钮 SB2 的常闭触点因接线接触不良而没有接到 I0.1 上，则此时 I0.1 没有输入，其在梯形图中对应的常开触点断开，常闭触点闭合。对于图 2.18（b）所示"启保停"程序，此时即使按下启动按钮 SB1，虽然梯形图程序中 I0.0 的常开触点闭合，但因 I0.1 的常开触点是断开的，所以左母线的"能流"不能流到线圈 Q0.0 处，Q0.0 不会有输出，即系统根本不会启动；对于图 2.18（c）所示 S、R 指令程序，当按下启动按钮 SB1 时，虽然梯形图程序网络 1 中 I0.0 的常开触点闭合，Q0.0 被置位为 1，但因为网络 2 中 I0.1 的常闭触点也是闭合的，所以 Q0.0 接着又会被复位为 0，所以最终 Q0.0 没有输出，系统也无法启动。经过这样改进后，虽然系统可能会出现无法启动的情况，但不管对设备还是对人来说，出现故障后系统无法启动比启动后不能停止要安全可靠得多。

【例 2-8】三人抢答器。设有 3 个抢答席和 1 个主持人席，每个抢答席上各有 1 个抢答按钮和一盏抢答指示灯。参赛者在允许抢答时，第一个按下抢答按钮的抢答席上的指示灯将会亮起，且释放抢答按钮后，指示灯仍然亮；此后另外两个抢答席上即使再按各自的抢答按钮，其指示灯也不会亮。一轮抢答结束后,主持人按下主持席上的复位按钮(使用常闭触点),则抢答指示灯熄灭,又可以进行下一轮的抢答比赛。其输入/输出分配表如表 2.5 所示,PLC 接线图和梯形图程序如图 2.19 所示。

表 2.5 3 人抢答器输入/输出分配表

输入			输出		
设 备		输入点	设 备		输出点
主持人席上的复位按钮(常闭触点)	SB1	I0.0	抢答席 1 上的指示灯	L1	Q0.1
抢答席 1 上的抢答按钮(常开触点)	SB2	I0.1	抢答席 2 上的指示灯	L2	Q0.2
抢答席 2 上的抢答按钮(常开触点)	SB3	I0.2	抢答席 3 上的指示灯	L3	Q0.3
抢答席 3 上的抢答按钮(常开触点)	SB4	I0.3			

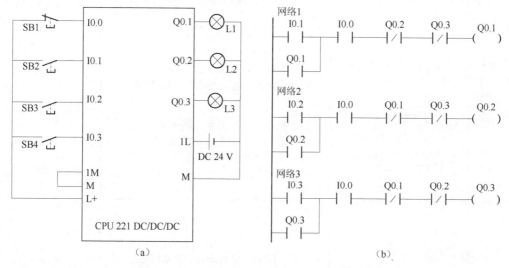

图 2.19 3 人抢答器的 PLC 接线图及梯形图程序
(a) PLC 接线图;(b) 梯形图程序

2)立即输入/输出指令

上边讲述的触点指令、线圈输出指令和置位复位指令遵循 CPU 的扫描规则。由于 PLC 采用循环扫描的工作原理和工作过程,所以其输出是滞后于输入变化的(详见"1.1.3 可编程控制器的工作原理及工作过程"中的具体分析),这个滞后时间少的可能有大半个扫描周期,多的可能会达到近两个扫描周期。因为一个扫描周期的时间非常短,所以在一般应用中,这个滞后时间对系统运行不会产生实质性的影响,用户一般也感觉不出来。但在有些要求输出尽快随输入变化的应用场合,这个滞后时间还是太长,这时就要用到立即输入/输出指令,以尽可能地缩短输出滞后于输入的时间。S7–200 的立即输入/输出指令包括立即触点指令、立即线圈输出指令、立即置位指令和立即复位指令,这些指令也都在 STEP 7–Micro/WIN 指令树的"位逻辑"指令组中。

立即输入/输出指令执行时不受 PLC 循环扫描工作方式的约束,允许对数字量输入/输出点进行快速的直接存取和控制。执行立即触点指令时,PLC 绕过输入映像寄存器,直接读取物理输入点的状态作为指令执行时的数据,且不会影响原数字量输入映像寄存器的值;执行立即输出指令和立即置位、立即复位指令时,除了将值写入对应的数字量输出映像寄存器外,同时还让数字量输出点接通或断开,而不是等待用户程序执行结束,转入输出刷新阶段才将结果传送到数字量输出点控制其接通或断开,从而有效缩短了输出滞后于输入的时间,加快了系统响应速度。立即输入/输出指令的格式和功能如表 2.6 所示。

表 2.6 立即输入/输出指令的格式和功能

指令名称	指令格式		梯形图指令功能说明	操作数范围
	梯形图	语句表		
立即常开触点指令	─┤ I ├─ bit	LDI bit	用于与左母线连接的立即常开触点。指令执行时,直接对位 bit 对应的数字量输入点是否有输入进行读取。有输入,触点闭合;没有输入,触点断开。位 bit 的值不受影响	bit:I
	─┤ I ├─ bit	AI bit	用于单个立即常开触点的串联连接。指令执行时,直接对位 bit 对应的数字量输入点是否有输入进行读取。有输入,触点闭合;没有输入,触点断开。位 bit 的值不受影响	
	─┤ I ├─ bit	OI bit	用于单个立即常开触点的并联连接。指令执行时,直接对位 bit 对应的数字量输入点是否有输入进行读取。有输入,触点闭合;没有输入,触点断开。位 bit 的值不受影响	
立即常闭触点指令	─┤/I├─ bit	LDNI bit	用于与左母线连接的立即常闭触点。指令执行时,直接对位 bit 对应的数字量输入点是否有输入进行读取。有输入,触点断开;没有输入,触点闭合。位 bit 的值不受影响	
	─┤/I├─ bit	ANI bit	用于单个立即常闭触点的串联连接。指令执行时,直接对位 bit 对应的数字量输入点是否有输入进行读取。有输入,触点断开;没有输入,触点闭合。位 bit 的值不受影响	
	─┤/I├─ bit	ONI bit	用于单个立即常闭触点的并联连接。指令执行时,直接对位 bit 对应的数字量输入点是否有输入进行读取。有输入,触点断开;没有输入,触点闭合。位 bit 的值不受影响	
立即线圈输出指令	─(I) bit	=I bit	立即线圈驱动指令。指令执行时,对位 bit 进行写操作。当左母线的"能流"能够流到本线圈处时,对 bit 写 1,同时使位 bit 对应的数字量输出点接通(有输出);否则写 0,同时让位 bit 对应的数字量输出点断开(没有输出)	bit:Q

续表

指令名称	指令格式 梯形图	指令格式 语句表	梯形图指令功能说明	操作数范围
立即置位指令	—(SI) bit N	SI bit, N	当左母线的"能流"能够流到本线圈处时,对从 bit 开始的连续 N 个位写入 1 并保持,同时使这些位对应的数字量输出点有接通(有输出);否则指令不执行,其所涉及的位和输出保持不变	bit: Q; N: 常数、IB、QB、MB、SMB、VB、SB、LB、AC、*VD、*AC、*LD,且 0≤N≤255
立即复位指令	—(RI) bit N	RI bit, N	当左母线的"能流"能够流到本线圈处时,对从 bit 开始的连续 N 个位写入 0 并保持,同时使这些位对应的数字量输出点有断开(没有输出);否则指令不执行,其所涉及的位和输出保持不变	

说明:① 立即触点指令的操作数范围只能是数字量输入映像寄存器 I,立即线圈输出指令、立即置位指令和立即复位指令的操作数范围只能是数字量输出映像寄存器 Q。

② 立即输入/输出指令直接访问物理输入/输出点,比一般指令访问输入/输出映像寄存器占用 CPU 的时间要长些,因而不能盲目地使用立即指令,否则会加长扫描周期,反而会对系统造成不利影响。

立即输入/输出指令应用举例分别如【例 2-9】~【例 2-11】所示。

【例 2-9】 图 2.20 所示为立即触点指令的使用。

【例 2-10】 图 2.21 所示为立即线圈输出指令的使用。

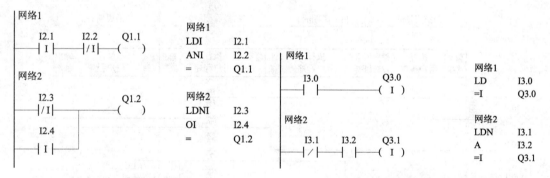

图 2.20 立即触点指令　　　　　　图 2.21 立即线圈输出指令

【例 2-11】 图 2.22 所示为立即置位、立即复位指令的使用。

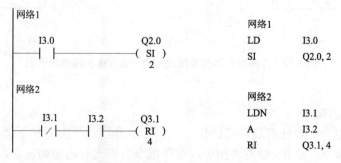

图 2.22 立即置位、立即复位指令

立即触点指令、立即线圈输出指令及立即置位指令和触点指令、线圈输出指令的区别如【例 2–12】所示。

【例 2–12】立即指令和普通触点指令、线圈输出指令的区别如图 2.23 所示。为便于分析，在图 2.23（b）中，每个扫描周期只画出了输入采样、执行用户程序和输出刷新三个阶段，其他两个阶段均未画出。

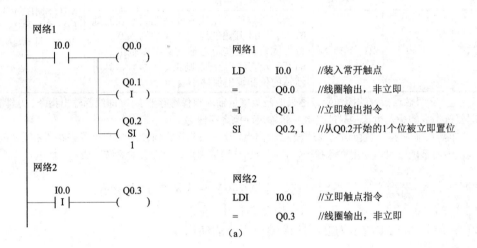

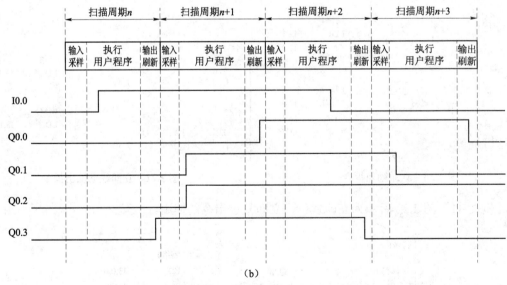

图 2.23　立即指令和普通触点指令、线圈输出指令的区别
（a）程序；（b）时序图

3）其他位逻辑指令

其他位逻辑指令主要还有边沿脉冲指令（包括上升沿脉冲指令和下降沿脉冲指令）、取反指令、空操作指令以及 RS 触发器指令。这些指令的格式及功能如表 2.7 所示。

表 2.7 其他位逻辑指令格式及功能

指令名称	指令格式		梯形图指令功能说明	操作数范围
	梯形图	语句表		
上升沿脉冲指令	─┤P├─	EU	在梯形图中以触点的形式出现。当左母线的"能流"由不能流到本指令到能流到本指令时（从时序图上看，相当于产生了上升沿脉冲），本触点接通一个扫描周期	—
下降沿脉冲指令	─┤N├─	ED	在梯形图中以触点的形式出现。当左母线的"能流"由能流到本指令到不能流到本指令时（从时序图上看，相当于产生了下降沿脉冲），本触点接通一个扫描周期	—
取反指令	─┤NOT├─	NOT	在梯形图中以触点的形式出现。当左母线的"能流"不能流到本指令时，其右侧有"能流"继续向右流动；反之，其右侧没有"能流"继续向右流动。该指令相当于对其左边的逻辑运算结果取反	
空操作指令	─┤ N NOP├	NOP N	在梯形图中以指令盒的形式出现。当左母线的能流能够"流到"本指令时，连续执行 N 次空操作（执行一次空操作只是消耗一定的时间，其他没有任何影响），否则指令不执行	N：常数，且 N≤255
置位优先RS触发器指令	bit ─S1 OUT├ SR ─R	无单独的语句表指令与其对应	在梯形图中以指令盒的形式出现，S1 和 R 通过触点接左母线。根据左母线的"能流"能否流到 S1 和 R 端，将位 bit 写入 0 或者 1 并保持；且位 bit 一旦被置 1，则"能流"会通过该指令盒的 OUT 端继续向右流，反之"能流"不会继续向右流。该指令的具体使用方法详见下面 RS 触发器指令功能说明	bit：Q、M、V、S
复位优先RS触发器指令	bit ─S OUT├ RS ─R1	无单独的语句表指令与其对应	在梯形图中以指令盒的形式出现，S 和 R1 通过触点接左母线。根据左母线的"能流"能否流到 S 和 R1 端，将位 bit 写入 0 或者 1 并保持；且位 bit 一旦被置 1，则"能流"会通过该指令盒的 OUT 端继续向右流，反之"能流"不会继续向右流。该指令的具体使用方法详见下面 RS 触发器指令功能说明	

RS 触发器指令功能说明：在梯形图中，假设左母线有"能流"流到 R、S 端，则 R、S 为 1；反之，则 R、S 为 0。两条 RS 触发器指令功能如表 2.8 所示。

表 2.8 RS 触发器功能表

R（R1）	S（S1）	位 bit 的值	
		置位优先RS触发器	复位优先RS触发器
0	0	保持	保持
0	1	1	1

续表

R（R1）	S（S1）	位 bit 的值	
		置位优先 RS 触发器	复位优先 RS 触发器
1	0	0	0
1	1	1	0

【例 2-13】图 2.24 所示为边沿脉冲指令、取反指令的应用。

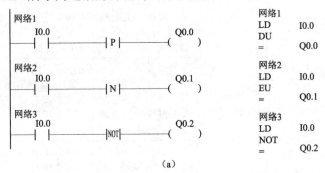

(a)

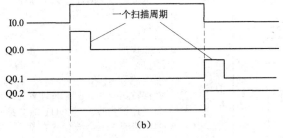

(b)

图 2.24　边沿脉冲指令、取反指令
(a) 程序；(b) 时序图

边沿脉冲指令

【例 2-14】图 2.25 所示为 RS 触发器指令的应用。

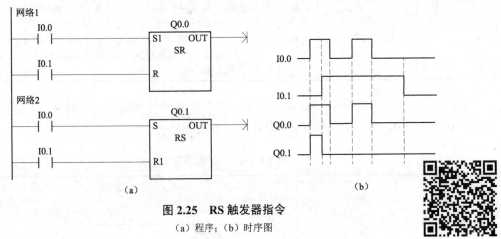

图 2.25　RS 触发器指令
(a) 程序；(b) 时序图

触发器指令

2.1.4 任务实施

图 2.2 所示的正反转控制电路采用 PLC 控制系统来实现时,主电路部分保持不变,控制电路的功能由 PLC 接线和执行程序来代替。在一个 PLC 控制系统的实现过程中,首先要根据系统输入/输出设备的类型和特点对 PLC 的输入/输出(I/O)端口进行分配,列出 I/O 分配表;然后根据 I/O 分配表画出 PLC 接线图;再根据 I/O 分配表和 PLC 接线图完成硬件接线;最后编写程序并进行程序和系统调试,直至满足系统控制要求。

1. I/O 分配表

根据控制要求,三相交流异步电动机正反转控制可选用 S7–200 CPU 221 AC/DC/RELAY。该 CPU 带有 6 个直流数字量输入,4 个继电器数字量输出,完全满足系统需要。三相交流异步电动机正反转控制 I/O 分配表如表 2.9 所示。

表 2.9 三相交流异步电动机正反转控制 I/O 分配表

输入			输出		
设 备		输入点	设 备		输出点
正转启动按钮	SB1	I0.0	正转接触器	KM1	Q0.0
反转启动按钮	SB2	I0.1	反转接触器	KM2	Q0.1
停止按钮	SB3	I0.2			

2. PLC 接线图

三相交流异步电动机正反转控制 PLC 接线图如图 2.26 所示。正转接触器 KM1 和反转接触器 KM2 的常闭辅助触点相互串联在对方的线圈电路中,在硬件上实现了正反转的互锁。同时将热继电器 FR 的常闭触点串联在 KM1 和 KM2 的线圈电路中,实现电动机的过载保护。

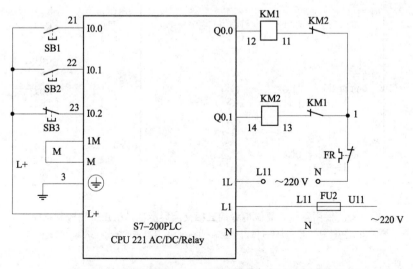

图 2.26 三相交流异步电动机正反转控制 PLC 接线图

3. 控制程序

（1）使用"启保停"程序设计的具有正转—停止—反转—停止功能的程序如图2.27（a）所示。该程序的基础就是我们前面讲的"启保停"程序，其特点是正转和反转切换时需要先按停止按钮停止电动机的运行，这样很不方便。可以对其改进成如图2.27（b）所示的程序，该程序不需要按停止按钮即可实现正反转的直接切换功能。

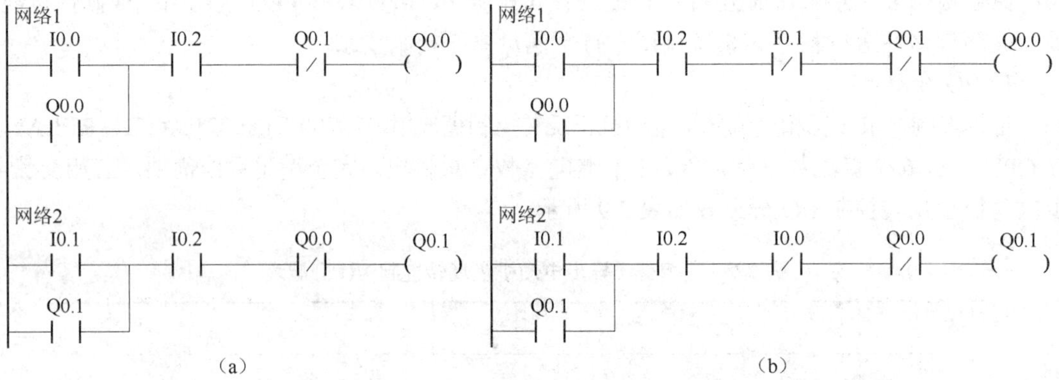

```
网络1                                    网络1
    I0.0    I0.2    Q0.1    Q0.0             I0.0    I0.2    I0.1    Q0.1    Q0.0
    ─┤├─────┤├─────┤/├──────( )─             ─┤├─────┤├─────┤/├─────┤/├──────( )─
    Q0.0                                      Q0.0
    ─┤├─                                      ─┤├─

网络2                                    网络2
    I0.1    I0.2    Q0.0    Q0.1             I0.1    I0.2    I0.0    Q0.0    Q0.1
    ─┤├─────┤├─────┤/├──────( )─             ─┤├─────┤├─────┤/├─────┤/├──────( )─
    Q0.1                                      Q0.1
    ─┤├─                                      ─┤├─
         （a）                                       （b）
```

图 2.27　使用"启保停"程序的三相交流异步电动机正反转控制程序
（a）具有正转—停止—反转—停止功能的程序；（b）具有正反转直接切换功能的程序

图2.27中，正转和反转控制各是一个"启保停"程序，Q0.0和Q0.1的常闭触点相互"串联"在对方的"启保停"程序中，进一步在软件上实现了正反转的互锁。图2.27（b）中，网络1中串联的I0.1的常闭触点，其作用是在按反转启动按钮让电动机反转之前，先停止电动机的正转；同理网络2中串联的I0.0的常闭触点，其作用是在按正转启动按钮让电动机正转之前，先停止电动机的反转。

（2）使用置位、复位指令设计的具有正转—停止—反转—停止功能的程序如图2.28（a）所示，不需要按停止按钮即可实现正反转直接切换的程序如图2.28（b）所示。

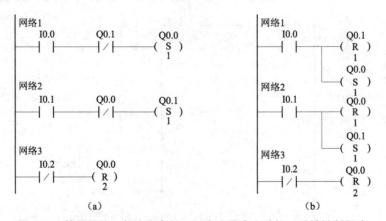

图 2.28　使用置位、复位指令的三相交流异步电动机正反转控制程序
（a）具有正转—停止—反转—停止功能的程序；（b）具有正反转直接切换功能的程序

4. 系统调试

（1）分别按照图2.2和图2.26完成主电路和PLC的接线并确认接线正确。

（2）打开 STEP 7-Micro/WIN 软件，新建项目并输入程序。编译通过后，先摘掉 FU1，断开主电路电源，只接通 PLC 电源，下载程序到 PLC 中。在 PLC 处于 RUN 状态时，打开程序状态监控，监控程序运行状态并进行调试，直至程序正确。

（3）程序符合控制要求后再插上 FU1，接通主电路电源，通电试车，进行系统调试，直至满足系统的控制要求。

任务 2.2　三相鼠笼式异步电动机 Y—△降压启动的 PLC 控制

教学目标

1. 知识目标

掌握 S7-200 PLC 的定时器/计数器的组成、种类及特点，掌握 S7-200 PLC 的定时器/计数器的指令及应用。

2. 能力目标

进一步掌握 S7-200 PLC 与编程器的连接和设置方法以及 STEP 7-Micro/WIN 软件的使用，能灵活运用 S7-200 PLC 的定时器/计数器，能使用 PLC 进行三相交流异步电动机 Y—△降压启动控制系统的设计、安装和调试。

2.2.1　任务引入

任务说明之 Y-△启动 PLC 控制系统

三相交流异步电动机直接启动时的电流可达额定电流的 4~7 倍。过大的启动电流不但会降低电动机的使用寿命，而且会对电网产生巨大冲击，影响同一电网中其他设备的正常工作。电动机功率越大，对电网电压的波动影响也越大，因此，对容量较大的电动机通常采用降压启动来减小启动电流。即启动时降低加在定子绕组上的电压，待转速接近额定转速时，再将电压恢复到额定值，使之全压运行。

对于正常运行时定子绕组接成三角形的三相鼠笼式异步电动机，Y—△降压启动是其常用的降压启动方法之一，其电路如图 2.29 所示。启动时定子绕组先接成星形（Y）接入三相交流电源，此时定子绕组上得到的是相电压，经过一段时间后，待电动机转速接近额定转速时，再将定子绕组接成三角形（△），此时定子绕组上得到的是线电压，电动机进入正常运行。其中星形接触器 KM1 和三角形接触器 KM2 的切换是根据启动过程中的时间变化而利用时间继电器来实现的。功率在 4 kW 以上的三相鼠笼式异步电动机的定子绕组在正常工作时通常都接成三角形，对这些电动机都可采用Y—△降压启动。

2.2.2　任务分析

图 2.29 中由继电器—接触器构成的三相交流异步电动机Y—△降压启动控制电路可以改由 PLC 来实现。此时，电动机主电路保持不变，只是右侧控制电路部分的功能改由 PLC 结合硬件接线和软件编程来实现。

由图 2.29 可知，为保证电动机正常启动工作，避免发生电源短路事故，星形接触器 KM1 和三角形接触器 KM2 的主触点不能同时闭合，故应考虑互锁。对于 PLC 而言，控制电路所

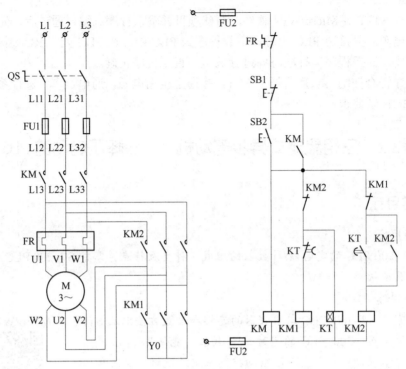

图 2.29 Y—△降压启动电路

需的元件既有输入量,如启动按钮和停止按钮;又有输出量,如控制电动机的接触器。时间继电器 KT 不能作为输入量与输出量,而是需要利用 PLC 内部的定时器指令来实现时间继电器的定时功能。故本任务的重点是学习 S7–200 PLC 中定时器指令及其应用。又因为计算机中的定时器和计数器本质上是一样的,都是对脉冲信号进行计数,所以本任务中将一起学习 S7–200 PLC 中计数器指令及其应用。

2.2.3 相关知识

1. S7–200 PLC 的定时器

1)定时器的结构及分类

定时器是 PLC 中重要的可编程元件,主要完成定时功能。S7–200 系列 PLC 共有 256 个定时器,编号分别为 T0~T255。每个定时器都由一个 16 位二进制数组成的当前值寄存器(数值类型为 INT,用于对周期固定的脉冲信号进行计数),一个 16 位二进制数组成的预设值寄存器(数值类型为 INT,用于设定定时时间)和一个表征定时时间是否到的状态位(数值类型为 BOOL)组成。当定时器的定时条件满足时,定时器开始计时,当前值从 0 开始按一定的时间单位增加,当定时器的当前值达到预设值时,定时器动作,其状态位发生变化,PLC 可以据此做出相应的动作。

S7–200 的 256 个定时器从定时方式可分为三类:接通延时定时器(指令为 TON)、有记忆的接通延时定时器(指令为 TONR)和断开延时定时器(指令为 TOF);从定时精度(或分辨率)分也有三种:1 ms、10 ms 和 100 ms。定时器的不同编号决定了定时器的定时方式和分辨率,而某一编号定时器的定时方式和分辨率是固定的,其对应关系如表 2.10 所示,指令格式如表2.11所示。定时器指令全部都在STEP 7–Micro/WIN指令树的"定时器"指令组中。

表2.10 S7–200定时器分类

定时器类型	分辨率/ms	定时范围/s	定时器编号
接通延时定时器（TON）断开延时定时器（TOF）	1	32.767	T32，T96
	10	327.67	T33～T36，T97～T100
	100	3 276.7	T37～T63，T101～T255
有记忆的接通延时定时器（TONR）	1	32.767	T0，T64
	10	327.67	T1～T4，T65～T68
	100	3 276.7	T5～T31，T69～T95

说明：① 虽然接通延时定时器与断开延时定时器的编号范围相同，但是不能共享相同的定时器。例如，在对同一个PLC进行编程时，T32不能既作TON型定时器，又作TOF型定时器。

② 定时器编号包含两方面的信息：定时器状态位和定时器当前值。定时器状态位用于存储定时器定时时间是否到的状态，当定时器的当前值达到预设值PT时（即定时时间到），该位发生变化；定时器当前值用于存储定时器从开始定时到目前为止所累计的时间单位数值，它是一个由16位二进制数表示的有符号整数。在程序中，一个定时器编号到底是指其状态位还是指其当前值取决于其所在的指令。如在触点指令上出现定时器编号则是指其状态位，在数据传送类指令、数学运算指令、比较触点指令中出现定时器编号则是指其当前值，在复位指令R中出现定时器编号则既是指其状态位又是指其当前值。

③ 所有定时器均可使用复位指令R进行复位。

表2.11 S7–200定时器指令格式

指令名称	指令格式		梯形图指令功能说明	操作数范围
	梯形图	语句表		
接通延时定时器	???? IN TON ????—PT ???ms	TON T***, PT	用于使能输入有效后的单一时间间隔的计时	IN：使能输入端，通过触点接左母线； PT：预设值，INT类型，IW、QW、VW、MW、SMW、SW、LW、T、C、AC、AIW、*VD、*LD、*AC、常数
有记忆的接通延时定时器	???? IN TONR ????—PT ???ms	TONR T***, PT	用于使能输入有效后的多个时间间隔的累计计时	
断开延时定时器	???? IN TOF ????—PT ???ms	TOF T***, PT	用于使能输入断开后的单一时间间隔的计时	

从定时器的原理可知，其定时时间的计算公式为

$$T = PT \times S$$

式中，T为定时时间；PT为预设值；S为分辨率。

例如，TON型定时器T32，预设值为100，则实际定时时间为$T = 100 \times 1$ ms $= 100$ ms。

2）接通延时定时器

接通延时定时器用于使能输入有效后的单一时间间隔的计时。其具体工作过程为：

接通延时定时器

当使能输入端 IN 接通（即左母线的"能流"能流到使能输入端 IN），定时器开始定时，然后每过一个基本时间间隔（1 ms、10 ms 或 100 ms），定时器的当前值加 1。当定时器的当前值等于或大于预设值 PT 时，定时器的状态位变为 1（有时也称 1 为 ON）。如果使能输入端继续接通，则定时器当前值会继续增加，直到最大值 32 767 才停止，当前值将保持最大值 32 767 不变。只要当前值大于等于预设值 PT，定时器状态位就为 1，如果不满足这个条件，定时器状态位为 0。

当使能输入端 IN 断开（即左母线的"能流"不能流到使能输入端 IN）或对定时器使用 R 指令进行复位操作，定时器自动复位，当前值被清零，状态位变为 0（有时也称 0 为 OFF）。当使能输入端接通的时间不足以使得当前值达到预设值 PT 时，定时器状态位不会由 OFF 变为 ON。图 2.30 所示为接通延时型定时器应用程序及时序图。

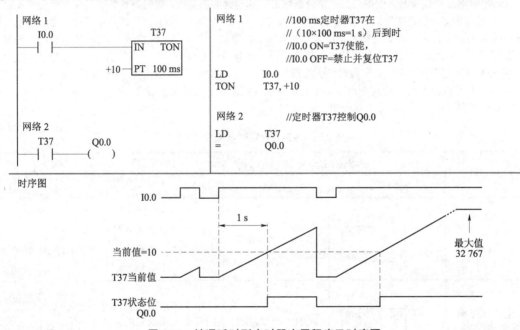

图 2.30　接通延时型定时器应用程序及时序图

3）有记忆的接通延时定时器

有记忆的接通延时定时器用于对使能输入有效时的许多时间间隔的累计计时，其工作过程与接通延时定时器基本相同。不同之处在于有记忆的接通延时定时器在使能输入端 IN 断开时，定时器的状态位和当前值保持断开前的状态。当使能输入端 IN 再次接通时，当前值从上次的保持值开始继续累计计数，当累计的当前值达到预设值时，定时器位为 ON，当前值连续计数到最大值 32 767 才停止计数。

有记忆的接通延时定时器

从上述工作过程可以看出，有记忆的接通延时定时器只能使用复位指令 R 对其进行复位操作，一旦复位，定时器的当前值和状态位均清零。图 2.31 所示为有记忆的接通延时定时器应用程序及时序图。

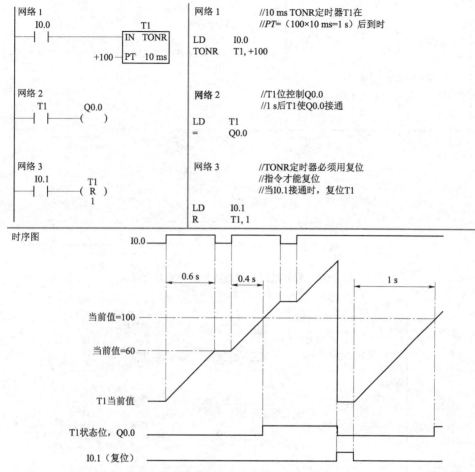

图 2.31　有记忆的接通延时定时器应用程序及时序图

4）断开延时定时器

断开延时定时器用于使能输入端断开后的单一时间间隔的计时。其具体工作过程为：

当定时器的使能输入端 IN 接通时，定时器状态位变为 ON，当前值变为 0；当定时器的使能输入端 IN 断开时，定时器开始计时，每过一个基本时间间隔（1 ms、10 ms 或 100 ms），定时器的当前值加 1。当定时器的当前值达到预设值 PT 时，定时器位变为 OFF，当前值停止计数并保持预设值不变。如果使能输入端断开后维持的时间不足以使得当前值达到预设值 PT 时，定时器状态位不会变为 OFF。当使能输入端 IN 再次接通时，定时器的当前值变为 0，状态位变为 ON。图 2.32 所示为断开延时定时器应用程序及时序图。

5）定时器应用举例

【例 2-15】图 2.33 所示为由两个 TON 型定时器组成的振荡电路。其实现的功能为当 I0.0 有输入时，Q0.0 上会产生 200 ms 高电平、300 ms 低电平的脉冲信号。改变 T37 和 T38 两个定时器的定时时间即可改变脉冲的周期和占空比，该程序在实际中的应用非常广泛。

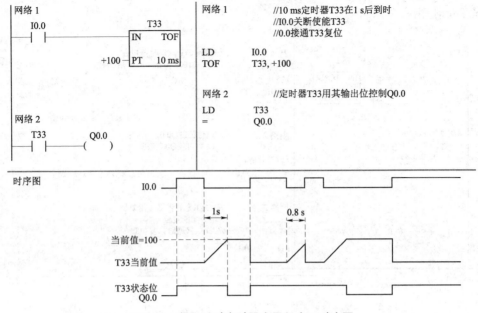

图 2.32　断开延时定时器应用程序及时序图

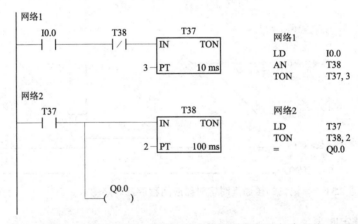

图 2.33　由定时器组成的振荡电路梯形图和语句表程序

【例 2-16】报警控制程序。当报警条件为高电平信号时,要求报警。刚开始报警时报警灯按 2 s 的周期闪烁,报警喇叭鸣叫;按下报警确认按钮后,报警灯由闪烁变成常亮,报警喇叭关闭;报警信号消失后,报警灯灭,报警喇叭关闭。另外,系统还要求有报警灯和报警喇叭测试按钮,不论何种情况,只要按下测试按钮,报警灯亮,报警喇叭鸣叫。

其输入/输出分配表如表 2.12 所示,程序和时序图如图 2.34 所示。

表 2.12　报警控制输入/输出分配表

输　　入		输　　出	
报警条件	I0.0	报警灯	Q0.0
报警确认	I0.1	报警喇叭	Q0.1
报警测试	I0.2		

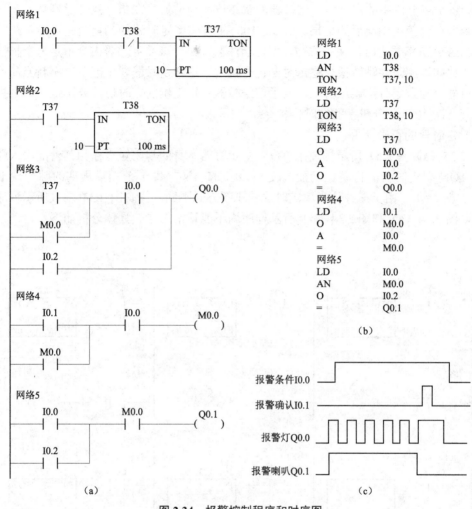

图 2.34 报警控制程序和时序图
(a) 梯形图程序；(b) 语句表程序；(c) 时序图

6）S7–200 系列 PLC 定时器的刷新和正确使用

（1）定时器的刷新。

S7–200 系列 PLC 对于不同分辨率的定时器，其当前值和状态位的刷新方式是不同的，从而使得不同分辨率的定时器在使用方式上有很大不同。使用时一定要注意根据不同的使用场合和要求选择合适的定时器。

① 1 ms 分辨率的定时器。定时器的状态位和当前值每隔 1 ms 刷新 1 次，与扫描周期无关。在一个扫描周期内，定时器的当前值可能会变化多次，状态位也可能会发生变化。

② 10 ms 分辨率的定时器。定时器的状态位和当前值在每个扫描周期开始时刷新，即 10 ms 分辨率的定时器是在每个扫描周期的开始将上一个扫描周期的时间所对应的数值加到定时器的当前值上，并比较当前值是否大于等于预设值从而相应地设置状态位。也就是说，如果某个扫描周期的时长大于 10 ms，则在下一个扫描周期的开始，10 ms 分辨率定时器的当

前值可能是跳跃增加的。

③ 100 ms 分辨率的定时器。定时器的状态位和当前值只在指令执行时刷新，下一条执行的指令即可以使用刷新后的结果。所以，100 ms 分辨率定时器的当前值也可能是跳跃增加的。100 ms 分辨率的定时器使用方便，但应当注意，如果该类定时器指令不是每个扫描周期都执行，比如遇到条件跳转指令将定时器指令跳过，这样定时器就不能及时刷新当前值和状态位，可能会导致定时错误。所以，为了使定时器保持正确的定时值，要确保在每个扫描周期内执行一次 100 ms 分辨率的定时器指令。

（2）定时器的正确使用。

图 2.35（a）～（c）所示为使用 TON 型定时器本身的常闭触点作为其使能输入端，希望通过 TON 型定时器的自复位功能，使 Q0.0 每隔 1 s 产生 1 个扫描周期的脉冲输出，如图 2.35（g）所示。由于三种分辨率定时器的刷新方式不同，只有图 2.34（c）所示程序能正常工作，图 2.34（a）和图 2.34（b）所示程序均不能正常工作。具体分析如下：

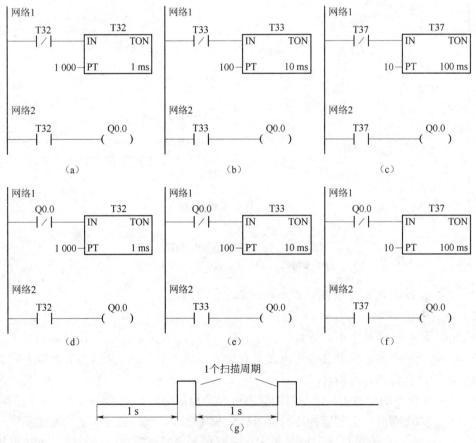

图 2.35 三种分辨率定时器特性比较

(a) 1 ms 分辨率定时器程序；(b) 10 ms 分辨率定时器程序；(c) 100 ms 分辨率定时器程序；
(d) 改进后的 1 ms 分辨率定时器程序；(e) 改进后的 10 ms 分辨率定时器程序；
(f) 改进后的 100 ms 分辨率定时器程序；(g) 欲产生的脉冲信号波形

① 图 2.35（a）中 T32 为 1 ms 分辨率定时器。在此程序中，若 PLC 恰好执行完网络 1，还未执行网络 2 时，T32 的定时时间到，则其状态位被刷新为 1，而通过执行网络 2，Q0.0 正好可以有一个扫描周期的输出。除此之外的所有其他情况，定时时间到后，定时器的状态位被置 1，则执行到网络 1 中 T32 的常闭触点指令时，常闭触点是断开的，造成定时器 T32 的状态位和当前值被复位清零，所以执行到网络 2 中 T32 的常开触点时是断开的，Q0.0 不会有输出。因此，如果运行该程序，1 s 的定时时间到后，Q0.0 绝大多数情况下是不会有输出的，只是偶尔会有输出。

② 图 2.35（b）中 T33 为 10 ms 分辨率定时器。它总是在每个扫描周期的开始刷新状态位和当前值，所以在某个扫描周期定时时间到后，在下一个扫描周期的开始定时器的状态位被刷新为 1，则执行到网络 1 中 T33 的常闭触点指令时，常闭触点是断开的，造成定时器 T33 的状态位和当前值被复位清零，所以执行到网络 2 中 T33 的常开触点时是断开的，Q0.0 不会有输出。因此，如果运行该程序，每次 1 s 的定时时间到后，Q0.0 都不会有输出。

③ 图 2.35（c）中 T37 为 100 ms 分辨率定时器。它是在定时器指令被执行时才刷新状态位和当前值，所以当某个扫描周期执行到网络 1 中 T37 指令时，如果定时时间到，则状态位被置 1，接着执行网络 2 中 T37 的常开触点时是闭合的，Q0.0 有输出；在下一个扫描周期执行到网络 1 中 T37 的常闭触点时又是断开的，造成 T37 复位，状态位和当前值清零，通过执行网络 2 中的程序使 Q0.0 又变为没有输出。所以如果运行该程序，则每当 1 s 的定时时间到，Q0.0 都会有一个扫描周期的高电平输出，从而在 Q0.0 上产生符合条件的脉冲信号。

④ 如果将图 2.35（a）～（c）所示程序分别改为图 2.35（d）～（f）所示程序，则无论何种分辨率的定时器都能正常工作，具体过程读者自行分析。

该程序也是定时器的一个重要应用之一，除了可以产生上述所示的脉冲信号外，还经常用于驱动 PLC 每隔一定时间就去处理某件事情，如进行现场信号的采样、PID 运算等。

2. S7–200 PLC 的计数器

1）计数器的结构及分类

计数器也是 PLC 中重要的可编程元件，主要用来对输入的脉冲个数进行计数，从而完成诸如对生产线上的产品数量进行计数等应用。本部分所讲计数器受 PLC 扫描周期的影响，其计数脉冲的最高频率一般不会超过几百赫兹。如果要对频率更高的脉冲进行计数需要使用高速计数器，高速计数器将在后边项目 4 中专门讲解。

S7–200 共有 256 个计数器，编号分别为 C0～C255。与定时器一样，每个计数器也都由一个 16 位二进制数组成的当前值寄存器（数值类型为 INT，用于对脉冲信号进行计数）、一个 16 位二进制数组成的预设值寄存器（数值类型为 INT，用于设定计数的脉冲数量）和一个表征计数器计数是否到的状态位（数值类型为 BOOL）组成。当计数器的计数脉冲输入端有上升沿脉冲时，计数器就计一个数，其当前值就增 1 或减 1，当计数器的当前值达到预设值或 0 时，计数器的状态位发生变化，PLC 便可以据此做出相应的动作。

S7–200 的 256 个计数器都可以作为以下 3 种计数器之一使用：增计数器（指令为 CTU）、减计数器（指令为 CTD）和增减计数器（指令为 CTUD），其指令格式如表 2.13 所示。计数指令全部都在 STEP 7–Micro/WIN 指令树的"计数器"指令组中。

表 2.13　S7–200 计数器指令格式

指令名称	指令格式		梯形图指令功能说明	操作数范围
	梯形图	语句表		
增计数器	???? CU　CTU R ????—PV	CTU C***, PV	用于对 CU 端输入的脉冲进行增计数	CU：增计数脉冲输入端，通过触点接左母线； R：复位输入端，通过触点接左母线
减计数器	???? CD　CTD LD ????—PV	CTD C***, PV	用于对 CD 端输入的脉冲进行减计数	CD：减计数脉冲输入端，通过触点接左母线； LD：置数输入端，通过触点接左母线
增减计数器	???? CU　CTUD LD R ????—PV	CTUD C***, PV	用于对 CU 端输入的脉冲进行增计数，对 CD 端输入的脉冲进行减计数	CU：增计数脉冲输入端，通过触点接左母线； CD：减计数脉冲输入端，通过触点接左母线； R：复位输入端，通过触点接左母线

（右列跨行）PV：预设值，INT 类型，可以为常数、IW、QW、VW、MW、SMW、SW、LW、T、C、AC、AIW、*VD、*LD、*AC

说明：① 计数器由于受 PLC 扫描周期的影响，不能对高速脉冲进行计数，其计数脉冲的最高频率一般不会超过几百赫兹。② 计数器编号包含两方面的信息：计数器的状态位和计数器的当前值。计数器状态位用于存储计数器计数是否到的状态，当计数器计数达到预设的脉冲数量时，该位发生变化；计数器的当前值用于存储计数器从开始计数到目前为止所累计的脉冲数量，它是一个 16 位二进制表示的有符号整数。在程序中，一个计数器编号到底是指其状态位还是指其当前值取决于计数器编号所在的指令，如在触点指令上出现计数器编号则是指其状态位，在数据传送类指令、数学运算指令、比较触点类指令中出现计数器编号则是指其当前值，在复位指令 R 上出现计数器编号则既是指其状态位又是指其当前值。③ 所有计数器均可用复位指令 R 进行复位。④ 实际使用时，所有计数器的预设值必须大于等于 0。

2）增计数器

PLC 从 STOP 转为 RUN 时，计数器的当前值为 0，状态位为 OFF。在梯形图中，当左母线的"能流"不能流到复位端 R（即 R 无效）时，在增计数脉冲输入端 CU 每个输入脉冲的上升沿，计数器的当前值加 1；当计数器的当前值大于等于预设值 PV 时，计数器状态位为 ON，这时 CU 端再来计数脉冲时，计数器的当前值仍会不断累加，直到最大值 32 767 时停止计数。当左母线的"能流"流到复位端 R（即 R 有效）或对增计数器使用复位指令 R 进行复位时，计数器被复位，其当前值变为 0，状态位变为 OFF。图 2.36 所示为增计数器指令应用程序及时序图。

增计数器

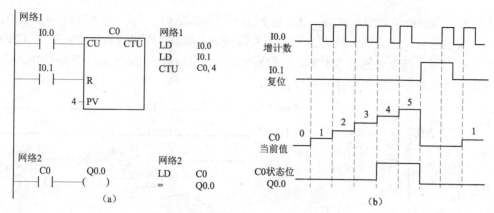

图 2.36 增计数器指令应用程序及时序图
(a) 应用程序；(b) 时序图

3）减计数器

PLC 从 STOP 转为 RUN 时，计数器的当前值为 0，状态位为 ON。在梯形图中，当左母线的"能流"能流到置数端 LD（即 LD 有效）时，预设值 PV 被装入计数器的当前值寄存器，计数器当前值为 PV，状态位为 OFF。当左母线的"能流"不能流到置数端 LD（即 LD 无效）时，在减计数脉冲输入端 CD 每个输入脉冲的上升沿，计数器的当前值减 1；当计数器的当前值等于 0 时，计数器状态位变为 ON，并停止计数。这种状态一直保持到置数端 LD 再次变为有效，当前值寄存器重新装入预设值 PV，计数器位变为 OFF，为下次计数做好准备。对减计数器使用复位指令 R 进行复位，其当前值为 0，状态位为 ON。图 2.37 所示为减计数器指令应用程序及时序图。

减计数器

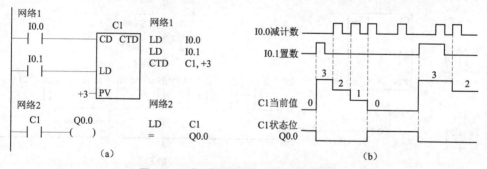

图 2.37 减计数器指令应用程序及时序图
(a) 应用程序；(b) 时序图

4）增减计数器指令

PLC 从 STOP 转为 RUN 时，计数器的当前值为 0，状态位为 OFF。在梯形图中，当左母线的"能流"不能流到复位输入端 R 时，在增计数脉冲输入端 CU 每个输入脉冲的上升沿，计数器的当前值加 1；当计数器的当前值大于等于预设值 PV 时，计数器状态位变为 ON；这时 CU 端再来脉冲时，计数器的当前值仍会不断递增，直至达到最大值 32 767 后，下一个 CU 脉冲的上升沿将使计数器当前值跳变为最小值 −32 768。在减计数脉冲输入端 CD 每个输入脉冲的上升沿，计数器的当前值减 1；当计数器的当前值小于预设值 PV 时，计数器状态位变为 OFF；这时 CU 端再来脉冲

增减计数器

时,计数器的当前值仍会不断递减,直至达到最小值-32 768 后,下一个 CD 脉冲的上升沿将使计数器的当前值跳变为最大值 32 767。当左母线的"能流"能够流到复位输入端 R 或对增减计数器使用复位指令 R 进行复位时,计数器复位,当前值变为 0,状态位变为 OFF。图 2.38 所示为增减计数器指令应用程序及时序图。

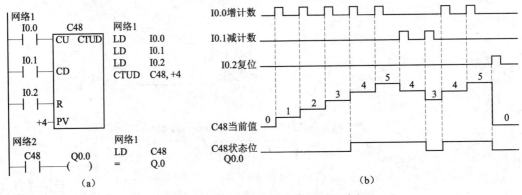

图 2.38 增减计数器指令应用程序及时序图
(a)应用程序;(b)时序图

5)计数器应用举例

【例 2-17】利用增计数器的自复位实现相同数量脉冲的重复计数。图 2.39 所示程序可以实现利用增计数器 C50 对 I0.0 输入的脉冲进行重复计数,每计到 10 个脉冲,Q0.0 输出一个扫描周期的高电平脉冲。

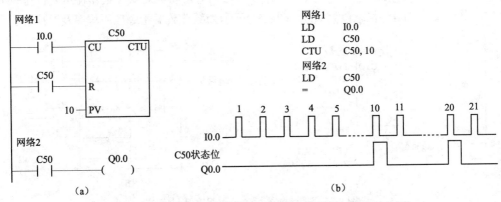

图 2.39 利用增计数器的自复位实现相同数量脉冲的重复计数
(a)应用程序;(b)时序图

【例 2-18】计数器与定时器联合组成长延时程序。单个定时器的最长定时时长为 3 276.7 s,计数器与定时器联合可以组成任意时长的延时程序。图 2.40 所示程序可以实现 I0.0 有输入 30 000 s 后 Q0.0 才有输出。

2.2.4 任务实施

1. 控制要求

针对本任务开始提出的三相交流异步电动机 Y—△降压启动过程,总结控制要求如下:

(1) 按下启动按钮 SB1，主接触器 KM 和星形接触器 KM1 接通，电动机接成星形启动。5 s 后 KM1 断开，三角形接触器 KM2 接通，电动机接成三角形运行，启动过程完成。

(2) 无论何时，只要按下停止按钮，接触器全部断开，电动机停止运行。

(3) 如果电动机过载，则电动机停止运行。

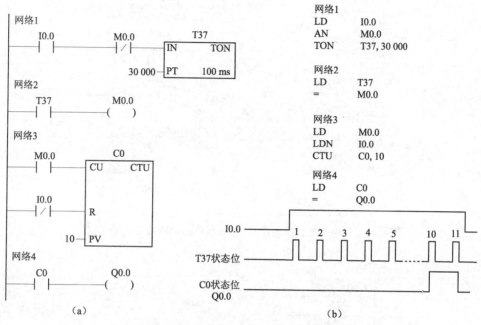

图 2.40　计数器与定时器联合使用延长定时时间
(a) 应用程序；(b) 时序图

2. I/O 分配表

三相交流异步电动机 Y—△降压启动控制 PLC I/O 分配表如表 2.14 所示。

表 2.14　三相交流异步电动机 Y—△降压启动控制 PLC I/O 分配表

输入			输出		
设备		输入点	设备		输出点
启动按钮	SB1	I0.0	主接触器	KM	Q0.0
停止按钮	SB2	I0.1	星形接触器	KM1	Q0.1
			三角形接触器	KM2	Q0.2

3. PLC 接线图

三相交流异步电动机 Y—△降压启动控制 PLC 接线图如图 2.41 所示。KM1 和 KM2 的常闭辅助触点相互串联在对方的线圈电路中，在硬件上实现了 Y—△的互锁；将热继电器 FR 的常闭触点串联在 KM、KM1 和 KM2 的线圈电路中，实现了电动机的过载保护。

4. 控制程序

控制程序如图 2.42 所示。原控制电路中的时间继电器用 PLC 中的定时器代替。网络 2

的第二和第三个梯级中分别串联了 Q0.2 和 Q0.1 的常闭触点，在软件上实现了Y—△的互锁，进一步增强了系统的可靠性。

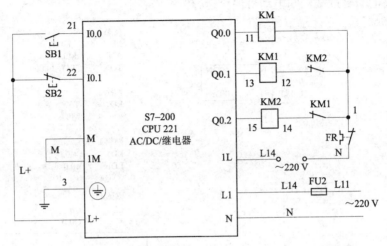

图 2.41　三相交流异步电动机Y—△降压启动控制 PLC 接线图

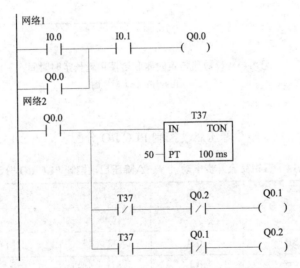

图 2.42　三相交流异步电动机Y—△降压启动控制程序

5. 系统调试

（1）分别按照图 2.29 和图 2.41 完成主电路和 PLC 的接线并确认接线正确。

（2）打开 STEP 7-Micro/WIN 软件，新建项目并输入程序。编译通过后，先摘掉 FU1，断开主电路电源，只接通 PLC 电源，下载程序到 PLC 中。在 PLC 处于 RUN 状态时，打开程序状态监控，监控程序运行状态并进行调试，直至程序正确。

（3）程序符合控制要求后再插上 FU1，接通主电路电源，通电试车，进行系统调试，直至满足系统的控制要求。

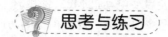

（1）简述 S7-200 系列 PLC 基本数据的类型及长度。

（2）简述 S7-200 系列 PLC 的寻址方式并举例说明。

（3）简述 S7-200 对于数字量输入/输出点进行地址分配的原则。

（4）S7-200 系列 PLC 有哪些数据存储区域？简述各存储区域的主要特点和主要作用。

（5）简述 S7-200 系列 PLC 的梯形图的组成及编程注意事项。

（6）某 S7-200 PLC 配置如图 2.43 所示，请写出各模块上输入/输出点的地址分配。

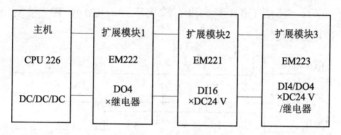

图 2.43　第 6 题图

（7）梯形图程序如图 2.44 所示，画出 M0.1 和 M0.0 的时序图。假设 M0.0 和 M0.1 初始状态全部为 0。

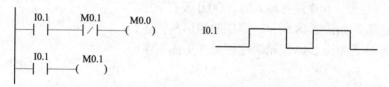

图 2.44　第 7 题图

（8）用置位、复位和边沿脉冲指令设计满足如图 2.45 所示时序图的梯形图程序。

（9）梯形图程序如图 2.46 所示，画出 Q0.0 的时序图。

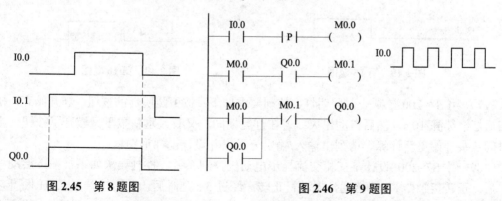

图 2.45　第 8 题图　　　　　　图 2.46　第 9 题图

（10）分别使用"启保停"程序和置位、复位指令编写两套程序控制两台三相交流异步电动机 M1、M2 的单向运行，控制要求如下：两台三相交流异步电动机 M1、M2 单向运行。

启动时，电动机 M1 先启动，才能启动电动机 M2；停止时，电动机 M1、M2 同时停止。

（11）分别使用"启保停"程序和置位、复位指令编写两套程序控制两台三相交流异步电动机 M1、M2 的单向运行，控制要求如下：启动时，电动机 M1、M2 同时启动；停止时，只有电动机 M2 停止后，电动机 M1 才能停止。

（12）分别使用"启保停"程序和置位、复位指令编写两套程序控制两台三相交流异步电动机 M1、M2 的单向运行，控制要求如下：启动时，电动机 M1 先启动，才能启动电动机 M2；停止时，只有在电动机 M2 停止后，电动机 M1 才能停止。

（13）设计符合如图 2.47 所示的梯形图程序。控制要求如下：当接在 I0.0 上的按钮按下后，Q0.0 有输出并保持，此后当从 I0.1 输入 4 个脉冲后（用 C0 做增计数器进行计数），TON 型定时器 T37 开始定时，5 s 后 Q0.0 变为没有输出，同时 C0 和 T37 被复位。在 PLC 刚开始执行用户程序时，C0 也被复位。

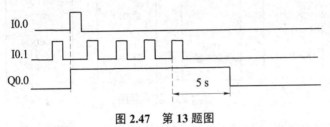

图 2.47　第 13 题图

（14）设计满足如下要求的梯形图程序。当 I0.0 有输入时，Q0.0 输出频率为 2 Hz，占空比为 40%的脉冲信号；I0.0 没有输入时，Q0.0 没有输出。

（15）设计满足如图 2.48 所示时序图的梯形图程序。

（16）设计满足如图 2.49 所示时序图的梯形图程序。

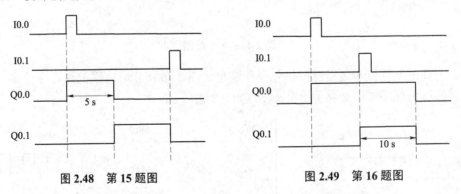

图 2.48　第 15 题图　　　　　图 2.49　第 16 题图

（17）用 S7-200 控制一盏照明灯，控制要求如下：按下照明灯的按钮，灯开始亮，松开按钮后灯继续亮 10 s，然后自动熄灭；若在灯亮期间，又有人重新按下又松开了按钮，则定时时间从头开始重新计算。请列出输入/输出分配表并设计出梯形图程序。

（18）用 S7-200 设计某三相交流异步电动机控制系统。控制要求如下：按下启动按钮 SB1 后，正转接触器 KM1 接通，电动机正转；经过 5 s 延时后，正转接触器 KM1 断开，反转接触器 KM2 接通，电动机反转；再经过 10 s 延时后，KM2 断开，KM1 接通，这样反复 5 次后电动机停止运行；有过载保护和短路保护，且运行过程中可以随时按下停止按钮 SB2 停止电动机的运行。设计要求如下：① 选择 PLC 型号；② 列出输入/输出分配表；③ 画出主电路图和 PLC 接线图；④ 编写控制程序并调试。

（19）用 S7–200 和一个无自锁功能的按钮控制两盏灯的亮灭，控制要求如图 2.50 所示。列出 I/O 分配表并编写控制程序。

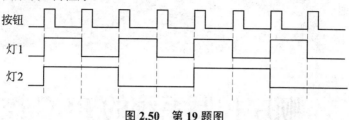

图 2.50　第 19 题图

（20）用 S7–200 设计一个会议厅入口人数统计、大门启闭及报警控制程序。会议厅入口和出口处安装光电检测装置各 1 套，对进出会议厅的人进行检测，每当有人进出会议厅时，检测装置会发出一高电平脉冲信号，检测装置的输出分别接入 S7–200 的 I0.1 和 I0.2；入口处设有大门，其关闭和开启靠电动机的正反转实现，Q0.1 有输出，自动关闭入口大门，Q0.2 有输出，自动打开入口大门，I0.3 接关门到位开关，I0.4 接开门到位开关；报警设备接 Q0.0；I0.0 接系统工作启动开关，I0.5 接手动关门按钮，I0.6 接手动开门按钮，且手动开门和关门时电动机均处于点动工作方式。假设所有按钮、开关均把常开触点接到 PLC 上。

控制要求如下：会议厅只能容纳 500 人，启动开关闭合，系统即开始自动工作，启动开关断开，系统停止自动工作。在自动工作状态，系统能自动对会议厅内的人数进行统计，当厅内达到 500 人时，Q0.0 有输出，发出报警信号，同时 Q0.1 有输出，自动关闭入口大门；在有人退出，厅内不足 500 人时，则停止报警，Q0.2 有输出，自动打开入口大门。在非自动工作状态，入口大门的开启和关闭靠手动控制。

项目 3

顺序控制系统的 PLC 控制

 引言

所谓顺序控制，是指按生产工艺所要求的顺序，在各输入信号的作用下，根据内部状态和时间先后，使生产过程中各个执行机构自动地、有秩序地进行操作。如果一个实际的控制系统可以分解成几个独立的步骤，且这些步骤必须按照一定的先后次序执行才能保证生产过程的正常运行，则这样的控制系统就是顺序控制系统，简称为顺控系统。因为顺序控制系统是按步骤一步一步进行的，所以顺序控制系统也称步进控制系统。

对于顺序控制系统，我们可以使用传统的方法（又称经验设计法）进行设计，但更多的是使用专门的顺序控制设计法进行设计。使用顺序控制设计法进行设计时，首先要根据系统的工艺过程和要求画出顺序功能图，然后再根据顺序功能图设计出相应的梯形图程序。顺序控制设计法基本不受设计者的经验限制，很容易被初学者接受、掌握，是一种先进的 PLC 控制系统设计方法。

实际应用表明，大部分控制系统经过仔细分析后都可以转换为顺序控制系统，如交通灯［图 3.1（a）］、机械（液压）滑台［图 3.1（b）］、组合钻床等的控制。所以掌握顺序控制系统的设计方法对以后的学习和工作具有非常重要的意义。

(a)   (b)

图 3.1 交通灯和机械（液压）滑台
(a) 交通灯；(b) 机械（液压）滑台

任务 3.1　简单流水灯的 PLC 控制

教学目标

1. 知识目标

掌握 S7–200 PLC 的数据传送类指令及应用，了解 S7–200 PLC 的表功能指令及应用，掌握 S7–200 PLC 的移位和循环移位类指令及应用。

2. 能力目标

能使用 PLC 进行简单顺控系统的设计、安装和调试。

3.1.1　任务引入

任务说明之简单流水灯的 PLC 控制

在节日庆典、建筑物轮廓、店面和招牌等上面经常可以看到一组灯按照预先设定的顺序和时间点亮和熄灭，从而形成一定的视觉效果，使其看上去更加美观、醒目，这些都是流水灯的效果。使用类似流水灯的设计思想，可以实现更多的系统控制，如音乐喷泉、电动机循环启停等的控制。

3.1.2　任务分析

简单的流水灯控制系统可以使用电子电路来实现，也可以使用单片机或 PLC 来实现。使用单片机或 PLC 实现时，其设计思想主要是通过定时器定时，配合移位指令，按照预先设定的顺序和时间来控制灯的点亮和熄灭。流水灯通常使用单片机或 PLC 控制。下面我们将学习使用 PLC 完成简单流水灯控制的相关知识和方法。

传送指令之字节传送

传送指令之字传送

传送指令之双字传送

3.1.3　相关知识

1. S7–200 PLC 的数据传送指令

顾名思义，数据传送指令就是把数据在存储器之间相互传送的指令，这类指令全部都在 STEP 7–Micro/WIN 指令树的"传送"指令组中。

1）单个数据的传送指令

单个数据的传送指令包括整数和小数两类，整数类传送指令有字节传送指令、字传送指令和双字传送指令三种，小数类传送指令有实数传送指令，其指令格式及功能如表 3.1 所示。

表 3.1　单个数据的传送指令格式及功能

指令名称	指令格式 梯形图	指令格式 语句表	梯形图指令功能说明	操作数范围
字节型数据传送指令	MOV_B EN ENO ????─IN OUT─????	MOVB IN，OUT	在梯形图中以指令盒的形式出现。当左母线的"能流"能流到指令盒的EN端时，将IN端输入的数据传送到OUT端指定的存储单元中。如果指令被正确执行，则"能流"会通过ENO端继续向右流动	EN：使能输入端，通过触点接左母线； IN：VB、IB、QB、MB、SB、SMB、LB、AC、*VD、*AC、*LD、常数、字节； OUT：VB、IB、QB、MB、SB、SMB、LB、AC、*VD、*AC、*LD、字节
字型数据传送指令	MOV_W EN ENO ????─IN OUT─????	MOVW IN，OUT	在梯形图中以指令盒的形式出现。当左母线的"能流"能流到指令盒的EN端时，将IN端输入的数据传送到OUT端指定的存储单元中。如果指令被正确执行，则"能流"会通过ENO端继续向右流动	EN：使能输入端，通过触点接左母线； IN：VW、IW、QW、AIW、MW、SW、SMW、LW、T、C、AC、*VD、*AC、*LD、常数、字、整数； OUT：VW、IW、QW、AQW、MW、SW、SMW、LW、T、C、AC、*VD、*AC、*LD、字、整数
双字型数据传送指令	MOV_DW EN ENO ????─IN OUT─????	MOVD IN，OUT	在梯形图中以指令盒的形式出现。当左母线的"能流"能流到指令盒的EN端时，将IN端输入的数据传送到OUT端指定的存储单元中。如果指令被正确执行，则"能流"会通过ENO端继续向右流动	EN：使能输入端，通过触点接左母线； IN：VD、ID、QD、MD、SD、SMD、LD、HC、&VB、&IB、&QB、&MB、&SB、&SMB、&T、&C、&AIW、&AQW、AC、*VD、*AC、*LD、常数、双字、双整数； OUT：VD、ID、QD、MD、SD、SMD、LD、AC、*VD、*AC、*LD、双字、双整数
实数型数据传送指令	MOV_R EN ENO ????─IN OUT─????	MOVR IN，OUT	在梯形图中以指令盒的形式出现。当左母线的"能流"能流到指令盒的EN端时，将IN端输入的数据传送到OUT端指定的存储单元中。如果指令被正确执行，则"能流"会通过ENO端继续向右流动	EN：使能输入端，通过触点接左母线； IN：VD、ID、QD、MD、SD、SMD、LD、AC、*VD、*AC、*LD、常数、实数； OUT：VD、ID、QD、MD、SD、SMD、LD、AC、*VD、*AC、*LD、实数

【例 3-1】图 3.2 所示为单个数据的传送指令应用举例。

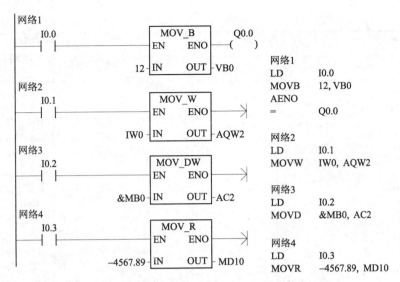

图 3.2 单个数据的传送指令应用举例

2）数据块的传送指令

数据块的传送指令包括字节块数据传送指令、字块数据传送指令和双字块数据传送指令三种，其指令格式及功能如表 3.2 所示。

表 3.2 数据块的传送指令格式及功能

指令名称	指令格式		梯形图指令功能说明	操作数范围
	梯形图	语句表		
字节块数据传送指令	BLKMOV_B EN ENO ????-IN ????-N OUT-????	BMB IN, OUT, N	在梯形图中以指令盒的形式出现。当左母线的"能流"能流到指令盒的 EN 端时，将从 IN 端指定地址开始的连续 N 个字节中的数据传送到从 OUT 端指定地址开始的连续 N 个字节型存储单元中。如果指令被正确执行，则"能流"会通过 ENO 端继续向右流动	EN：使能输入端，通过触点接左母线； IN：VB、IB、QB、MB、SB、SMB、LB、*VD、*AC、*LD，字节； OUT：VB、IB、QB、MB、SB、SMB、LB、*VD、*AC、*LD，字节； N:VB、IB、QB、MB、SB、SMB、LB、AC、*VD、*AC、*LD，常数，且 1≤N≤255，字节
字块数据传送指令	BLKMOV_W EN ENO ????-IN ????-N OUT-????	BMW IN, OUT, N	在梯形图中以指令盒的形式出现。当左母线的"能流"能流到指令盒的 EN 端时，将从 IN 端指定地址开始的连续 N 个字中的数据传送到从 OUT 端指定地址开始的连续 N 个字型存	EN：使能输入端，通过触点接左母线； IN：VW、IW、QW、MW、SW、SMW、LW、T、C、AIW、*VD、*LD、*AC，字； OUT：VW、IW、QW、MW、SW、SMW、LW、T、C、AQW、*VD、*LD、*AC，字

续表

指令名称	指令格式		梯形图指令功能说明	操作数范围
	梯形图	语句表		
字块数据传送指令	BLKMOV_W EN ENO ????—IN OUT—???? ????—N	BMW IN, OUT, N	储单元中。如果指令被正确执行，则"能流"会通过ENO端继续向右流动	N：VB、IB、QB、MB、SB、SMB、LB、AC、*VD、*AC、*LD、常数，且$1 \leq N \leq 255$，字节
双字块数据传送指令	BLKMOV_D EN ENO ????—IN OUT—???? ????—N	BMD IN, OUT, N	在梯形图中以指令盒的形式出现。当左母线的"能流"能流到指令盒的EN端时，将从IN端指定地址开始的连续N个双字中的数据传送到从OUT端指定地址开始的连续N个双字型存储单元中。如果指令被正确执行，则"能流"会通过ENO端继续向右流动	EN：使能输入端，通过触点接左母线； IN：VD、ID、QD、MD、SD、SMD、LD、*VD、*AC、*LD，双字； OUT：VD、ID、QD、MD、SD、SMD、LD、*VD、*AC、*LD，双字； N：VB、IB、QB、MB、SB、SMB、LB、AC、*VD、*AC、*LD、常数，且$1 \leq N \leq 255$，字节

【例3-2】图3.3所示为数据块传送指令应用举例。

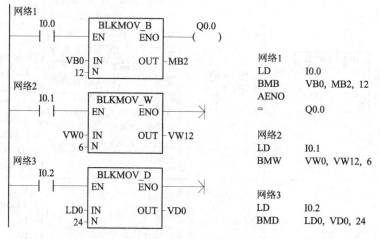

图3.3 数据块传送指令应用举例

3）其他数据传送指令

其他数据传送指令还包括字节交换指令、传送字节立即读指令和传送字节立即写指令，其指令的格式及功能如表3.3所示。

字节交换指令

表 3.3 其他数据传送指令的格式及功能

指令名称	指令格式 梯形图	指令格式 语句表	梯形图指令功能说明	操作数范围
字节交换指令	SWAP EN ENO ????─IN	SWAP IN	在梯形图中以指令盒的形式出现。当左母线的"能流"能流到指令盒的 EN 端时，将 IN 端指定字中的高、低字节进行交换。如果指令被正确执行，则"能流"会通过 ENO 端继续向右流动	EN：使能输入端，通过触点接左母线；IN：VW、IW、QW、MW、SW、SMW、LW、T、C、AC、*VD、*LD、*AC，字
传送字节立即读指令	MOV_BIR EN ENO ????─IN OUT─????	BIR IN, OUT	在梯形图中以指令盒的形式出现。当左母线的"能流"能流到指令盒的 EN 端时，读取 IN 端指定字节所对应的 8 个数字量输入点的状态并组成一个字节的数据传送到 OUT 端指定的存储单元中。如果指令被正确执行，则"能流"会通过 ENO 端继续向右流动	EN：使能输入端，通过触点接左母线；IN：IB、*VD、*LD、*AC，字节；OUT：VB、IB、QB、MB、SB、SMB、LB、AC、*VD、*AC、*LD，字节
传送字节立即写指令	MOV_BIW EN ENO ????─IN OUT─????	BIW IN, OUT	在梯形图中以指令盒的形式出现。当左母线的"能流"能流到指令盒的 EN 端时，将 IN 端指定字节中的数据传送到 OUT 端指定的数字量输出映像寄存器的字节型存储单元中并立即更新对应的 8 个数字量输出点的状态。如果指令被正确执行，则"能流"会通过 ENO 端继续向右流动	EN：使能输入端，通过触点接左母线；IN：VB、IB、QB、MB、SB、SMB、LB、AC、*VD、*AC、*LD、常数，字节；OUT：QB、*VD、*AC、*LD，字节

说明：① 传送字节立即读指令不更新对应的数字量输入映像寄存器的值；
② 传送字节立即读指令中的 IN 操作数使用间接寻址时只能对数字量输入映像寄存器的字节进行；
③ 传送字节立即写指令中的 OUT 操作数使用间接寻址时只能对数字量输出映像寄存器的字节进行。

【例 3-3】图 3.4 所示为其他数据传送指令的应用举例。

在图 3.4 的程序中，如果 I0.0 的常开触点闭合，则将 MW0 这个字中的高字节 MB0 和低字节 MB1 中的数据进行交换；如果 I0.1 的常开触点闭合，则立即读取 IB0 这个字节所对应的 8 个数字量输入点 I0.0、I0.1、…、I0.7 的状态，并以输入点 I0.0 的状态为最低位，I0.7 的状态为最高位组成一个字节的数据，然后将其传送到 MB2 字节中，数字量输入映像寄存器 IB0 字节保持输入采样时的值不变；如果 I0.2 的常开触点闭合，则将字节 VB0 中的值传送到字节 QB0 中，并根据 QB0 中 8 个位的值立即刷新该字节所对应的 8 个数字量输出点 Q0.0、Q0.1、…、Q0.7 的状态。

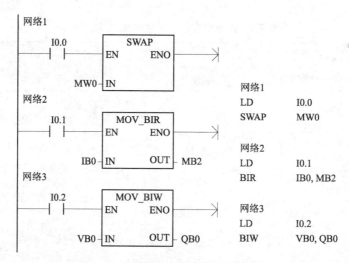

图 3.4 其他数据传送指令的应用举例

2. S7-200 PLC 的表操作指令

S7-200 PLC 中的表是一组（最多 100 个）具有相同属性（由 16 位二进制数组成的字）的数据的集合，如图 3.5 所示。表的第一个字地址即首地址，为表地址，首地址中的数值是表的最大长度（TL），即最大填表数；表的第二个字地址中的数值是表的实际长度（EC），即实际填表数；每次向表中增加或取出一个数据，EC 值自动加 1 或减 1；从第三个字地址开始，存放表的实际数据。不包括最大填表数 TL 和实际填表数 EC 两个参数，S7-200 的一个表中最多可存放 100 个数据，第一个数据的编号为 0，最后一个数据的编号为 99。S7-200 中要建立一个表，首先必须确定表的最大填表数 TL。

VW200	0006	TL（最大填表数）
VW202	0002	EC（实际填表数）
VW204	1234	D0 数据 0
VW206	5678	D1 数据 1
VW208	XXXX	
VW210	XXXX	
VW212	XXXX	
VW214	XXXX	

图 3.5 S7-200 的数据表

确定表的最大填表数后，即可使用表操作指令对表中的数据进行操作。S7-200 的表操作指令包括向表中添加数据指令、从表中取数据指令（包括后进先出和先进先出两条指令）和查表指令，如表 3.4 所示。这些指令全部都在 STEP 7-Micro/WIN 指令树的"表"指令组中，此外该指令组中还有一条"内存填充"指令。

表 3.4 S7-200 的表操作指令格式及功能

指令名称	指令格式		梯形图指令功能说明	操作数范围
	梯形图	语句表		
向表中添加数据指令	AD_T_TBL EN ENO ????-DATA ????-TBL	ATT DATA, TBL	在梯形图中以指令盒的形式出现。当左母线的"能流"能流到指令盒的 EN 端时，将 DATA 端指定的数据插入到表 TBL 中，实际填表数 EC 值自动加 1。如果指令被	EN：使能输入端，通过触点接左母线； DATA：VW、IW、QW、MW、SW、LW、SMW、T、C、AIW、AC、*VD、*LD、*AC、常数，整数

续表

指令名称	指令格式 梯形图	指令格式 语句表	梯形图指令功能说明	操作数范围
向表中添加数据指令	AD_T_TBL EN ENO ????—DATA ????—TBL	ATT DATA, TBL	正确执行，则"能流"会通过ENO端继续向右流动。填入表格的数据过多时，SM1.4将置1	TBL: VW、IW、QW、MW、SW、SMW、LW、T、C、*VD、*LD、*AC，字
从表中取数指令（后进先出指令）	LIFO EN ENO ????—TBL DATA—????	LIFO TBL, DATA	在梯形图中以指令盒的形式出现。当左母线的"能流"能流到指令盒的EN端时，从表TBL中取出最后放入的一个数据并放到DATA指定的存储单元中，实际填表数EC值自动减1。如果指令被正确执行，则"能流"会通过ENO端继续向右流动。若从空表中取数，SM1.5将置1	EN：使能输入端，通过触点接左母线； TBL: VW、IW、QW、MW、SW、SMW、LW、T、C、*VD、*LD、*AC，字； DATA: VW、IW、QW、MW、SW、LW、SMW、T、C、AQW、AC、*VD、*LD、*AC，整数
从表中取数指令（先进先出指令）	FIFO EN ENO ????—TBL DATA—????	FIFO TBL, DATA	在梯形图中以指令盒的形式出现。当左母线的"能流"能流到指令盒的EN端时，从表TBL中取出第一个放入的数据并放到DATA指定的存储单元中，表中剩余数据依次上移一个位置，实际填表数EC值自动减1。如果指令被正确执行，则"能流"会通过ENO端继续向右流动。若从空表中取数，SM1.5将置1	EN：使能输入端，通过触点接左母线； TBL: VW、IW、QW、MW、SW、SMW、LW、T、C、*VD、*LD、*AC，字； DATA: VW、IW、QW、MW、SW、LW、SMW、T、C、AQW、AC、*VD、*LD、*AC，整数
查表指令	TBL_FIND EN ENO ????—TBL ????—PTN ????—INDX ????—CMD	FND= TBL, PTN, INDX FND<> TBL, PTN, INDX FND< TBL, PTN, INDX FND> TBL, PTN, INDX	在梯形图中以指令盒的形式出现。当左母线的"能流"能流到指令盒的EN端时，在表TBL中从INDX指定的数据编号开始向后查找第一个与PTN匹配的符合CMD所定义的查找条件的数据，并将其对应的数据编号放到INDX指定的存储单元中。如果指令被正确执行，则"能流"会通过ENO端继续向右流动	EN：使能输入端，通过触点接左母线； TBL: VW、IW、QW、MW、SW、SMW、LW、T、C、*VD、*LD、*AC，字； PTN: VW、IW、QW、MW、SW、LW、SMW、AIW、T、C、AC、*VD、*LD、*AC，常数，整数； INDX: VW、IW、QW、MW、SW、SMW、LW、T、C、AC、*VD、*LD、*AC，字； CMD:1~4的常数，字节

续表

指令名称	指令格式		梯形图指令功能说明	操作数范围
	梯形图	语句表		
内存填充指令	FILL_N EN ENO ????─IN OUT─???? ????─N	FILL IN, OUT, N	在梯形图中以指令盒的形式出现。当左母线的"能流"能流到指令盒的 EN 端时，将 IN 端指定的整数值写入从 OUT 开始的连续 N 个字型存储单元中。如果指令被正确执行，则"能流"会通过 ENO 端继续向右流动	EN：使能输入端，通过触点接左母线； IN：VW、IW、QW、MW、SW、LW、SMW、AIW、T、C、AC、*VD、*LD、*AC、常数，整数； N：VB、IB、QB、MB、SB、SMB、LB、AC、*VD、*LD、*AC、常数，$0 \leq N \leq 255$，字节； OUT：VW、IW、QW、MW、SW、SMW、LW、AQW、T、C、*VD、*LD、*AC，整数

说明：① 对于向表中添加数据指令和从表中取数指令，TBL 的首地址是最大填表数 TL 所在的地址；而对于查表指令，TBL 的首地址是实际填表数 EC 所在的地址。

② 对于查表指令，一条梯形图指令对应四条语句表指令。梯形图指令中的 CMD 参数为 1~4 的常数，CMD 为 1 表示查找条件为"="（等于），为 2 表示查找条件为"<>"（不等于），为 3 表示查找条件为"<"（小于），为 4 表示查找条件为">"（大于）。

③ 对于查表指令，INDX 的初始值必须为 0 才能从表中的第一个数据开始查找，找到一个符合条件的数据后，如果想继续查找表中后面是否还有符合条件的数据，必须先将 INDX 的值加 1 后才能继续执行查表指令。如果执行完一次查表指令后，INDX 中的值等于实际填表数 EC 的值，表示表中已没有符合条件的数据。

【例 3-4】图 3.6 所示为表的建立和向表中添加数据指令的应用举例。

在网络 1 中，通过 SM0.1 的常开触点新建了一个最多包含 6 个数据，实际有 2 个数据项的表，表的首地址为 VW200。在网络 2 中，当 I0.0 的常开触点接通时，VW100 中的数据 1234 被填到表的最后（d2），这时最大填表数 TL 未变（TL=6），实际填表数 EC 加 1 变为 3，表中的数据项由 d0、d1 变为 d0、d1、d2。

【例 3-5】图 3.7 所示为利用 LIFO 指令从表中取数据的应用举例。

【例 3-6】图 3.8 所示为利用 FIFO 指令从表中取数据的应用举例。

【例 3-7】图 3.9 所示为查表指令的应用举例。

因为指令中的 CMD=1，所以是从实际填表数 EC 所在地址为 VW202 的表中查等于 2222 的数据表项。注意此处表格首地址必须为实际填表数 EC 所在地址，而非最大填表数 TL 所在地址。为了从表格的顶端开始搜索，AC1 的初始值必须设为 0，第一次执行查表指令后 AC1=1，找到符合条件的数据项编号为 1。继续向下查找，应先将 AC1 加 1，从表中符合条件的数据项 1 的下一个数据开始查找，第二次执行查表指令后，AC1=4，找到符合条件的数据项编号为 4。继续向下查找，将 AC1 再加 1，从表中符合条件的数据项 4 的下一个数据开始查找，第三次执行表查找指令后，AC1=6，与实际填表数相同，表示没有找到符合条件的数据项。

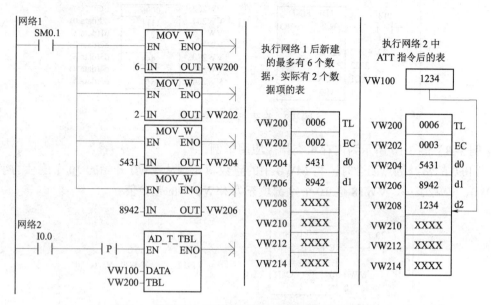

图 3.6 表的建立和向表中添加数据指令的应用举例

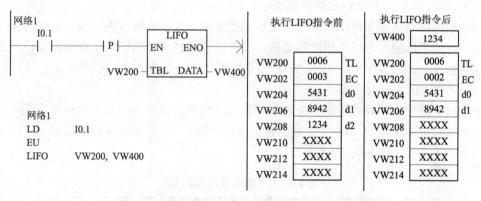

图 3.7 利用 LIFO 指令从表中取数据的应用举例

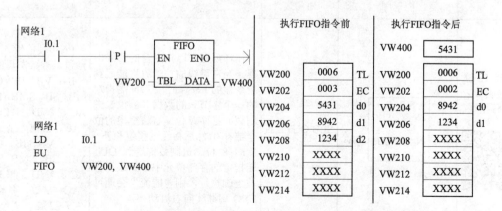

图 3.8 利用 FIFO 指令从表中取数据的应用举例

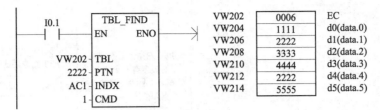

图 3.9 查表指令应用举例

【例 3–8】图 3.10 所示为内存填充指令应用举例。

当 I0.0 的常开触点闭合时,将 MW0 中的整数填充到从 VW0 开始的 10 个连续的字中,即 VW0、VW2、…、VW18 这 10 个字都填充为 MW0 中的整数值。

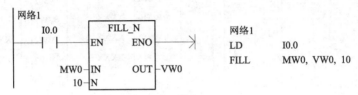

图 3.10 内存填充指令应用举例

3. S7–200 PLC 的移位和循环移位指令

移位和循环移位指令可以把若干位二进制数组成一个整体依次向左或向右移动若干位,空出的位再按不同的指令填充相应的数据。其主要包括移位、循环移位和移位寄存器指令三类,这些指令全部在 STEP 7–Micro/WIN 指令树的"移位/循环"指令组中。

1) S7–200 PLC 的移位指令

根据移位的方向,移位指令可分为左移和右移两类,根据所移位的数据长度又可分为 8 位二进制数组成的字节型、16 位二进制数组成的字型和 32 位二进制数组成的双字型三类。移位指令的格式及功能如表 3.5 所示。

表 3.5 移位指令的格式及功能

指令名称	指令格式		梯形图指令功能说明	操作数范围
	梯形图	语句表		
字节(8 位二进制数)左移指令	SHL_B EN ENO ????—IN OUT—???? ????—N	SLB OUT, N	在梯形图中以指令盒的形式出现。当左母线的"能流"能流到指令盒的 EN 端时,将 IN 端指定的一个字节长的数据(8 位二进制数)左移 N 位,右边空出的位全部补 0,然后将经过移位和补 0 后的 8 位二进制数传送到 OUT 端指定的存储单元中。如果指令被正确执行,则"能流"会通过 ENO 端继续向右流动	EN:使能输入端,通过触点接左母线 IN:VB、IB、QB、MB、SB、SMB、LB、AC、*VD、*LD、*AC、常数,字节; N:VB、IB、QB、MB、SB、SMB、LB、AC、*VD、*LD、*AC、常数,字节,0≤N≤255

续表

指令名称	指令格式		梯形图指令功能说明	操作数范围
	梯形图	语句表		
字节（8位二进制数）右移指令	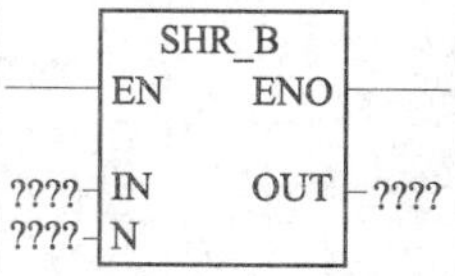 SHR_B EN ENO ????—IN OUT—???? ????—N	SRB OUT, N	在梯形图中以指令盒的形式出现。当左母线的"能流"能流到指令盒的EN端时，将IN端指定的一个字节长的数据（8位二进制数）右移N位，左边空出的位全部补0，然后将经过移位和补0后的8位二进制数传送到OUT端指定的存储单元中。如果指令被正确执行，则"能流"会通过ENO端继续向右流动	OUT：VB、IB、QB、MB、SB、SMB、LB、AC、*VD、*LD、*AC，字节
字（16位二进制数）左移指令	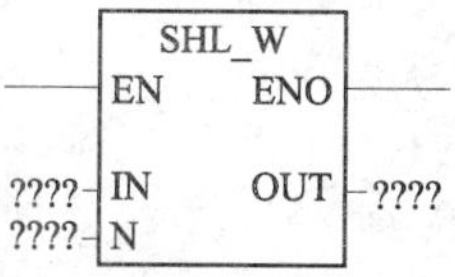 SHL_W EN ENO ????—IN OUT—???? ????—N	SLW OUT, N	在梯形图中以指令盒的形式出现。当左母线的"能流"能流到指令盒的EN端时，将IN端指定的一个字长的数据（16位二进制数）左移N位，右边空出的位全部补0，然后将经过移位和补0后的16位二进制数传送到OUT端指定的存储单元中。如果指令被正确执行，则"能流"会通过ENO端继续向右流动	EN：使能输入端，通过触点接左母线； IN：VW、IW、QW、MW、SW、SMW、LW、AIW、T、C、AC、*VD、*LD、*AC，常数，字； N：VB、IB、QB、MB、SB、SMB、LB、AC、*VD、*LD、*AC，常数，字节，$0 \leq N \leq 255$； OUT：VW、IW、QW、MW、SW、SMW、LW、T、C、AC、*VD、*LD、*AC，字
字（16位二进制数）右移指令	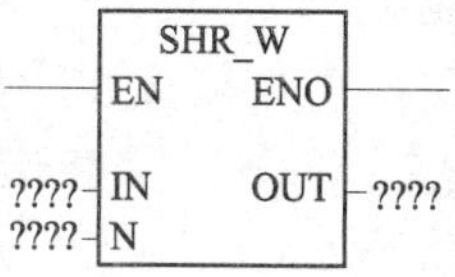 SHR_W EN ENO ????—IN OUT—???? ????—N	SRW OUT, N	在梯形图中以指令盒的形式出现。当左母线的"能流"能流到指令盒的EN端时，将IN端指定的一个字长的数据（16位二进制数）右移N位，左边空出的位全部补0，然后将经过移位和补0后的16位二进制数传送到OUT端指定的存储单元中。如果指令被正确执行，则"能流"会通过ENO端继续向右流动	
双字（32位二进制数）左移指令	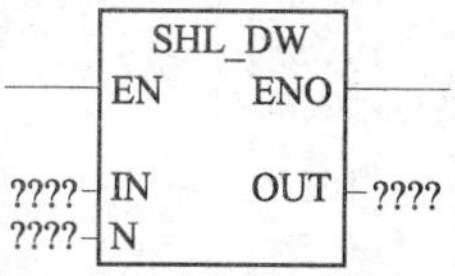 SHL_DW EN ENO ????—IN OUT—???? ????—N	SLD OUT, N	在梯形图中以指令盒的形式出现。当左母线的"能流"能流到指令盒的EN端时，将IN端指定的一个双字长的数据（32位二进制数）左移N位，右边空出的位全部补0，然后将经过移位和补0后的32位二进制数传送到OUT端指定的存储单元中。如果指令被正确执行，则"能流"会通过ENO端继续向右流动	EN：使能输入端，通过触点接左母线； IN：VD、ID、QD、MD、SD、SMD、LD、HC、AC、*VD、*LD、*AC，常数，双字； N：VB、IB、QB、MB、SB、SMB、LB、AC、*VD、*LD、*AC，常数，字节，$0 \leq N \leq 255$

续表

指令名称	指令格式		梯形图指令功能说明	操作数范围
	梯形图	语句表		
双字（32位二进制数）右移指令	SHR_DW EN ENO ????—IN OUT—???? ????—N	SRD OUT, N	在梯形图中以指令盒的形式出现。当左母线的"能流"能流到指令盒的EN端时，将IN端指定的一个双字长的数据（32位二进制数）右移N位，左边空出的位全部补0，然后将经过移位和补0后的32位二进制数传送到OUT端指定的存储单元中。如果指令被正确执行，则"能流"会通过ENO端继续向右流动	OUT：VD、ID、QD、MD、SD、SMD、LD、AC、*VD、*LD、*AC，双字

说明：① 对于移位指令，梯形图中主要有IN、N、OUT三个操作数，而语句表中则只有OUT和N两个操作数。如果梯形图指令中的IN和OUT不同，则转成语句表指令后是先使用数据传送指令将IN端的数据传送到OUT端指定的存储单元中，然后再对OUT中的数据执行移位操作。

② 对于字节移位指令，如果移位数目N大于等于8，则数值最多被移位8次；对于字移位指令，如果移位数目N大于等于16，则数值最多被移位16次；对于双字移位指令，如果移位数目N大于等于32，则数值最多被移位32次。

③ 不管是左移还是右移指令，每次移出的位都放到溢出标志位SM1.1中，所以如果移位数目N大于1，则SM1.1为最后一次移出位的数值。

④ 如果移位结果为0，则零标志位SM1.0为1。

2）S7-200 PLC的循环移位指令

与移位指令类似，根据移位的方向，循环移位指令也有循环左移和循环右移两种，根据所移位的数据长度又分为字节型、字型和双字型循环移位。循环移位指令的格式及功能如表3.6所示。

表3.6 循环移位指令的格式及功能

指令名称	指令格式		梯形图指令功能说明	操作数范围
	梯形图	语句表		
字节（8位二进制数）循环左移指令	ROL_B EN ENO ????—IN OUT—???? ????—N	RLB OUT, N	在梯形图中以指令盒的形式出现。当左母线的"能流"能流到指令盒的EN端时，将IN端指定的一个字节长的数据（8位二进制数）左移N位，并将移出的位依次补到右边空出的位上，然后将经过移位后的8位二进制数传送到OUT端指定的存储单元中。如果指令被正确执行，则"能流"会通过ENO端继续向右流动	EN：使能输入端，通过触点接左母线； IN：VB、IB、QB、MB、SB、SMB、LB、AC、*VD、*LD、*AC，常数，字节； N：VB、IB、QB、MB、SB、SMB、LB、AC、*VD、*LD、*AC，常数，字节，$0 \leq N \leq 255$

续表

指令名称	指令格式		梯形图指令功能说明	操作数范围
	梯形图	语句表		
字节（8位二进制数）循环右移指令	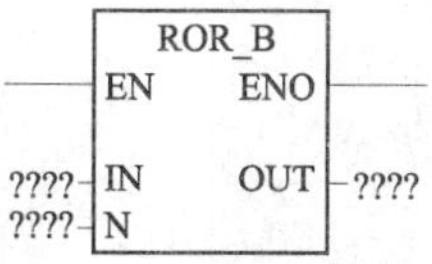 ROR_B EN ENO ????—IN OUT—???? ????—N	RRB OUT, N	在梯形图中以指令盒的形式出现。当左母线的"能流"能流到指令盒的EN端时，将IN端指定的一个字节长的数据（8位二进制数）右移N位，并将移出的位依次补到左边空出的位上，然后将经过移位后的8位二进制数传送到OUT端指定的存储单元中。如果指令被正确执行，则"能流"会通过ENO端继续向右流动	OUT: VB、IB、QB、MB、SB、SMB、LB、AC、*VD、*LD、*AC、字节
字（16位二进制数）循环左移指令	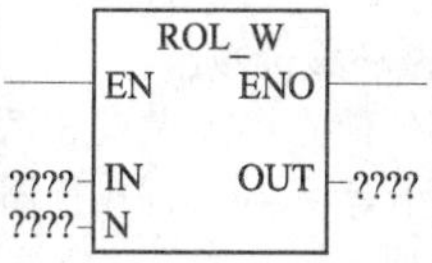 ROL_W EN ENO ????—IN OUT—???? ????—N	RLW OUT, N	在梯形图中以指令盒的形式出现。当左母线的"能流"能流到指令盒的EN端时，将IN端指定的一个字长的数据（16位二进制数）左移N位，并将移出的位依次补到右边空出的位上，然后将经过移位后的16位二进制数传送到OUT端指定的存储单元中。如果指令被正确执行，则"能流"会通过ENO端继续向右流动	EN：使能输入端，通过触点接左母线； IN：VW、IW、QW、MW、SW、SMW、LW、AIW、T、C、AC、*VD、*LD、*AC、常数、字； N：VB、IB、QB、MB、SB、SMB、LB、AC、*VD、*LD、*AC、常数、字节，$0 \leqslant N \leqslant 255$； OUT：VW、IW、QW、MW、SW、SMW、LW、T、C、AC、*VD、*LD、*AC、字
字（16位二进制数）循环右移指令	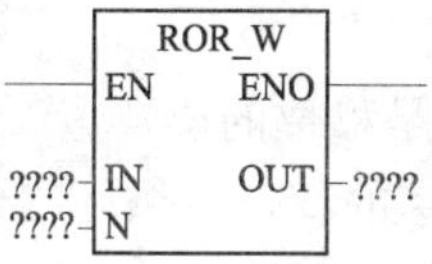 ROR_W EN ENO ????—IN OUT—???? ????—N	RRW OUT, N	在梯形图中以指令盒的形式出现。当左母线的"能流"能流到指令盒的EN端时，将IN端指定的一个字长的数据（16位二进制数）右移N位，并将移出的位依次补到左边空出的位上，然后将经过移位后的16位二进制数传送到OUT端指定的存储单元中。如果指令被正确执行，则"能流"会通过ENO端继续向右流动	
双字（32位二进制数）循环左移指令	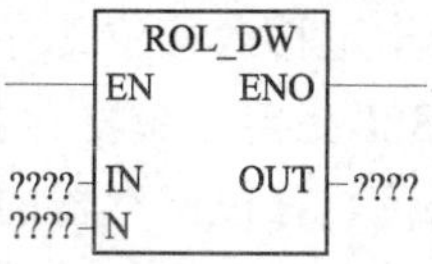 ROL_DW EN ENO ????—IN OUT—???? ????—N	RLD OUT, N	在梯形图中以指令盒的形式出现。当左母线的"能流"能流到指令盒的EN端时，将IN端指定的一个双字长的数据（32位二进制数）左移N位，并将移出的位依次补到右边空出的位上，然后将经过移位后的32位二进制数传送到OUT端指定的存储单元中。如果指令被正确执行，则"能流"会通过ENO端继续向右流动	EN：使能输入端，通过触点接左母线； IN：VD、ID、QD、MD、SD、SMD、LD、HC、AC、*VD、*LD、*AC、常数、双字； N：VB、IB、QB、MB、SB、SMB、LB、AC、*VD、*LD、*AC、常数、字节，$0 \leqslant N \leqslant 255$

指令名称	指令格式		梯形图指令功能说明	操作数范围
	梯形图	语句表		
双字（32位二进制数）循环右移指令	ROR_DW EN ENO ???? — IN OUT — ???? ???? — N	RRD OUT, N	在梯形图中以指令盒的形式出现。当左母线的"能流"能流到指令盒的EN端时，将IN端指定的一个双字长的数据（32位二进制数）右移N位，并将移出的位依次补到左边空出的位上，然后将经过移位后的32位二进制数传送到OUT端指定的存储单元中。如果指令被正确执行，则"能流"会通过ENO端继续向右流动	OUT：VD、ID、QD、MD、SD、SMD、LD、AC、*VD、*LD、*AC、双字

说明：① 对于循环移位指令，梯形图中主要有 IN、N、OUT 三个操作数，而语句表中则只有 OUT 和 N 两个操作数。如果梯形图指令中的 IN 和 OUT 不同，则转成语句表指令后是先使用数据传送指令将 IN 端的数据传送到 OUT 端指定的存储单元中，然后再对 OUT 中的数据执行循环移位操作。

② 对于字节移位指令，如果移位数目 N 大于等于 8，则执行循环移位前先将 N 做模 8 运算，用取模后的数值作为循环移位的数目；对于字循环移位指令，如果移位数目 N 大于等于 16，则执行循环移位前先将 N 做模 16 运算，用取模后的数值作为循环移位的数目；对于双字循环移位指令，如果移位数目 N 大于等于 32，则执行循环移位前先将 N 做模 32 运算，用取模后的数值作为循环移位的数目。

③ 不管是循环左移还是循环右移指令，每次移出的位都放到溢出标志位 SM1.1 中，所以如果移位数目 N 大于 1，则 SM1.1 为最后一次移出位的数值。

④ 如果循环移位结果为 0，则零标志位 SM1.0 为 1。

【例 3-9】图 3.11 所示为移位和循环移位指令应用举例。

3）S7–200 PLC 的移位寄存器指令

上面所讲的移位和循环移位指令都有两个共同的特点：一是移位的位数是以 8 位二进制数（字节的移位或循环移位）、16 位二进制数（字的移位或循环移位）或 32 位二进制数（双字的移位或循环移位）为单位；二是移位后空出的位所补的数值用户无法控制，这就使得这些指令在实际应用中有了诸多的限制和不便。而移位寄存器指令则很好地解决了这些问题，它是可以指定移位寄存器的长度和移位方向的移位指令，且移位后空出的位所补的数值可以由用户控制。其梯形图和语句表指令格式如图 3.12 所示。

（1）指令功能说明：移位寄存器指令在梯形图中以指令盒的形式出现。EN 为使能输入端，通过触点接左母线，当左母线的"能流"能流到指令盒的 EN 端时，整个移位寄存器左移或右移一位，移出的位放在溢出标志位 SM1.1 中。DATA 端指定移入移位寄存器的二进制数值，执行指令时将该位的值移入寄存器移位后空出的位；S_BIT 指定移位寄存器的最低位。N 指定移位寄存器的长度和移位方向，|N|即是移位寄存器的长度，移位寄存器的最大长度为 64 位；N 为正值表示左移位，先移出移位寄存器的最高位放在溢出标志位 SM1.1 中，然后移位寄存器从次高位开始依次左移一位，最后将 DATA 的值移入空出的移位寄存器的最低位 S_BIT；N 为负值表示右移位，先移出移位寄存器的最低位 S_BIT 放在溢出标志位 SM1.1 中，

然后移位寄存器从次低位开始依次右移一位，最后将 DATA 的值移入移位寄存器的最高位。

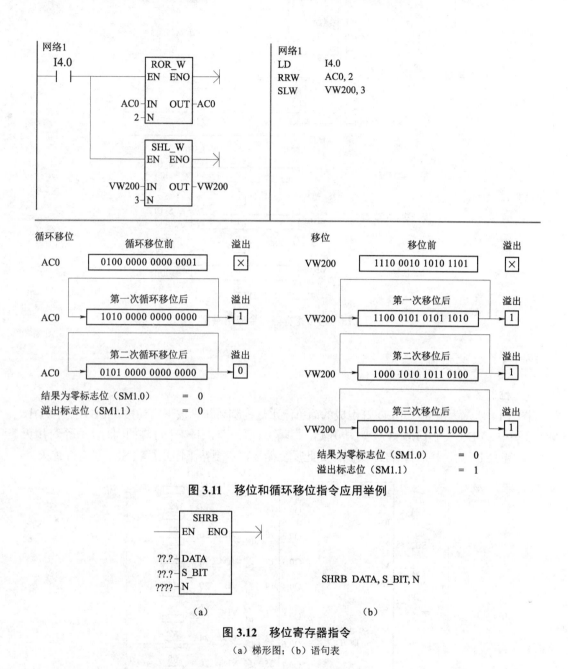

图 3.11 移位和循环移位指令应用举例

图 3.12 移位寄存器指令
（a）梯形图；（b）语句表

（2）操作数范围及数据类型：DATA 和 S-BIT 操作数为 I、Q、M、SM、T、C、V、S、L，数据类型为 BOOL 型；N 操作数为 VB、IB、QB、MB、SB、SMB、LB、AC、*VD、*LD、*AC、常数，数据类型为字节型，且 $-64 \leqslant N \leqslant +64$。注意，在 SIMATIC 指令集中，字节型数据表示的数据范围为 0～255，只有在 SHRB 指令中可以表示负数。

【例 3-10】图 3.13 所示为移位寄存器指令应用举例。

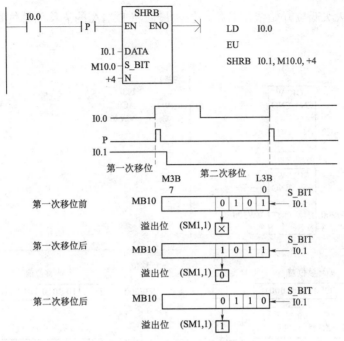

图 3.13 移位寄存器指令应用举例

3.1.4 任务实施

1. 控制要求

图 3.14 所示为由 8 个 LED 灯组成的简单流水灯控制系统。按下启动按钮 SB1，则 VD1、VD2、……、VD8 八个 LED 灯从 VD1 开始，每隔 1 s 亮一个，下一个灯亮的同时上一个灯熄灭，灯 VD8 亮完 1 s 后，接着灯 VD1 又亮，如此反复循环，直至按下停止按钮 SB2 所有灯熄灭。

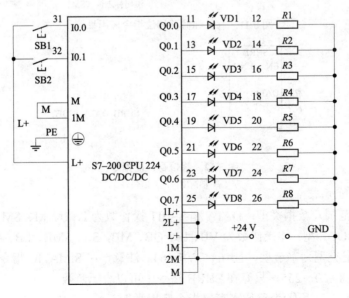

图 3.14 简单流水灯控制 PLC 接线图

2. I/O 分配表

简单流水灯控制的 PLC I/O 分配表如表 3.7 所示。

表 3.7 简单流水灯控制的 PLC I/O 分配表

输入			输出		
设　备		输入点	设　备		输出点
启动按钮	SB1	I0.0	流水灯 1	VD1	Q0.0
停止按钮	SB2	I0.1	流水灯 2	VD2	Q0.1
			流水灯 3	VD3	Q0.2
			流水灯 4	VD4	Q0.3
			流水灯 5	VD5	Q0.4
			流水灯 6	VD6	Q0.5
			流水灯 7	VD7	Q0.6
			流水灯 8	VD8	Q0.7

3. PLC 接线图

简单流水灯控制 PLC 接线图如图 3.14 所示。因为输出控制的是 LED 灯，需要直流供电，功率较小，当系统工作时，LED 灯的亮灭比较频繁，所以本任务选用 S7–200 CPU 224 DC/DC/DC。

4. 控制程序

VD1、VD2、……、VD8 八个灯分别接在 S7–200 PLC 的 Q0.0、Q0.1、……、Q0.7 八个数字量输出点上，而 Q0.0、Q0.1、……、Q0.7 八个位又正好组成了 QB0 字节，所以，只要在按下启动按钮时控制 QB0 字节的值为 1，则除了位 Q0.0 为 1 外，QB0 字节的其他 7 个位 Q0.1~Q0.7 均为 0，此时只有 Q0.0 接的灯 VD1 亮，其余灯灭。然后每隔 1 s 循环左移一位即可实现要求的流水灯效果。按下停止按钮 SB2 时，将 QB0 字节清零即可使灯全灭。简单流水灯控制程序如图 3.15 所示。

程序中，网络 1 利用输入 I0.0（接启动按钮 SB1）的上升沿脉冲检测指令和数据传送指令将字节 QB0 中传送数值 1，让灯 VD1 亮；网络 2 利用输入 I0.1（接停止按钮 SB2）的上升沿脉冲检测指令和数据传送指令将字节 QB0 中传送数值 0，让灯全部灭；网络 3 是一个典型的"启保停"程序，M0.0 为启动按钮按下标志位，只要系统处于启动状态，该位的值始终为 1；网络 4 利用 T37 定时器的自复位功能实现每隔 1 s 时间，T37 状态位对应的常开触点接通 1 个扫描周期；网络 5 利用 T37 状态位对应的常开触点每隔 1 s 时间接通 1 个扫描周期，使 QB0 字节每隔 1 s 进行循环左移一位，使下一个 LED 灯亮，上一个 LED 灯灭，从而实现流水灯的效果。

5. 系统调试

（1）按照图 3.14 所示 PLC 接线图完成接线并确认接线正确。

（2）打开 STEP 7–Micro/WIN 软件，新建项目并输入程序，编译通过后，接通电源，下载程序到 PLC 中。监控程序运行状态，分析程序运行结果，进行系统调试，直至满足系统的控制要求。

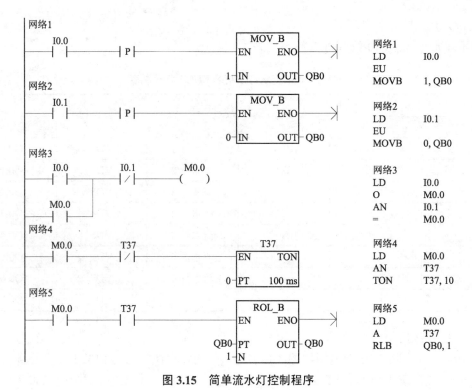

图 3.15 简单流水灯控制程序

任务 3.2 认识顺序功能图

1. 知识目标

掌握顺序功能图的组成和顺序功能图的基本结构,掌握将顺序功能图转换为梯形图程序的基本方法。

2. 能力目标

能读懂顺序功能图,能对较简单的实际顺序控制系统进行分析并画出顺序功能图,能将顺序功能图转换为梯形图程序。

3.2.1 顺序控制系统设计法及顺序功能图的组成

1. 顺序控制系统设计法

对于顺序控制系统(简称顺控系统)的设计通常使用顺序控制设计法,简称顺控设计法。相对于顺控设计法,前面所讲的程序设计方法又叫经验设计法。

顺控设计法的主要步骤为:

(1)首先要根据被控系统的工艺过程和工艺要求对系统进行详细的分析,通过分析,合理地将系统的一个工作周期划分为若干个顺序相连的阶段或步骤,这些阶段或步骤称为"步"。在划分步的同时要确定每步应该干的事情以及什么情况下该步应该结束进而转到下一步去，每步应该干的事情称为与步对应的"动作"，什么情况下该步应该结束进而转到下一步称为步与步之间的"转换条件"。

（2）上述分析完成后，即可画出系统的顺序功能图，这是顺控系统设计最为关键的一步。

（3）最后，根据顺序功能图设计出梯形图程序，从而完成系统设计。

顺控系统设计法是一种先进的 PLC 控制系统设计方法，它基本不受设计者的经验所制约，很容易被初学者所接受，具有设计思路清晰、设计效率高、简单易学、不易出错、可将复杂系统设计简单化等优点，是目前 PLC 控制系统设计领域最常用和最重要的方法。

为了适应这种先进的设计方法，有的 PLC 专门开发了顺序功能图编程语言（如S7-300/400），只要根据编程语言的语法规则画出顺序功能图就完成了程序设计，使用非常方便；有些 PLC 尽管没有顺序功能图这种编程语言，但设计了专门用于顺控系统编程的指令（如S7-200 等）；对于既没有顺序功能图编程语言，又没有顺控系统编程专用指令的 PLC，还可以使用"启保停"程序或置位复位指令等通用方法将顺序功能图转换为梯形图程序。

2. 顺序功能图的组成

顺序功能图（Sequential Function Chart，SFC）是一种用于描述控制系统的控制过程、功能和特性的通用技术图形，是进行 PLC 顺控系统设计的工具。我们可以认为顺序功能图有通用顺序功能图和专用顺序功能图。通用顺序功能图一般在系统设计的初期使用，可以供进一步设计或不同专业的人员之间进行交流，它不能直接转换为梯形图程序。专用顺序功能图一般在系统设计的中后期使用，此时，PLC 及系统外围设备的选型都已经确定，输入/输出分配表也已确定，这样我们就可以直接画出专用顺序功能图，或通过对通用顺序功能图进行进一步设计画出专用顺序功能图，编程人员可以将专用顺序功能图直接转换为梯形图程序。

顺序功能图主要由步、与步对应的动作、有向连线、转换及转换条件五种基本元素组成。

1）步与动作

步（Step）是顺序功能图最基本的组成部分，它是将被控系统的一个工作周期分解为顺序相连的若干个阶段或步骤，这些阶段或步骤称为步。步是控制过程中的一个特定状态，在顺序功能图中用在矩形框内写上步的名字来表示，如表 3.8 所示。通用顺序功能图中步的名字一般使用语言文字来描述，专用顺序功能图中步的名字一般使用 PLC 内部可读写的存储器位来表示（如 S7-200 PLC 的位存储器 MX.X 和顺序控制继电器 SX.X 等）。

步有两种状态：活动态和非活动态。当实际系统在工作过程中进展到某个阶段时，则此阶段所对应的步即处于活动态，否则步就处于非活动态。处于活动态的步称为"活动步"，与之相对应的动作将被执行；处于非活动态的步称为"非活动步"，与之相对应的动作可能继续被执行（保持型动作），也可能停止执行（非保持型动作）。在专用顺序功能图中，如果表示步的存储器位为"1"，则表示该步处于活动态，即该步为活动步；反之，如果表示步的存储器位为"0"，则表示该步处于非活动态，即该步为非活动步。

步有两种类型：初始步和非初始步。与系统初始状态相对应的步称为"初始步"，其他步称为"非初始步"。初始状态一般是系统等待启动命令或相对静止时的状态，系统在开始进行自动控制之前，首先应进入规定的初始状态，所以每个顺序功能图至少应该有一个初始步。

表 3.8 步的表示

图形符号	说　　明
步名字（双线矩形框）	初始步用双线矩形框表示，矩形框的长宽比任意，矩形框内部写上步的描述或编号作为步的名字
步名字（单线矩形框）	除初始步以外的其他步用单线矩形框表示，矩形框的长宽比任意，矩形框内部写上步的描述或编号作为步的名字

一个控制系统可以分为施控者和被控者，施控者发出一个或数个"命令（Command）"，而被控者则执行相应的一个或数个"动作（Action）"，顺序功能图中将这些动作或命令统称为动作。动作使用矩形框里面加上文字描述或符号表示，且表示动作的矩形框应与相应步的矩形框用水平短线相连，如图 3.16（a）所示。如果某一步有多个动作，可以用如图 3.16（b）所示中的两种画法表示，但是顺序功能图中动作书写的前后次序并不表示这些动作实际执行时的顺序。

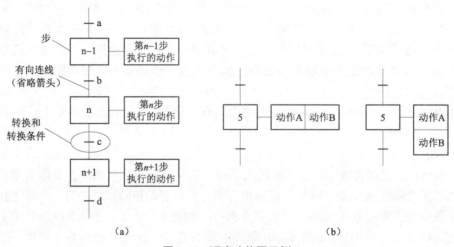

图 3.16　顺序功能图示例

与某步对应的动作分为保持型动作和非保持型动作。保持型动作是指步不活动时该动作会继续被执行，非保持型动作是指步不活动时该动作也停止执行。

2）有向连线

有向连线表示步与步之间进展的路线和方向及各步之间连接的顺序关系。在画顺序功能图时，将代表各步的矩形框按它们成为活动步的先后次序顺序排列，并用有向连线将它们连接起来。步的活动状态的进展方向习惯上是从上到下或从左到右，所以在这两个方向上的有向连线的箭头可以省略。如果不是上述方向，应在有向连线上用箭头注明进展方向。如果垂直的有向连线和水平的有向连线没有内在的联系则允许它们交叉，否则不允许交叉。在遇到复杂的顺序功能图或同一个顺序功能图需要在几张图中表示而使连线必须中断时，应在中断点处指明下一步的名称及所在的页号或来自上一步的名称及所在的页号。

3）转换与转换条件

（1）转换。转换表示结束上一步的操作并启动下一步的操作。步的活动状态的进展是由转换来实现的，并与控制过程的发展相对应。转换在顺序功能图中用与有向连线垂直的短横线表示，两个转换不能直接相连，必须用一个步隔开，而两个步之间也不能直接相连，必须用一个转换隔开。

（2）转换条件。转换条件是使系统由前一步进入下一步的信号。转换条件可以是外部的输入信号，也可以是 PLC 内部产生的信号，还可以是若干个信号与、或、非的逻辑组合。转换条件可以用文字符号、布尔代数表达式或图形符号等表示，使用最多的是布尔代数表达式，它们标注在转换的短横线旁边。

（3）转换实现的基本规则。在顺序功能图中，步的活动状态的进展是由转换来实现的。转换实现的基本规则包括转换实现必须满足的条件和转换实现必须完成的操作两个方面，它是将顺序功能图转换为梯形图程序的基础。

一个转换要实现必须同时满足以下两个条件：

① 该转换所有的前级步都是活动步；

② 相应的转换条件得到满足。

一个转换在实现时必须完成以下两个操作：

① 使该转换所有的后续步都变为活动步；

② 使该转换所有的前级步都变为非活动步。

4）绘制顺序功能图的注意事项

（1）两个步不能直接相连，必须用一个转换将它们隔开。

（2）两个转换也不能直接相连，必须用一个步将它们隔开。

（3）顺序功能图中的初始步一般对应于系统等待启动的初始状态，初始步可能没有动作，但一个顺序功能图中，初始步是必不可少的。

（4）一个自动控制系统一般都是多次重复执行同一工艺过程，因此在顺序功能图中一般应有由步和有向连线组成的闭环。

（5）在顺序功能图中，只有当某一步的前级步是活动步时，该步才有可能变成活动步。因为在 PLC 进入 RUN 工作方式时各步均处于非活动步状态，因此必须用初始化信号作为转换条件将初始步预置为活动步（S7–200 PLC 中一般使用 SM0.1 的常开触点作为初始化转换条件将初始步预置为活动步），否则因顺序功能图中没有活动步，系统将永远无法工作。

3. 顺序功能图举例

图 3.17（a）所示为液压滑台示意图，图 3.17（b）所示为其一个工作周期示意图，图 3.17（c）所示为液压滑台运动控制的通用顺序功能图，图 3.17（d）所示为使用 S7–200 PLC 对液压滑台进行控制的专用顺序功能图。液压滑台液压元件动作如表 3.9 所示，液压滑台控制 PLC I/O 分配如表 3.10 所示。

液压滑台初始状态为在左边原位停止，当按下启动按钮 SB 后开始向右快速前进（快进），碰到行程开关 SQ1 后变为向右按工作速度进给（工进），碰到行程开关 SQ2 后暂停 5 s，暂停完成后，变为向左快速后退（快退），碰到行程开关 SQ3 后回到原位停止状态，一个工作循环结束。

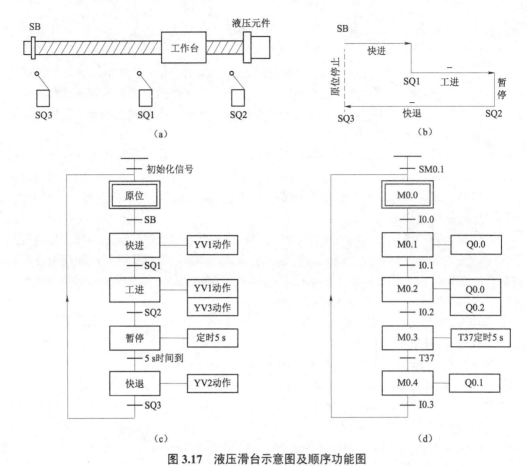

图 3.17 液压滑台示意图及顺序功能图

（a）液压滑台示意图；（b）液压滑台一个工作周期示意图；（c）液压滑台通用顺序功能图；（d）液压滑台专用顺序功能图

表 3.9 液压滑台液压元件动作

工步元件	YV1	YV2	YV3
原位	—	—	—
快进	＋	—	—
工进	＋	—	＋
快退	—	＋	—

表 3.10 液压滑台控制 PLC I/O 分配

输入			输出		
设备	设备	输入点	设备	设备	输出点
启动按钮	SB	I0.0	液压元件	YV1	Q0.0
行程开关	SQ1	I0.1	液压元件	YV2	Q0.1
行程开关	SQ2	I0.2	液压元件	YV3	Q0.2
行程开关	SQ3	I0.3			

3.2.2 顺序功能图的结构

根据顺序功能图中的序列有无分支及转换实现的不同,其基本结构形式有三种:单序列、选择序列和并行序列,所有顺序功能图都是由这三种基本结构复合构成。

1. 单序列

如果顺序功能图中一个序列的各步依次变为活动步,则此序列称为单序列。在单序列顺序功能图中,每一个步后面仅有一个转换,而每个转换后面也仅有一个步,如图 3.18(a)所示。

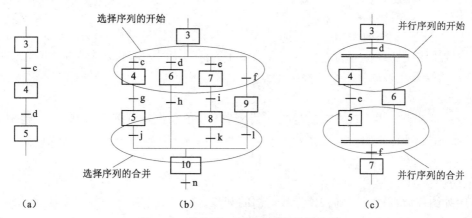

图 3.18 单序列、选择序列和并行序列
(a)单序列;(b)选择序列;(c)并行序列

2. 选择序列

选择序列是指在顺序功能图中某一步的后面有若干个单序列等待选择,一次只能选择一个序列进入。

在选择序列的开始处需要画一条单水平线表示选择序列的开始,各序列的转换及转换条件只能标在选择序列开始的水平线之下,如图 3.18(b)上半部所示。如果步 3 是活动步,当转换条件 c 满足时,则从步 3 转到步 4,然后沿着步 4 所在的序列依次向下进展;当转换条件 d 满足时,则从步 3 转到步 6,并沿着步 6 所在的序列依次向下进展;以此类推,步 3 也可以转到步 7 或步 9,并沿着步 7 或步 9 所在的序列依次向下进展。但是一次只能选择一个序列,即当步 3 为活动步时,转换条件 c、d、e、f 是互斥的,最多只能有一个成立。

在选择序列的结束处也要画一条单水平线表示几个选择序列合并到一个公共序列上,各序列的转换及转换条件只能标在选择序列结束的水平线之上,如图 3.18(b)下半部所示。在图 3.18(b)的下半部,如果最左边序列的步 5 是活动步且转换条件 j 成立,则由步 5 转到步 10;如果从左边数第二个序列的步 6 是活动步且转换条件 h 成立,则由步 6 转到步 10;其余可以此类推。

3. 并行序列

并行序列是指在顺序功能图中某一转换实现时,有若干个序列被同时激活,也就是同步实现,这些被同时激活的序列称为并行序列。并行序列表示的是系统中同时工作的几个独立部分的工作状态。

在并行序列的开始处需要画一条双水平线表示并行序列的开始,且转换和转换条件只允许标在表示并行序列开始的双水平线上方，如图 3.18（c）上半部所示。当步 3 是活动步，且转换条件 d 成立时，则步 4 和步 6 会同时变为活动步，而步 3 则变为非活动步。

在并行序列的结束处也需要画一条双水平线表示几个并行序列合并到一个公共序列上，且转换和转换条件只允许标在表示并行序列结束的双水平线下方，如图 3.18（c）下半部所示。如果左边序列的步 5 和右边序列的步 6 都是活动步，且转换条件 f 成立，则步 7 成为活动步，步 5 和步 6 同时成为非活动步。

4. 几种特殊结构的顺序功能图

1）跳步

在生产过程中，有时要求在一定条件下停止执行某些原定动作，可用图 3.19（a）所示的跳步序列。这是一种特殊的选择序列，当步 1 为活动步时，若转换条件 f 成立，则跳过步 2、步 3 而直接转入步 4。

2）重复

在一定条件下，生产过程需重复执行某几个工步的动作，可按图 3.19（b）绘制顺序功能图。它也是一种特殊的选择序列，当步 4 为活动步时，若转换条件 e 不成立而 h 成立，序列返回到步 3，重复执行步 3、步 4，直到转换条件 e 成立才转入步 7。

3）循环

在序列结束后直接返回到初始步或前面的某步，就形成了循环，如图 3.19（c）所示。

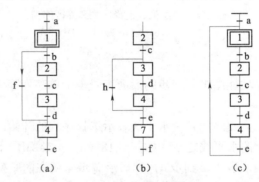

图 3.19 跳步、重复和循环
(a) 跳步；(b) 重复；(c) 循环

3.2.3 顺序功能图转换为梯形图程序的方法

根据顺序控制系统的功能要求设计出专用顺序功能图后，可以很方便地将其转换为 PLC 的梯形图程序。对于 S7-200 PLC，顺序功能图转换为梯形图程序的常用方法有 3 种，分别为：使用置位/复位指令的方法（又称以转换为中心的方法）、使用"启保停"程序的方法（又称以步为中心的方法）和使用 S7-200 顺序控制指令的方法。

1. 使用置位/复位指令转换的方法

使用置位指令 S 和复位指令 R 将顺序功能图转换为梯形图程序时需要分两步进行：第一步为控制电路的编程，第二步为输出电路的编程。控制电路的编程主要完成步与步之间的转换的编程，输出电路的编程主要完成与步对应的动作的编程。

下面以图 3.20 所示顺序功能图分别加以说明。

1）控制电路的编程

根据前面讲的"顺序功能图中转换实现的规则"可知，转换实现的前提条件是它的前级步为活动步，且相应的转换条件得到满足；另外转换一旦实现，则该转换的前级步就变为非活动步，后级步变为活动步。下面具体以图 3.20 中步 M0.0 到 M0.1 的转换为例进行说明。图 3.20 中，步 M0.1 成为活动步的前提条件是步 M0.0 为活动步且步 M0.0 到步 M0.1 的转换条件 I0.0 有输入，又因为步 M0.1 一旦成为活动步，步 M0.0 就要成为非活动步，所以可以通过将 M0.0 和 I0.0 的常开触点串联作为置位和复位指令执行的条件，使用置位指令将步 M0.1 置位，使用复位指令将步 M0.0 复位，从而使步 M0.1 变成为活动步，步 M0.0 变为非活动步。综上所述，使用置位/复位指令将步 M0.0 到步 M0.1 的转换转换为梯形图程序如图 3.21 所示。

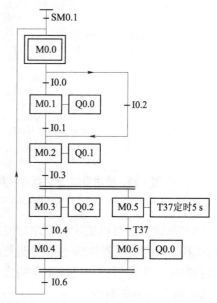

图 3.20 具有选择分支和并行序列的顺序功能图

通过上述分析，结合图 3.21，可以总结出使用置位/复位指令进行控制电路编程的要点：

（1）找出顺序功能图中的所有转换和对应的转换条件。

（2）顺序功能图中的每个转换都对应着一个由置位和复位指令构成的网络，其结构如下：用代表本转换前级步的存储器位的常开触点与本转换对应的转换条件（转换条件可能是若干个触点的串并联）串联作为置位/复位指令执行的条件，将本转换的后级步对应的存储器位置位，前级步对应的存储器位复位。

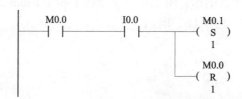

图 3.21 使用置位/复位指令进行控制电路的编程

（3）如果一个转换正好对应某个并行序列的开始，则该转换会有多个后级步。根据并行序列开始的定义，此时需要将该转换的所有后级步对应的存储器位都置位，在启动并行序列的同时开始工作。如图 3.20 所示顺序功能图中步 M0.2 后面的那个转换（转换条件为 I0.3）就是这种情况，其对应的梯形图程序如图 3.22（a）所示。

（4）如果一个转换正好对应某个并行序列的合并，则该转换会有多个前级步。根据并行序列结束的定义，此时需要将该转换所有前级步对应的存储器位的常开触点和该转换对应的转换条件串联作为置位/复位指令执行的条件，将该转换所有的前级步对应的存储器位都复位。图 3.20 所示顺序功能图中步 M0.0 前面的那个转换（转换条件为 I0.6）就是这种情况，其对应的梯形图程序如图 3.22（b）所示。

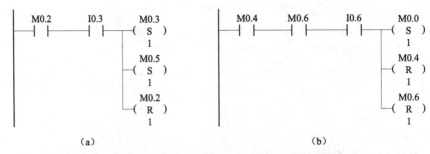

图 3.22 使用置位/复位指令对具有并行序列的顺序功能图的控制电路进行编程
(a) 并行序列开始处的转换编程；(b) 并行序列结束处的转换编程

通过上述方法可以依次将顺序功能图中的所有转换转换为梯形图程序，从而完成控制电路的编程。因为使用置位/复位指令进行控制电路编程时是以顺序功能图中的转换为基础，每个转换对应一个由置位和复位指令构成的网络，所以该方法也称"以转换为中心"的方法。

2）输出电路的编程

输出电路的编程主要完成顺序功能图中与步对应的动作的编程。顺序功能图中与步对应的动作分为非保持型动作和保持型动作，下面分别加以介绍。

（1）非保持型动作的编程。

对于非保持型动作的编程，可以分为两种情况来处理：

① 某个动作仅在某一步中有，其他步中没有。此时直接用代表该步的存储器位的常开触点驱动该步的动作即可。图 3.20 中步 M0.2 的动作 Q0.1、步 M0.3 的动作 Q0.2 及步 M0.5 的动作定时器 T37 定时 5 s 就属于这种情况，转换为梯形图程序如图 3.23（a）所示。

② 某个动作在几个步中都有。为了避免双线圈输出，此时应将代表这几个步的存储器位的常开触点并联后再驱动该动作。图 3.20 中步 M0.1 和步 M0.6 的动作 Q0.0 就属于这种情况，转换为梯形图程序如图 3.23（b）所示。

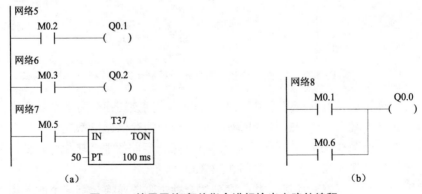

图 3.23 使用置位/复位指令进行输出电路的编程
(a) 某个动作仅在某一步中有，其他步中没有时的编程方法；(b) 同一个动作在几个步中都有的编程方法

（2）保持型动作的编程。

对于保持型动作，在转换为梯形图程序时一般使用置位和复位指令进行编程，此时只要使用

代表步的存储器位的常开触点作为置位和复位指令执行的条件，执行相应的置位、复位指令即可。

2. 使用"启保停"程序转换的方法

在顺序控制系统中，各步按照顺序先后成为活动步和非活动步，犹如电动机按顺序地接通和断开，因此可以像处理电动机长动控制的启动、保持、停止那样，使用典型的"启保停"程序将顺序功能图转换为梯形图程序。

与使用置位/复位指令转换的方法类似，使用"启保停"程序的方法将顺序功能图转换为梯形图程序时也需要分两步进行：第一步为控制电路的编程，第二步为输出电路的编程，其含义与使用置位/复位指令转换方法相同。

下面仍然以图 3.20 所示顺序功能图为例分别加以说明。

1）控制电路的编程

具体以图 3.20 中的步 M0.1 为例说明。步 M0.1 成为活动步的前提条件是步 M0.0 是活动步，且步 M0.0 到步 M0.1 的转换条件 I0.0 有输入。因为在程序运行过程中，代表步的存储器位为 1 时表示该步是活动步，为 0 时表示该步是非活动步，所以在梯形图中应将 M0.0 和 I0.0 的常开触点串联后作为控制步 M0.1 的启动条件。又通过分析可知，"启保停"程序的启动条件只能接通一个扫描周期，因此必须使用有记忆功能的保持电路来保持 M0.1 在该步为活动步时始终为 1 状态，也即需要将 M0.1 的常开触点和由 M0.0、I0.0 的常开触点串联组成的启动条件相并联。又因为步 M0.1 成为非活动步的条件是其后级步 M0.2 成为活动步，因此应将 M0.2=1 作为控制步 M0.1 的停止条件，即应将 M0.2 的常闭触点与 M0.1 的线圈串联。综上所述，使用"启保停"程序将步 M0.1 转换为梯形图程序后如图 3.24 所示。

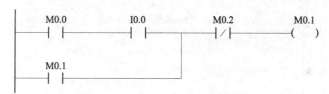

图 3.24 使用"启保停"程序将步 M0.1 转换为梯形图程序

在图 3.24 中，也可以用步 M0.1 到步 M0.2 的转换条件 I0.1 的常闭触点来代替 M0.2 的常闭触点作为"启保停"程序的停止条件。但是当转换条件是由多个信号的与、或、非逻辑运算组合而成时，需要将它们的逻辑表达式求反，经过逻辑代数运算后再将对应的触点串并联作为"启保停"程序的停止条件，不如使用后级步对应的常闭触点来得简单。

通过上述分析，结合图 3.24，可以总结出使用"启保停"程序进行控制电路编程的要点：

（1）找出顺序功能图中每一步的前级步和后级步及前级步到本步的转换条件。

（2）顺序功能图中的每个步都对应着一个由启保停程序构成的网络，其结构如下：

① 用代表前级步的存储器位的常开触点和前级步到本步的转换条件（转换条件可能是若干个触点的串并联）串联作为启动条件。对于有选择序列的顺序功能图，如果该步正好是某选择序列合并后的第一个步，则该步会有多个前级步，此时应先将代表每个前级步的存储器位的常开触点和此前级步到本步的转换条件串联后再并联作为启动条件，图 3.20 所示顺序功能图的步 M0.2 就是这种情况，其对应的梯形图程序如图 3.25（a）虚线框所示；对于有并行序列的顺序功能图，如果该步正好是某并行序列合并后的第一个步，则该步也会有多个前

级步，此时应将所有代表前级步的存储器位的常开触点和前级步到本步的转换条件串联作为启动条件，图3.20所示顺序功能图的步M0.0就是这种情况，同时步M0.0还是一选择序列合并后的第一个步，其对应的梯形图程序如图3.25（b）虚线框所示。

② 用代表本步的存储器位的常开触点和启动条件并联作为保持。

③ 用代表后级步的存储器位的常闭触点作为停止条件。对于有并行序列的顺序功能图，如果该步正好是某个并行序列开始前的步，则该步会有多个后级步，此时可以将所有代表后级步的存储器位的常闭触点串联作为停止条件，也可以只将其中一个后级步的存储器位的常闭触点作为停止条件，图3.20所示顺序功能图的步M0.2就是这种情况，其对应的梯形图程序如图3.25（a）实线框所示；对于有选择序列的顺序功能图，如果该步正好是某个选择序列开始前的步，则该步会有多个后级步，此时应将所有代表后级步的存储器位的常闭触点串联作为停止条件，图3.20所示顺序功能图的M0.0步就是这种情况，其对应的梯形图程序如图3.25（b）实线框所示。

④ 用代表本步的存储器位的线圈作为"启保停"程序最右侧的线圈。

通过上述方法，可以依次将顺序功能图中的所有步转换为梯形图程序，从而完成控制电路的编程。因为使用"启保停"程序进行控制电路的编程时是以顺序功能图中的步为基础，每个步对应一个网络的"启保停"程序，所以该方法也可以称为"以步为中心"的转换方法。

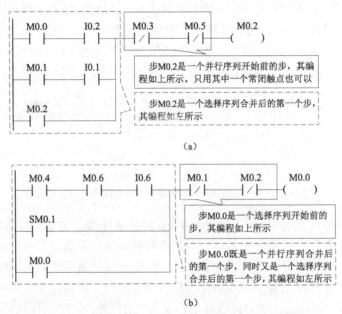

图3.25　使用"启保停"程序进行控制电路编程的要点
(a) 步M0.2 转换为梯形图程序；(b) 步M0.0 转换为梯形图程序

说明：仅由两个步组成的小闭环的处理。

图3.26（a）所示的顺序功能图中有一个仅由两个步M0.2和M0.3组成的小闭环，对于这种情况，使用"启保停"程序转换成的梯形图程序不能正常工作。例如，在M0.2和I0.2的常开触点均闭合接通时，M0.3的启动电路应该接通，但这时与M0.3的线圈串联的M0.2的常闭触点是断开的，所以M0.3的线圈不可能"通电"。其根本原因在于二者互为前级步，同时又互为后级步。解决这一问题的方法就是对顺序功能图进行改造，通过在二者之间插入

一个空步,打破二者互为前级步的同时又互为后级步的状况,就不会再出现问题了。插入空步 M2.0 改造后的顺序功能图如图 3.26(b)所示。

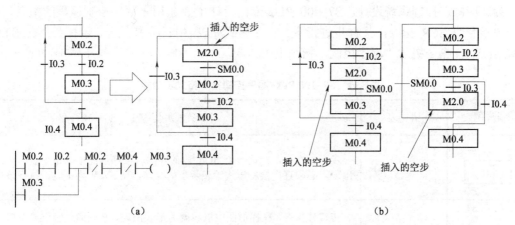

图 3.26 仅由两个步组成的小闭环的处理
(a)仅由两步小闭环组成的顺序功能图;(b)插入空步改造后的顺序功能图

2)输出电路的编程

输出电路的编程与使用置位/复位指令的方法完全相同。需要说明的是如果某个动作仅在某一步中有,其他步中没有,如图 3.20 中步 M0.2 的动作 Q0.1 及步 M0.3 的动作 Q0.2 就属于这种情况。此时还可以采用另外一种方法对动作进行编程:将步的动作与控制电路中对应步的"启保停"程序中表示步的存储器位的线圈并联,如将 Q0.1 的线圈与控制电路中对应步的存储器位 M0.2 的线圈并联,Q0.2 的线圈与控制电路中对应步的存储器位 M0.3 的线圈并联。步 M0.5 的动作是通电延时型定时器 T37 定时 5 s,它虽然不是线圈,但也可以将其与控制电路中对应步的存储器位 M0.5 的线圈并联,具体如图 3.27 所示。

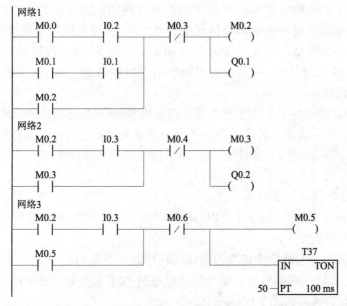

图 3.27 某个动作仅在某一步中有的另外一种编程方法

3. 使用 S7-200 PLC 顺序控制指令转换的方法

1) S7-200 PLC 的顺序控制指令

为适应顺序控制系统设计，S7-200 PLC 专门设计了 3 条用于顺序控制编程的指令，简称顺控指令或 SCR 指令，又称步进指令，指令格式如表 3.11 所示。这三条指令都在 STEP 7-Micro/WIN 指令树的"程序控制"指令组中。

表 3.11　S7-200 PLC 顺序控制指令格式及功能

梯形图	语句表	梯形图功能说明
???　SCR	LSCR　SX.Y	步开始指令，标记一个 SCR 段的开始。在梯形图中以指令盒的形式出现，必须直接接左母线。表示步的存储器位 SX.Y 为 1 时，执行该步
???　—(SCRT)	SCRT　SX.Y	步转移指令，在梯形图中以线圈的形式出现，必须通过触点接左母线（触点为本步到下一步的转换条件）。当左母线的"能流"能通过闭合的触点流到本指令的线圈处时（即转换条件成立时），使本步成为非活动步，并转到步 SX.Y，即 SX.Y 成为活动步
—(SCRE)	SCRE	步结束指令，标记一个 SCR 段的结束。在梯形图中以线圈的形式出现，必须直接接左母线

说明：在使用顺序控制指令时应注意以下两点：

① 顺控指令的操作数只能是顺序控制继电器存储区的位 SX.Y。即使用顺控指令进行编程时，顺序功能图中必须使用 SX.Y 作为步的名称。

② 在由 LSCR 和 SCRE 指令组成的一个 SCR 段中不能使用 JMP、LBL、FOR、NEXT 和 END 指令。

2) S7-200 PLC 顺控指令编程举例

此处仍然以图 3.20 所示的顺序功能图为例进行编程。因为在 S7-200 PLC 中，顺控指令的操作数只能是顺序控制继电器存储区的位 SX.Y，所以在进行编程前需要对图 3.20 所示的顺序功能图进行改写，将表示步的位由 MX.Y 改为 SX.Y，改写后的顺序功能图如图 3.28（a）所示。图 3.28（b）所示为使用顺控指令将图 3.28（a）所示的顺序功能图进行转换后的梯形图程序。

在图 3.28（b）的网络 1 中除了利用置位指令将 S0.0 置为活动步外，还利用复位指令将 S0.1 开始的 6 个位全部清零，其目的是为了保证系统刚开始运行时，只有初始步为活动步，其他所有步全部为非活动步。这种思想同样可以用于使用置位/复位指令的转换方法和"启保停"程序的转换方法。

3) S7-200 PLC 顺控指令编程总结

结合表 3.11 和图 3.28 可以得出，在使用 S7-200 PLC 的顺控指令将顺序功能图转换为梯形图程序时的编程要点如下：

（1）顺序功能图中的每个步转换为梯形图程序时一般都对应一个由 LSCR 指令标记开始，由 SCRE 指令标记结束的包含若干个网络组成的 SCR 程序段，该步对应的动作和该步到下一步的转换一般都包括在这个程序段中。

（2）如果某个动作只属于某一个步，其他步没有，则该动作可以在该步对应的程序段内编程，也可以在该步的程序段外编程。建议在该步对应的程序段内编程，这样程序的整体性和可读性更强。在步的程序段外编程时，需要用代表该步的存储器位的常开触点驱动动作。如图 3.28（a）中的动作 Q0.1，只在步 S0.2 中有输出，其他步没有输出，则其编程既可以采用图 3.29（a）所示方法，也可以采用图 3.29（b）所示方法。

（3）如果某个动作在若干个步都有，则该动作不能在任何步所对应的程序段内编程，必须在所有程序段外将具有该动作的所有步的存储器位的常开触点并联后再驱动该动作。如图 3.28（a）中的动作 Q0.0，在 S0.1 和 S0.6 这两个步都有输出，则必须采用图 3.28（b）所示网络 22 方法对该动作进行编程。

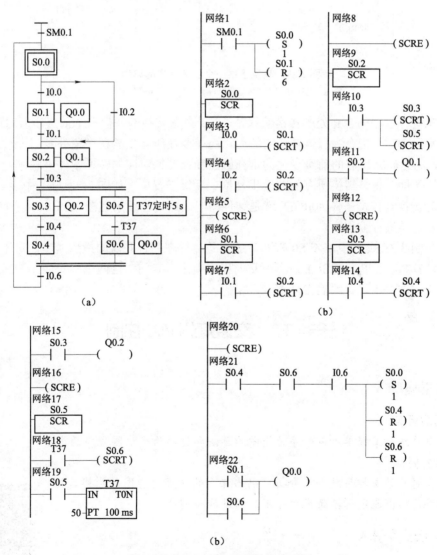

图 3.28 S7–200 PLC 顺控指令应用
（a）顺序功能图；（b）梯形图程序

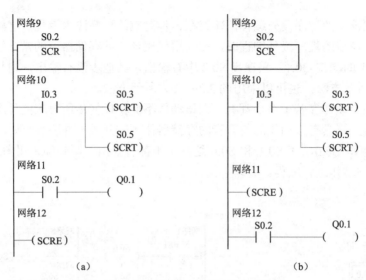

图 3.29 只属于某一个步的动作的编程
(a) 动作在程序段内编程; (b) 动作在程序段外编程

(4) 在对并行序列合并处的转换编程时，不能在该转换的任何一个前级步所对应的 SCR 程序段内使用 SCRT 指令进行该转换的编程，而是要在所有步的程序段外专门设置一个置位复位网络，将该转换所有的前级步位的常开触点和该转换对应的转换条件串联作为置位复位指令执行的条件，将该转换所有的前级步复位、后级步置位。如图 3.28（a）中步 S0.4 和步 S0.6 后面的转换（转换条件为 I0.6）就是这种情况，此时必须采用图 3.28（b）中网络 21 所示方法对该转换进行编程。

(5) 在图 3.28（a）中，步 S0.4 和步 S0.6 是并行序列合并前的最后两步，对于这种步，编程时可以省略，所以在图 3.28（b）所示的程序中没有专门与这两个步对应的 SCR 程序段。但需要注意，这些步包含的动作是不能省略的。

任务 3.3 交通灯的 PLC 控制

 **教学目标**

1. 知识目标
进一步熟悉和掌握单流程顺序功能图的画法和转换为梯形图程序的方法。

2. 能力目标
能对较简单的顺控系统进行分析，画出相应的顺序功能图并能将其转换为梯形图程序；能进行较简单顺控系统的设计和调试。

3.3.1 任务引入

图 3.30 所示为十字路口交通灯示意图及时序图，假设交通灯使用一个 LED 灯模拟。控制要求如下：当按下启动按钮后，先是南北向红灯和东西

任务说明之交通灯的 PLC 控制

向绿灯同时亮 20 s；然后东西向绿灯灭，南北向红灯和东西向黄灯按 1 Hz 的频率闪烁 4 s；然后南北向红灯和东西向黄灯灭，南北向绿灯和东西向红灯同时亮 20 s；最后南北向黄灯和东西向红灯按 1 Hz 的频率闪烁 4 s 后灭，重新进行下一个循环。任何时刻按下停止按钮，所有灯全灭。请使用 S7–200 PLC 完成交通灯的控制。

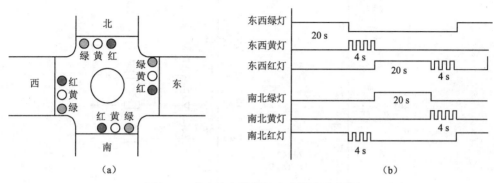

图 3.30　十字路口交通灯示意图及时序图
（a）交通灯示意图；（b）交通灯时序图

3.3.2　任务分析

对上述交通灯控制要求分析可以看出，这是一个典型的顺序控制系统，如果使用传统的经验设计法来实现，编写程序时很容易引起思路混乱，会使程序变得复杂且难以调试；使用顺控系统设计法会使系统设计和程序编写变得简单明了，易于调试，从而提高效率。

3.3.3　任务实施

因为输出控制的是 LED 灯，需要直流供电，功率较小，且系统工作时，LED 灯的亮灭比较频繁，所以本任务选用 S7–200 CPU 222 DC/DC/DC 作为控制器。

1. I/O 分配表

交通灯控制的 PLC I/O 分配表如表 3.12 所示。

表 3.12　交通灯控制 PLC I/O 分配表

输入			输出		
设　备		输入点	设　备		输出点
启动按钮	SB1	I0.0	东西向绿灯	VD1	Q0.0
停止按钮	SB2	I0.1	东西向黄灯	VD2	Q0.1
			东西向红灯	VD3	Q0.2
			南北向绿灯	VD4	Q0.3
			南北向黄灯	VD5	Q0.4
			南北向红灯	VD6	Q0.5

2. PLC 接线图

交通灯控制系统 PLC 接线图如图 3.31 所示。

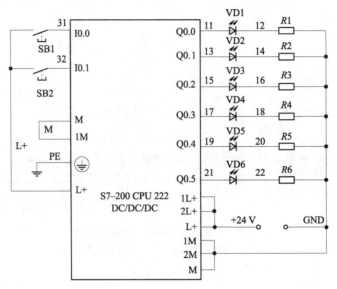

图 3.31　交通灯控制系统 PLC 接线图

3. 控制程序设计

根据系统要求和表 3.12 所列的 PLC I/O 分配表，画出顺序功能图，如图 3.32 所示。为了能使用 S7–200 PLC 的顺控指令将顺序功能图转换为梯形图程序，顺序功能图中使用 SX.Y 作为步的名称。另外，为了进一步熟悉顺序功能图转梯形图程序的方法，特使用前面讲的三种方法将顺序功能图转换为梯形图程序，如图 3.33 所示。

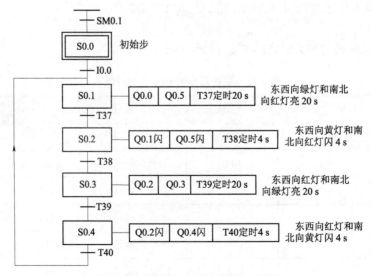

图 3.32　交通灯控制系统顺序功能图

图 3.33 所示的三个程序中，网络 1 的程序都是相同的，其作用是利用初始化脉冲 SM0.1 或按下停止按钮时将代表初始步的位置为 1（即将初始步置为活动步），同时将除初始步以外的其他所有步的位全部清零（即将其他步全部置为非活动步），以保证 PLC 在由 STOP 转为 RUN 工作方式或按下停止按钮停止系统运行后只有初始步为活动步，其他步全部为非活动步，有效避免了系统可能出现同时有多个步为活动步的非正常状态，保证了系统按启动按钮时能从初始状态开始运行。另外，经过这样处理后，除初始步外，系统中其他步的非保持型动作也会同时停止。需要注意的是，如果步中有保持型动作，则还需要在程序中利用停止按钮的触点和复位指令将所有的保持型动作清零，以保证系统处于停止状态。

这种对系统初始化和停止的处理方式大大简化了顺控系统的程序设计，具有普遍的参考意义。

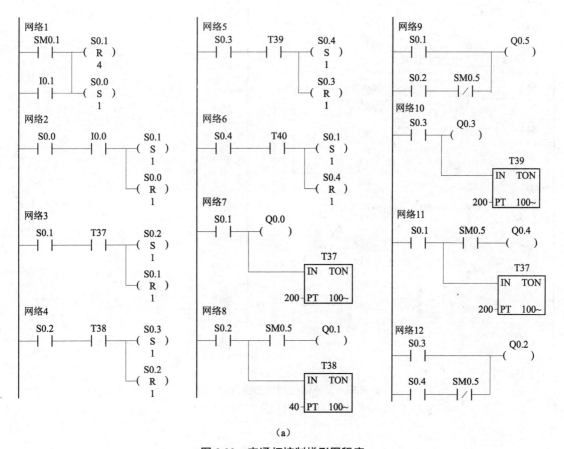

(a)

图 3.33 交通灯控制梯形图程序

(a) 使用置位复位指令转换的梯形图程序

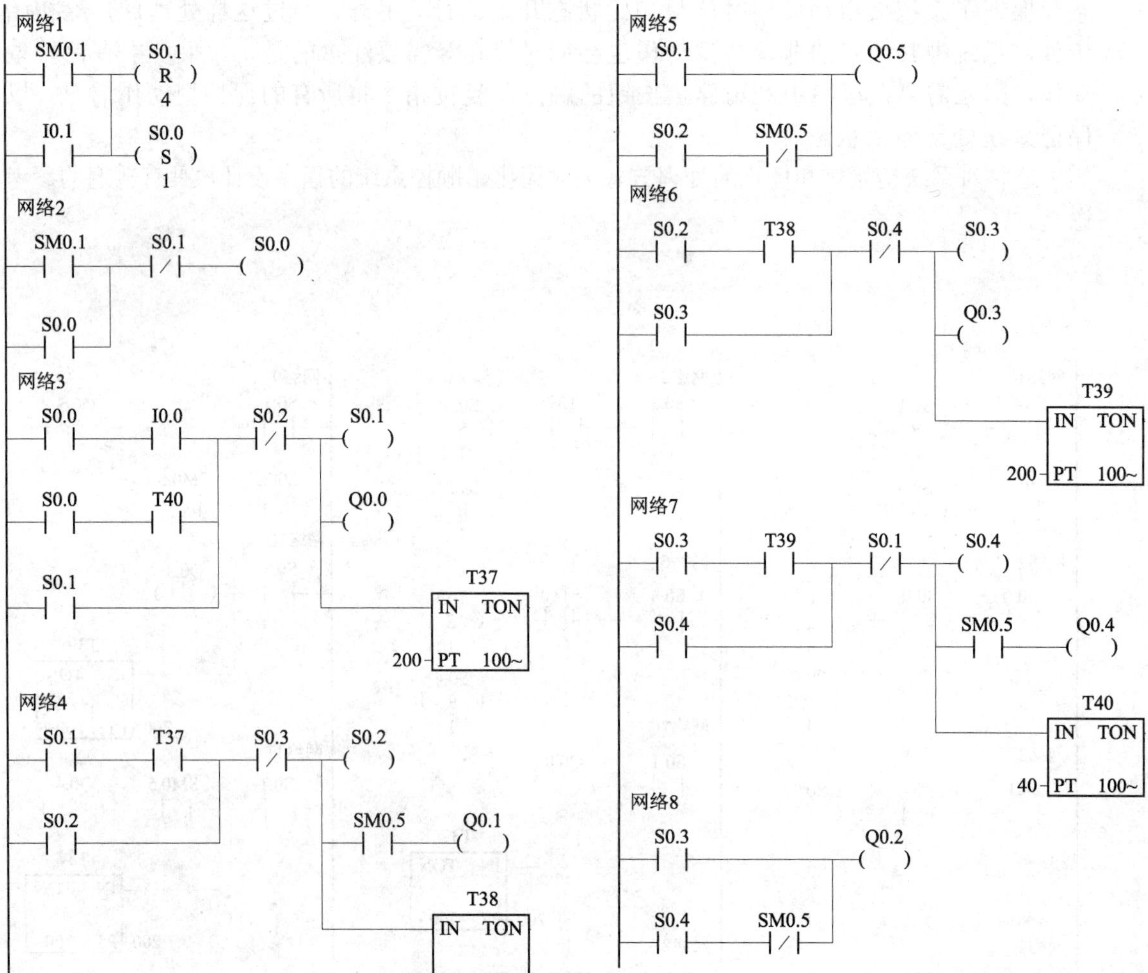

(b)

图 3.33　交通灯控制梯形图程序（续）
（b）使用"启保停"程序转换的梯形图程序

项目 3 顺序控制系统的 PLC 控制

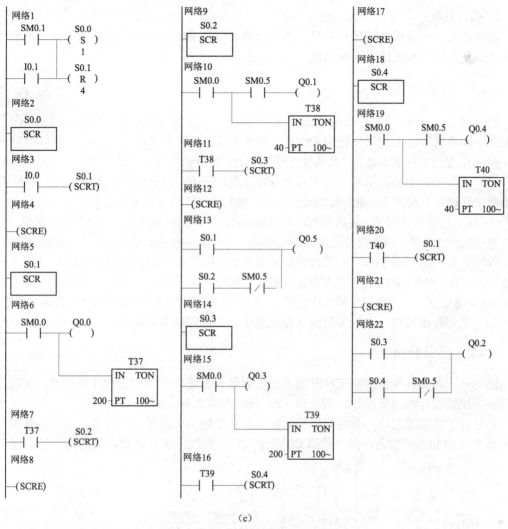

图 3.33 交通灯控制梯形图程序（续）

（c）使用 S7-200 PLC 顺控指令转换的梯形图程序

4. 系统调试

（1）按照图 3.31 所示 PLC 接线图完成接线并确认接线正确。

（2）打开 STEP 7–Micro/WIN 软件，新建项目并输入程序。编译通过后，接通电源，下载程序到 PLC 中，监控程序运行状态，分析程序运行结果，进行系统调试，直至满足系统的控制要求。

任务 3.4 组合钻床的 PLC 控制

1. 知识目标

进一步熟悉和掌握较复杂顺序功能图的画法和转换为梯形图程序的方法。

117

2. 能力目标

能对较复杂的顺控系统进行分析，画出相应的顺序功能图并能将其转换为梯形图程序；能进行较复杂顺控系统的设计和调试。

3.4.1 任务引入

图 3.34（a）所示为由 S7–200 PLC 控制的组合钻床及顺序功能图，主要用来加工圆盘状零件上均匀分布的 6 个孔。控制要求如下：

（1）在进行工件加工之前，系统处于初始状态，两个钻头在最上面位置。

（2）在系统处于初始状态，操作人员放好工件，按下启动按钮后，系统开始对工件进行自动加工。钻床首先通过二位五通的双控气动电磁阀将待加工的工件夹紧；工件被夹紧后，钻床的大、小钻头同时向下对工件进行加工，钻头升降采用二位五通的单控电磁阀控制，钻头旋转通过电动机带动；当大、小钻头加工完一对孔，回到上限位后，工作台带动工件自动旋转 120°，工作台旋转通过电动机带动；工作台旋转到位后，重复上述过程钻第二、第三对孔；直至三对孔都加工完成后，松开工件，返回初始状态，等待操作人员按启动按钮后，进行下一个工件加工的工作循环。电磁阀和继电器线圈全部采用+24 V 直流电源供电。

（3）在运行过程中，可以随时按下停止按钮，立即停止系统运行。

3.4.2 任务分析

因为钻床对圆盘零件的加工在时间上是按照预先设定动作的先后次序进行的，所以可以使用顺序控制设计法进行设计，图 3.34（b）所示为与其对应的顺序功能图。

在进行工件加工之前，系统处于初始状态，两个钻头应在最上面位置，上限位开关所接输入点 I0.3 和 I0.5 有输入，减计数器 C0 用于对钻孔的次数进行计数，其初始值设定为 3。

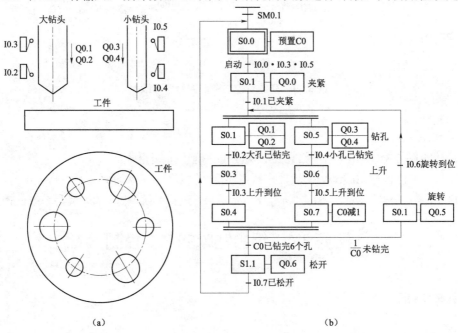

图 3.34 由 S7-200 PLC 控制的组合钻床及顺序功能图

（a）组合钻床示意图；（b）组合钻床顺序功能图

该组合钻床加工系统的工作过程如下：操作人员放好工件后，按下启动按钮（其常开触点接 I0.0）后，系统开始对工件进行加工（为了保证加工工件前大小钻头全部在上限位置，在初始步 S0.0 到下一步 S0.1 的转换条件中加上了 I0.3 和 I0.5 这两个条件），此时系统由初始步 S0.0 转到步 S0.1。在 S0.1 这步，Q0.0 有输出，使钻床将待加工的工件夹紧。工件被夹紧后，工件夹紧限位开关所接输入点 I0.1 有输入，系统由步 S0.1 同时转到步 S0.2 和步 S0.5，并行序列开始工作。在步 S0.2 和步 S0.5 成为活动步后，Q0.1、Q0.2 及 Q0.3、Q0.4 有输出，钻床的大、小钻头同时向下对工件进行加工。当大钻头加工到由下限位开关（其常开触点接 I0.2）设定的深度后，钻头停止向下，转入步 S0.3，Q0.1、Q0.2 没有输出，大钻头停止旋转并开始向上提升，上升到上限位时，I0.3 有输入，大钻头停止上升，进入等待步 S0.4。当小钻头加工到由下限位开关（其常开触点接 I0.4）设定的深度后，钻头停止向下，转入步 S0.6，Q0.3、Q0.4 没有输出，小钻头停止旋转并开始向上提升，上升到上限位时，I0.5 有输入，小钻头停止上升，进入等待步 S0.7，同时计数器 C0 的当前值减 1。因为是加工第一对孔，C0 当前值不为 0，其对应的常闭触点闭合，并行序列结束并转到步 S1.0。在步 S1.0，Q0.5 有输出，使工作台带着工件旋转 120°，旋转到位后，I0.6 有输入，工作台停止旋转，又返回到步 S02 和步 S0.5，开始加工第二对孔。3 对孔加工完成后，计数器 C0 的当前值变为 0，其对应的常开触点闭合，进入步 S1.1，Q0.6 有输出，使工件松开，松开到位时，工件松开限位开关所接输入点 I0.7 有输入，系统返回初始步 S0.0，等待操作人员处理加工完的工件并放上新的工件，然后再按启动按钮进行下一个工作循环。

在图 3.34（b）所示的顺序功能中，为了加快速度，要求大、小两个钻头同时进行工件加工，所以采用由 S0.2~S0.4 和 S0.5~S0.7 两个单序列组成的并行序列来描述，此后两个单序列内部各步的状态转换是相互独立的。由前边的学习我们知道，只有当并行序列所包含的每个序列的最后一步都成为活动步时，并行序列才可能结束。在本例并行序列所包含的两个单序列中，当限位开关 I0.3 或 I0.5 有输入时表示大钻头或小钻头已钻孔完毕并提升到位，但是两个钻头一般不会同时提升到位，所以在大钻头钻孔和小钻头钻孔两个序列的最后分别设置了等待步 S0.4 和 S0.7，当 S0.4 和 S0.7 都成为活动步后，并行序列将会立即结束。

3.4.3 任务实施

根据控制要求，本任务选用 S7–200 CPU 224 DC/DC/DC 作为控制器。

1. I/O 分配表

组合钻床控制的 PLC I/O 分配如表 3.13 所示。

表 3.13 组合钻床控制 PLC I/O 分配

输入			输出		
设　备		输入点	设　备		输出点
启动按钮	SB1	I0.0	工件夹紧电磁阀线圈	YV1–1	Q0.0
停止按钮	SB2	I1.0	大钻头下降电磁阀线圈	YV2	Q0.1
工件夹紧限位开关	SQ1	I0.1	大钻头旋转电动机继电器	KA1	Q0.2
大钻头下限位开关	SQ2	I0.2	小钻头下降电磁阀线圈	YV3	Q0.3

续表

输入			输出		
设备	输入点		设备	输出点	
大钻头上限位开关	SQ3	I0.3	小钻头旋转电动机继电器	KA2	Q0.4
小钻头下限位开关	SQ4	I0.4	工作台旋转电动机继电器	KA3	Q0.5
小钻头上限位开关	SQ5	I0.5	工件松开电磁阀线圈	YV1-2	Q0.6
旋转到位限位开关	SQ6	I0.6			
工件松开限位开关	SQ7	I0.7			

2. PLC 接线图

组合钻床控制系统 PLC 接线图如图 3.35 所示。

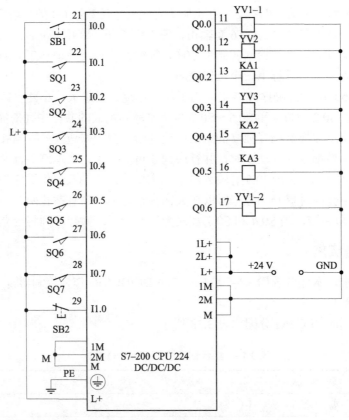

图 3.35　组合钻床控制系统 PLC 接线图

3. 控制程序设计

使用前面讲的三种方法将顺序功能图转换为梯形图程序，如图 3.36 所示。根据系统要求和表 3.13 所列的 PLC I/O 分配表，画出系统顺序功能图，如图 3.34（b）所示。

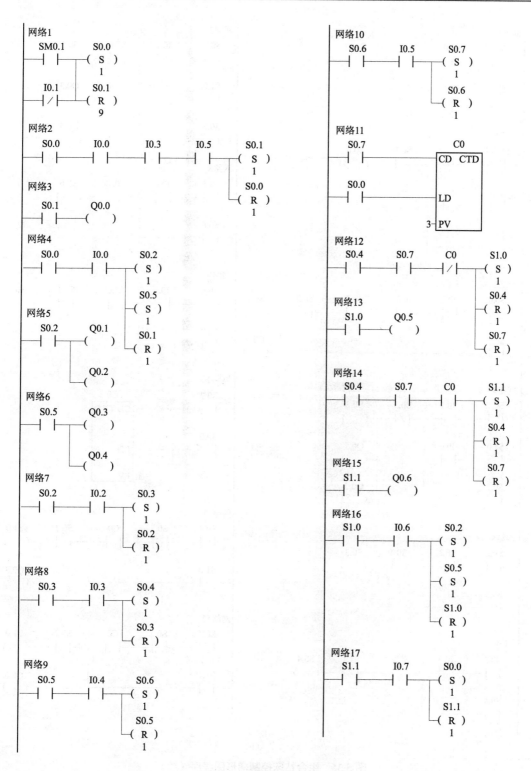

图 3.36 组合钻床控制梯形图程序
（a）使用置位复位指令转换的梯形图程序

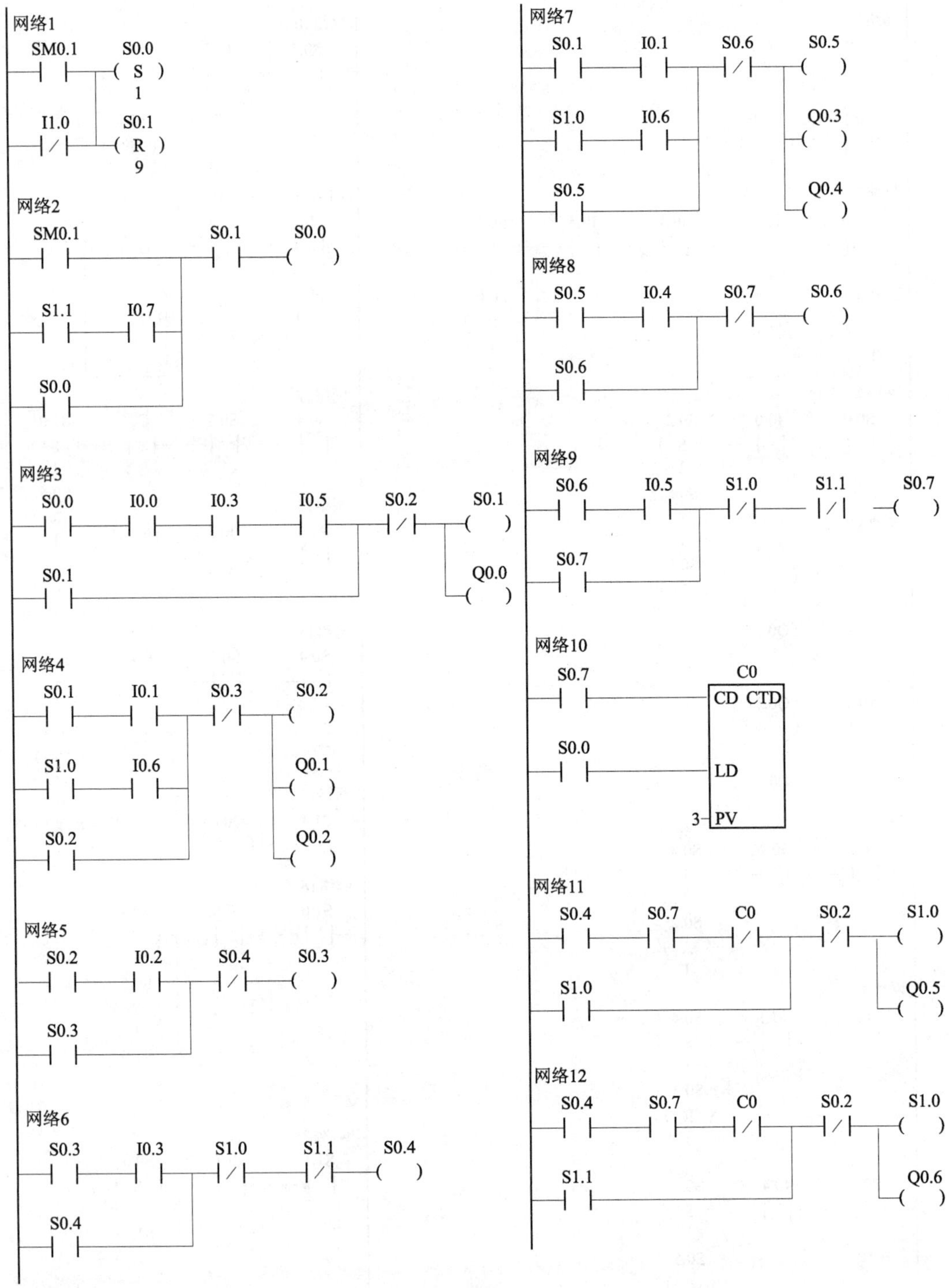

(b)

图 3.36 组合钻床控制梯形图程序（续）
(b) 使用"启保停"程序转换的梯形图程序

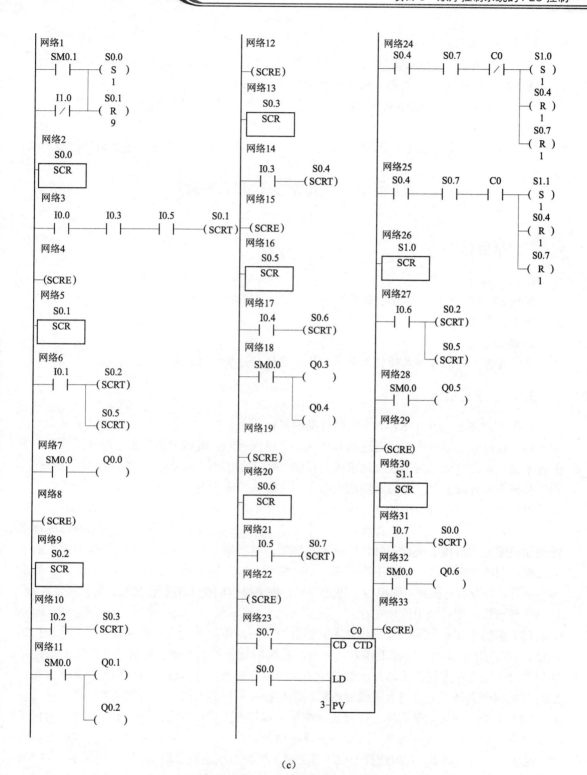

(c)

图 3.36 组合钻床控制梯形图程序（续）

（c）使用 S7-200 PLC 顺控指令转换的梯形图程序

4. 系统调试

（1）系统调试采用模拟调试法。用开关代替各种限位开关，用指示灯代替各种电磁阀和继电器线圈。按照 PLC 接线图完成接线并确认接线正确。

（2）打开 STEP 7–Micro/WIN 软件，新建项目并输入程序。编译通过后，接通电源，下载程序到 PLC 中。

（3）监控程序运行状态，分析程序运行结果，进行系统调试，直至满足系统的控制要求。

任务 3.5　机械手的 PLC 控制

1. 知识目标

掌握 S7–200 PLC 的程序控制类指令，掌握具有多种工作方式较为复杂的顺控系统的分析设计方法及设计思想。

2. 能力目标

能对具有多种工作方式的较复杂的顺控系统进行分析、设计和调试。

3.5.1　任务引入

如图 3.37 所示一个由 S7–200 PLC 控制的机械手，主要用来将工件从 A 点运到 B 点。机械手的左右移动采用一个二位五通的双控气动电磁阀控制；机械手的夹紧、松开及上升、下降各采用一个二位五通的单控气动电磁阀控制，相应的电磁阀线圈得电、机械手夹紧或下降，否则机械手松开或上升，电磁阀线圈全部采用 220 V 交流供电。控制要求如下：

（1）工作方式选择开关的 3 个位置分别对应于手动、单周期和连续 3 种工作方式。

（2）在手动工作方式下，操作面板左下部的 4 个按钮是手动控制按钮。按下操作面板上的夹紧按钮，则机械手夹紧工件，松开夹紧按钮，则机械手松开工件；按下操作面板上的下降按钮，则机械手下降，松开下降按钮，则机械手上升；按下操作面板上的右行按钮，则机械手右行，松开右行按钮，则机械手停止右行；按下操作面板上的左行按钮，则机械手左行，松开左行按钮，则机械手停止左行。

（3）机械手在最上面、最左边且夹紧装置松开时，称为系统处于原点状态（或称为初始状态）。在选择单周期、连续工作方式之前，系统应处于原点状态。如果不满足这一条件，可以选择手动工作方式，手动控制使机械手返回原点状态。具体过程为：先松开夹紧装置，然后使机械手上升，上升到上限位后，机械手左行，左行到左限位，返回原点完成。

（4）如果选择的是单周期工作方式，在原点状态按下启动按钮，从初始步开始，机械手按照"下降→抓紧工件→上升→右行→下降→松开工件→上升→左行"的顺序完成一个周期后，返回并停留在原点。如果选择连续工作方式，在原点状态按下启动按钮，机械手按照"下降→抓紧工件→上升→右行→下降→松开工件→上升→左行"的顺序周期性地反复连续工作。在单周期或连续工作方式时，按下停止按钮，机械手并不立即停止工作，而是在完成当前工作周期后才返回并停留在原点状态。

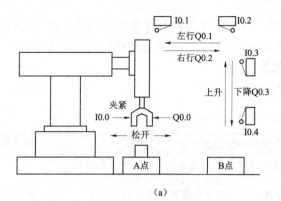
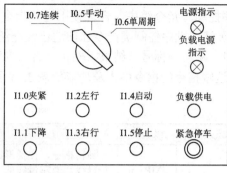

图 3.37 由 S7-200 PLC 控制的机械手
(a) 机械手示意图；(b) 机械手操作面板

3.5.2 任务分析

为了满足生产需要，很多工业设备要求设置多种工作方式，如手动工作方式和自动工作方式，自动工作方式又可以细分为连续、单周期、单步和自动返回初始状态等。如何实现多种工作方式并存，并将它们融合到一个程序中，是这种系统程序设计的难点之一。

对于设置有多种工作方式的系统，因为手动程序比较简单，一般采用经验设计法进行设计，对于复杂的自动控制程序一般采用顺控设计法进行设计。在本任务中，不管机械手处于手动工作方式，还是处于连续、单周期等自动工作方式，机械手都有可能出现夹紧工件、左右移动、上升下降等动作，如果自动部分程序和手动部分程序都在同一个程序中，就会造成同一个输出点的线圈在多个网络中出现，即双线圈输出。为了避免双线圈输出，通常可以采用如下三种方式进行处理。

(1) 因为工作方式选择开关打到不同位置选择工作方式时，对应工作方式的输入点会有输入，而其他工作方式对应的输入点没有输入。所以，可以考虑利用不同工作方式对应的输入点的常开触点结合跳转指令分开处理不同工作方式的程序段。这样，除了公共部分程序所有工作方式都执行外，系统选择不同工作方式时，使 PLC 只执行处理该工作方式对应的那部分程序，其他工作方式对应的程序不执行，从而解决双线圈输出问题。

(2) 将处理不同工作方式的程序段分别放在不同的子程序中，然后在主程序中利用不同工作方式对应的输入点的常开触点调用相应的子程序，以保证系统处于某种工作方式时，只执行对应的处理程序，不会执行其他工作方式的处理程序，从而解决双线圈输出问题。

(3) 不直接在处理不同工作方式的程序段中使用输出点的线圈，而是采用标志位（标志位可以用 MX.X 等表示）的方式标识系统当前处于何种工作方式的何种工作状态，最后再进行统一的输出编程。这种方法与顺控系统设计中同一个动作在多个步中都出现时的处理方法类似，也是一种行之有效的处理方式。

对于本任务，我们将主要采用第（1）种方式结合子程序来实现。下面先学习相关指令及使用方法。

3.5.3 相关知识

1. S7-200 PLC 的程序控制类指令

程序控制类指令主要包括跳转与标号、结束、停止、看门狗复位、循环、子程序调用和返回及顺序控制类指令，除子程序调用指令外，这些指令都在 STEP 7–Micro/WIN 指令树的

"程序控制"指令组中。合理使用这些指令可以优化程序结构，增强程序功能，使程序结构更加灵活。顺序控制类指令在前边已经介绍过，这里主要介绍其他程序控制类指令。

1）跳转与标号、结束、停止及看门狗复位指令

这些指令的指令格式及功能如表 3.14 所示。

表 3.14 指令格式及功能

梯形图	语句表	梯形图功能说明	操作数范围
─(JMP) 　　n	JMP n	跳转指令，在梯形图中以线圈的形式出现，必须通过触点接左母线。当左母线的"能流"能流到本指令的线圈处时，使程序跳转到由标号 n 指令所标识的程序处继续向下执行	n：常数， $0 \leq n \leq 255$
─| LBL | 　　n	LBL n	标号指令，在梯形图中以指令盒的形式出现，必须直接接左母线。在程序中为跳转指令标记跳转目的的位置	
─(END)	END	结束指令，在梯形图中以线圈的形式出现，必须通过触点接左母线。当左母线的"能流"能流到本指令的线圈处时，本扫描周期该指令以后的程序不再执行，直接进行输出处理。该指令只能在主程序中使用，不能在子程序或中断处理程序中使用	无
─(STOP)	STOP	停止指令，在梯形图中以线圈的形式出现，必须通过触点接左母线。当左母线的"能流"能流到本指令的线圈处时，立即终止程序的执行，并将 PLC 从 RUN 切换为 STOP 模式。指令可以用在主程序、子程序和中断处理程序中。如果在中断处理程序中执行了 STOP 指令，则中断程序立即中止，并忽略所有挂起的中断，继续扫描主程序的剩余部分，在当前扫描周期结束后从 RUN 模式转换到 STOP 模式。该指令通常在程序中用来处理紧急或突发事件	无
─(WDR)	WDR	看门狗复位指令，在梯形图中以线圈的形式出现，必须通过触点接左母线。当左母线的"能流"能流到本指令的线圈处时，使 S7–200 PLC 的系统看门狗定时器复位，这样可以在不引起看门狗定时器错误的情况下，增加此扫描周期长度	无

（1）跳转和标号指令。

① 在程序执行时，由于条件的不同，可能会产生一些分支，这时就需要用到跳转和标号指令，根据不同条件的判断，选择不同的程序段执行程序。

② 可以在主程序、子程序或者中断处理程序中使用跳转指令，但跳转指令和标号指令必须配合使用，有一条跳转指令，就必须在同一个 POU（程序组织单元的缩写，在 STEP 7–Micro/WIN 中，主程序、子程序和中断处理程序统称为 POU）中有与跳转指令对应的标号指令指明跳转位置。不能从主程序跳转到子程序或中断处理程序，也不能从子程序或中断程序跳出。

③ 可以在 SCR 程序段中使用跳转指令，但相应的标号指令必须也在同一个 SCR 段。

④ 不同 POU 允许使用相同的标号。

（2）看门狗复位指令。为了保证系统可靠运行，PLC 内部设置了系统监视定时器，用于监视扫描周期是否超时，这个定时器又叫看门狗定时器。S7–200 PLC 中，看门狗定时器的定时时间约为 500 ms，在每个扫描周期开始的内部处理阶段，它都被自动复位一次。PLC 正常工作时，扫描周期小于 500 ms，它不起作用；如果 PLC 运行过程中遇到问题（如程序跑飞

等),造成某个扫描周期的时间超过了看门狗定时器的定时时间,看门狗定时器就会将 PLC 由 RUN 模式切换到 STOP 模式,从而保证系统的安全。为防止在正常情况下看门狗定时器超时,可以将看门狗复位指令 WDR 插入程序中的适当位置,使看门狗定时器复位,这样就可以有效增加 PLC 扫描周期的长度。使用看门狗复位指令时应当小心,因为该指令可能会过度地延迟扫描周期的完成时间,从而造成系统不能及时对外部输入/输出进行响应。

【例 3–11】图 3.38 所示为程序控制类指令应用举例。

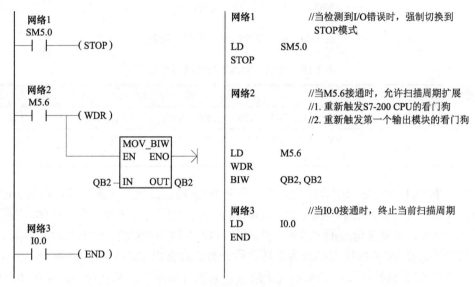

图 3.38 程序控制类指令应用举例

【例 3–12】图 3.39 所示为跳转和标号指令应用举例。

当 I0.0 有输入时,网络 1 的跳转指令执行,从而跳过网络 2 的程序(网络 2 的程序不执行),直接跳到网络 3,从网络 3 开始向下执行程序;当 I0.0 没有输入时,跳转指令不执行,从网络 2 开始顺次向下执行程序。

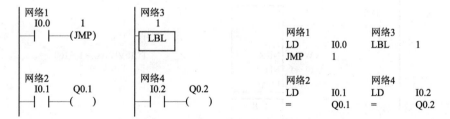

图 3.39 跳转和标号指令应用举例

2)循环指令

循环指令用于在程序中重复多次执行同一段程序,其梯形图和语句表格式如图 3.40 所示,操作数如表 3.15 所示。FOR 和 NEXT 分别为循环指令开始和结束的标识符;EN 为指令使能信号输入端,在梯形图中必须通过触点接左母线,ENO 为指令输出使能端;INDX 为对循环次数进行计数的存储器,INIT 为循环初值,FINAL 为循环终值。NEXT 指令在梯形图中必须直接接左母线。

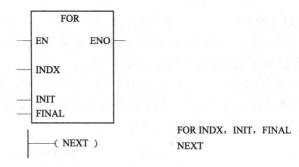

FOR INDX, INIT, FINAL
NEXT

图 3.40 循环指令的梯形图和语句表

表 3.15 FOR—NEXT 指令的操作数

输入/输出	数据类型	操 作 数
INDX	INT	IW、QW、VW、MW、SMW、SW、T、C、LW、AC、*VD、*LD、*AC
INIT、FINAL	INT	VW、IW、QW、MW、SMW、SW、T、C、LW、AC、AIW、*VD、*LD、*AC、常数

FOR 和 NEXT 语句必须配合使用,有一条 FOR 语句,必须有一条与其对应的 NEXT 语句来标识本循环的结束。在循环指令中,FOR 和 NEXT 之间的程序段称为循环体。当程序运行到循环指令时,如果左母线的"能流"能流到 FOR 语句的 EN 端,FOR 循环就执行,PLC 会自动把循环初值 INIT 的值复制到为循环次数计数的存储器 INDX 中,并将 INDX 中的值与循环终值 FINAL 进行比较,如果不大于终值,就执行循环体;每执行一次循环体,INDX 的值自动增 1,并且将其与循环终值做比较,如果大于终值,则循环结束。另外,一个循环的 FOR 语句和对应的 NEXT 语句必须在同一程序组织单元中。

【例 3–13】图 3.41 所示为循环指令应用举例。该段程序由两个嵌套的 FOR 循环构成,外层循环执行 100 次,内层循环执行 2 次。

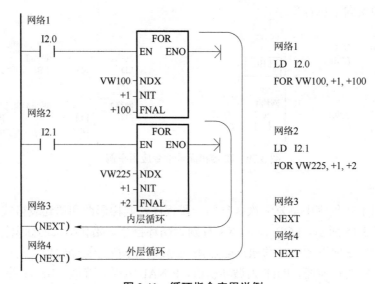

图 3.41 循环指令应用举例

2. S7-200 PLC 的子程序及调用

S7-200 PLC 把程序分为 3 大类：主程序（OB1）、子程序（SBR_n）和中断处理程序（INT_n）。实际应用中，有些程序可能被反复使用或具有某种特殊功能（如初始化），则这些程序往往被编成一个单独的程序块，在其他程序执行过程中可以随时调用这些程序块，这类程序块就叫子程序。子程序可以带参数，也可以不带参数，且其中的程序只有在被调用时才执行。

在 S7-200 的编程软件 STEP 7-Micro/WIN 中，每个子程序都有一个唯一的子程序名以便于调用。子程序由子程序标号开始，到子程序返回指令结束。STEP 7-Micro/WIN 为每个子程序自动加入子程序标号和子程序返回指令。在编程时，子程序开头不用编程者另加子程序标号，子程序末尾也不需另加返回指令。

使用子程序的优点如下：一是可以有效缩短程序代码的长度，节省程序存储空间；二是可以对一个大的程序进行分段及分块，使其成为较小的、更易管理的程序块。通过使用较小的子程序块，会使得对一些局部或整个程序的检查及故障排除变得更简单。

在编程时使用子程序，必须完成下列三项工作：建立子程序；在子程序局部变量表中定义参数（如果有）；在需要时调用子程序。

1）建立子程序

在 STEP 7-Micro/WIN 编程软件中，可采用下列方法之一建立子程序：

（1）鼠标左键单击"编辑"菜单，选择"插入"→"子程序"；

（2）在"项目"中用鼠标右键单击"程序块"图标，并从弹出的右键快捷菜单中选择"插入"→"子程序"；

（3）在"程序编辑器"窗口，用鼠标右键单击，并从弹出的右键快捷菜单中选择"插入"→"子程序"。

程序编辑器从显示先前的 POU 更改为显示新的子程序。程序编辑器底部会出现一个新标签（缺省标签为 SBR_0、SBR_1……），代表新的子程序名。此时，可以对新的子程序编程，也可以双击子程序标签对子程序重新命名。如果为子程序指定一个符号名，如 USR_NAME，该符号名会出现在"指令树"的"调用子程序"中。

2）为子程序定义参数

如果要为子程序指定参数，可以使用该子程序的局部变量表来定义参数。S7-200 PLC 为每个 POU 都安排了局部变量表。必须利用选定该子程序后出现的局部变量表为该子程序定义局部变量或参数，一个子程序最多可有 16 个输入/输出参数。

例如 SBR_0 子程序是一个含有 4 个输入参数、1 个输入输出参数、1 个输出参数的带参数的子程序。在创建这个子程序时，首先要打开这个子程序的局部变量表，然后在局部变量表中为这 6 个参数赋予名称（如 IN1、IN2、IN3、IN4、INOUT1、OUT1 等），选定变量类型（IN 或者 IN/OUT 或者 OUT），并赋正确的数据类型（如 BOOL、BYTE、WORD、DWORD 等），定义完成后的局部变量表如表 3.16 所示。当再调用 SBR_0 时，这个子程序自然就带参数了。表 3.16 中第一列的地址参数是自动生成的。

表3.16 定义完成后的局部变量表

	符号	变量类型	数据类型	注释
	EN	IN	BOOL	
L0.0	IN1	IN	BOOL	
LB1	IN2	IN	BYTE	
L2.0	IN3	IN	BOOL	
LD3	IN4	IN	DWORD	
LW7	INOUT1	IN_OUT	INT	
LD9	OUT1	OUT	REAL	
		OUT		
		TEMP		

3）子程序的调用与返回指令

子程序调用与返回指令的梯形图和语句表格式如图 3.42 所示。

子程序调用指令在梯形图中是以指令盒的形式出现，EN 为指令使能端，必须通过触点接左母线。当左母线的"能流"能流到 EN 端时，子程序被调用，程序扫描将转到子程序入口处执行。当执行子程序时，子程序的指令将被顺次扫描执行，直至满足返回条件而返回，或者执行到子程序末尾而返回。

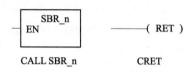

图 3.42 子程序调用和返回指令

从子程序返回调用程序的指令 RET 在梯形图中是以线圈的形式出现的,也必须通过触点接左母线。当左母线的"能流"能流到线圈处时，该指令被执行，此时 S7–200 PLC 忽略子程序中在该指令后边的所有程序，返回到原调用程序中调用子程序指令的下一条指令继续往下扫描执行程序。

图 3.43 所示为没有参数的子程序调用示例。如果子程序带有参数，在调用子程序时，还要加上所需要的参数。图 3.44 所示为带参数的子程序调用示例。

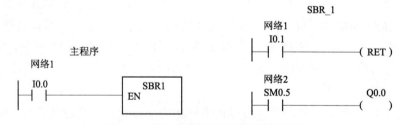

图 3.43 没有参数的子程序及调用示例

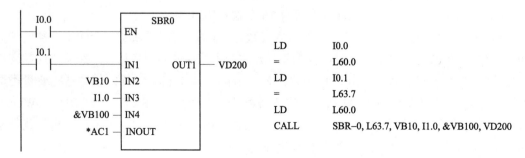

图 3.44 带参数的子程序调用示例

4）子程序使用编程步骤

（1）建立子程序（SBR_n）；

（2）在子程序（SBR_n）中编写应用程序；

（3）在主程序或其他子程序或中断处理程序中使用调用指令调用子程序（SBR_n）。

【说明】

① 一个项目内最多可有 64 个子程序。子程序可以嵌套，最大嵌套深度为 8。

② 子程序不允许直接递归调用。例如，不能从 SBR_0 调用 SBR_0，但是，允许进行间接递归调用。

③ 各子程序输入/输出参数的个数不能超过 16 个，且调用带参数的子程序时，调用参数必须与子程序局部变量表内定义的变量顺序和变量类型完全匹配。

④ 在子程序内不能使用 END 指令。

3.5.4 任务实施

根据控制要求，本任务选用 S7–200 CPU 224 AC/DC/RLY 作为控制器。

1. I/O 分配表

机械手控制的 PLC I/O 分配表如表 3.17 所示。

表 3.17 机械手控制 PLC I/O 分配表

输 入			输 出		
设　备		输入点	设　备		输出点
工件夹紧限位开关	SQ1	I0.0	工件夹紧电磁阀线圈	YV1	Q0.0
机械手左限位开关	SQ2	I0.1	机械手左行电磁阀线圈	YV2	Q0.1
机械手右限位开关	SQ3	I0.2	机械手右行电磁阀线圈	YV3	Q0.2
机械手上限位开关	SQ4	I0.3	机械手下降电磁阀线圈	YV4	Q0.3
机械手下限位开关	SQ5	I0.4			
工作方式选择开关—手动	SA1-1	I0.5			
工作方式选择开关—单周期	SA1-2	I0.6			
工作方式选择开关—连续	SA1-3	I0.7			
机械手手动夹紧工件按钮	SB1	I1.0			
机械手手动下降按钮	SB2	I1.1			
机械手手动左行按钮	SB3	I1.2			
机械手手动右行按钮	SB4	I1.3			
启动按钮	SB5	I1.4			
停止按钮	SB6	I1.5			

2. PLC 接线图

机械手控制系统 PLC 接线图如图 3.45 所示。为了保证在紧急情况下能可靠地切断负载电源,特设置交流接触器 KM。在 PLC 开始运行时按下"负载供电"按钮 SB8,使 KM 线圈得电并自锁,KM 的主触点接通,给负载提供交流电源,出现紧急情况时用"急停"按钮 SB7 断开负载电源。

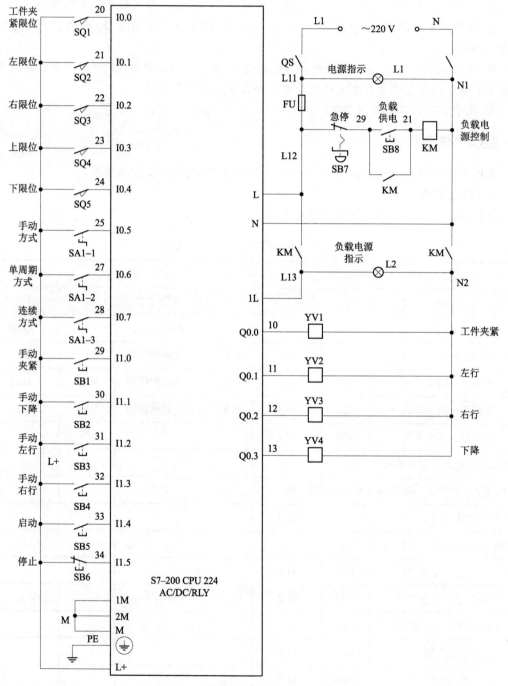

图 3.45　机械手控制系统 PLC 接线图

3. 控制程序设计

机械手控制程序由主程序和手动子程序组成。手动部分程序比较简单,使用一个单独的子程序 SBR_0,用经验设计法进行设计。主程序主要完成手动程序与单周期和连续程序的分开运行、单周期和连续方式时的控制及停止和工作方式切换的处理等。单周期和连续运行都属于自动运行方式,二者运行过程基本相同,且都属于顺控系统,采用顺控设计法进行设计。

1)手动子程序

当机械手选择手动工作方式时,由手动子程序 SBR_0 完成工件的手动夹紧、松开,机械手的手动上升、下降,机械手的手动左行、右行等动作,且机械手的左右运动采用了互锁。其程序如图 3.46 所示。

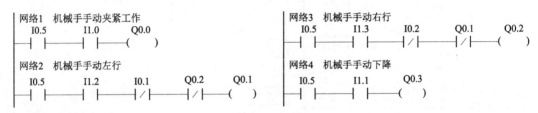

图 3.46 机械手手动控制子程序 SBR_0

2)主程序开始部分的程序

主程序开始部分的主要功能是使用跳转指令将手动程序与单周期和连续程序分开运行,如图 3.47 所示。

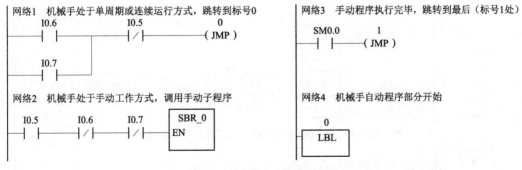

图 3.47 主程序开始部分

3)单周期和连续运行程序

(1)顺序功能图。

由控制要求可知,机械手无论是在单周期运行方式,还是在连续运行方式,二者工作周期中的各步骤是相同的,且都属于顺控系统,所以可以用图 3.48 所示的同一个顺序功能图来描述单周期和连续运行两种工作方式。

在图 3.48 所示的顺序功能图中,为了保证顺控系统在初始状态时只有初始步 M2.0 是活动步,需要在 M2.0 这个步将其他步清零,使它们全部变为非活动步。另外 M2.6 这个步中有一个定时器 T37 定时 1 s 的动作,主要是为了防止机械手在位置 B 释放工件和上升之间的时间间隔太短,引起工件放置不稳定,出现跑飞现象。

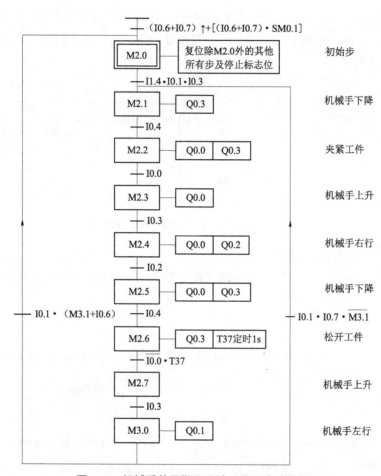

图 3.48　机械手单周期和连续工作顺序功能图

（2）顺序功能图转换为梯形图程序。

图 3.49 所示为使用置位、复位指令将图 3.48 所示顺序功能图转换后的梯形图程序。

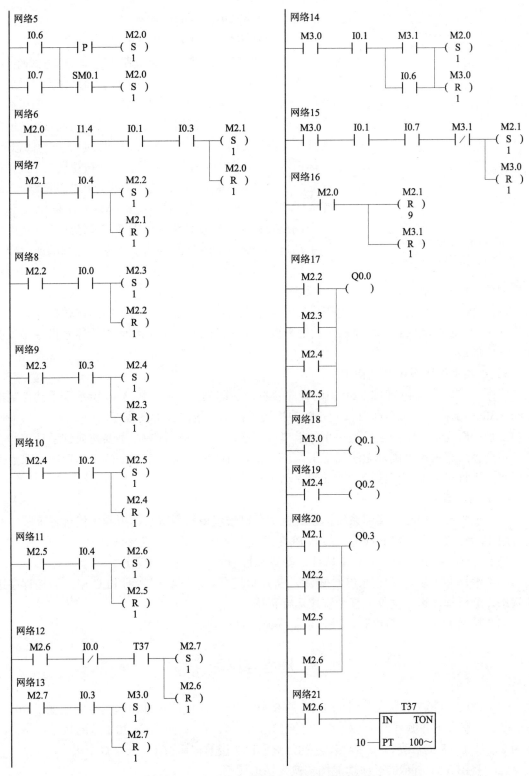

图 3.49 机械手单周期和连续工作梯形图程序

4）主程序结束部分的程序

主程序结束部分如图 3.50 所示。

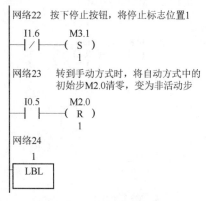

图 3.50 主程序结束部分

由控制要求可知,当选择单周期或连续工作方式时,按下停止按钮,机械手并不立即停止工作,而是在完成最后一个周期的工作后,才返回并停留在初始步。停止按钮可在一个工作周期的任何时刻被按下且按下的持续时间很短,所以在程序中必须使用一个标志位(此处使用 M3.1 作为标志位)来标识停止按钮曾经被按下过。只要停止按钮被按下过,程序立即使用置位指令将 M3.1 置位(图 3.50 中的网络 22 即完成此功能),在返回初始步后,再将 M3.1 清零。

网络 23 主要完成系统从单周期或连续运行方式切换到手动运行方式时,将图 3.48 所示顺序功能图的初始步清零,变为非活动步,以防止在手动方式时因为误操作而引发自动部分程序运行。

网络 24 是一条标号指令,对应图 3.48 所示主程序开始部分网络 3 中的跳转指令。网络 22 和网络 23 也可以放到主程序的开始部分或其他任何地方,但网络 24 中的标号指令必须放到主程序的最后。

5）机械手控制系统的完整程序

将图 3.47、图 3.49 和图 3.50 中的程序合在一起即为主程序,图 3.46 所示为手动控制部分的 SBR_0 子程序,最后即可得到完整的机械手控制系统的梯形图程序。

在使用时还需注意,当机械手正处于单周期或连续运行过程中,不要切换到手动工作方式,否则会引起系统混乱,无法正常工作。只有当机械手完成一个周期的工作返回到原点停止后才能进行单周期或连续运行方式到手动方式的切换。

4. 系统调试

（1）如果没有机械手实训系统,系统调试可以采用模拟调试法。用开关代替各种限位开关,用指示灯代替各电磁阀线圈。按照 PLC 接线图完成接线并确认接线正确。

（2）打开 STEP 7–Micro/WIN 软件,新建项目输入程序并编译通过。

（3）编译通过后,只接通 PLC 电源,断开负载电源,下载程序到 PLC 中。监控程序运行状态,分析程序运行结果,直至程序运行正确。

（4）接通 PLC 和负载电源,进行系统联调,直至满足控制要求。

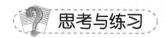

（1）Q0.0~Q0.7 分别接编号为 1~8 的 8 个 LED 灯,使用数据传送指令完成如下功能:I0.0 接的按钮按下,编号为 1、3、5、7 的灯亮,2、4、6、8 的灯灭;I0.1 接的按钮按下,编号为 2、4、6、8 的灯亮,1、3、5、7 的灯灭;I0.2 接的按钮按下,8 个灯全灭。

（2）将图 3.51 所示的顺序功能图转换为梯形图程序。

（3）某硫化机控制系统的顺序功能图如图 3.52 所示,假设图中所有延时时间均为 5 s,请将其转换为梯形图程序。

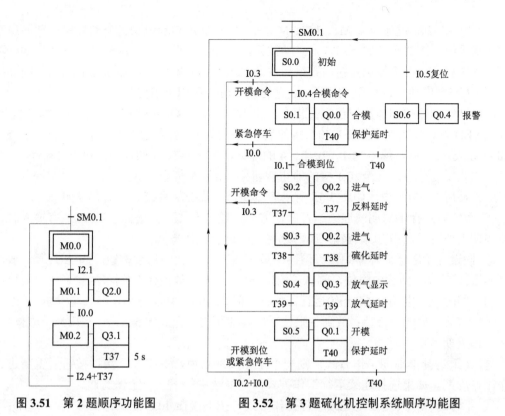

图 3.51　第 2 题顺序功能图　　　图 3.52　第 3 题硫化机控制系统顺序功能图

（4）小车处于初始状态时停在中间位置，行程开关所接输入点 I0.0 有输入。按下启动按钮 SB（接在输入点 I0.3），小车开始右行，并按图 3.53 所示顺序运动，最后返回并停在初始状态。画出控制系统的顺序功能图并转换为梯形图程序。

（5）图 3.54 所示为天塔之光示意图，假设一个输出点可以控制多个灯同时点亮。实现如下控制要求：按下启动按钮，则各灯每隔 1 s 按照如下顺序循环亮灭：L12→L11→L10→L1→L2、L3、L4、L5→L6、L7、L8、L9→L12……，后面灯亮的同时，前面的灯灭，按下停止按钮则所有灯全灭。自定义输入/输出分配表。

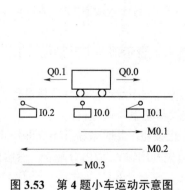

图 3.53　第 4 题小车运动示意图　　　图 3.54　第 5 题天塔之光示意图

（6）用 S7–200 设计一个 M1、M2、M3 三台三相交流异步电动机自动顺序启动和逆序停止的控制系统，控制要求如下：按下启动按钮，则 M1 立即启动，隔 5 s 后，M2 启动，再隔 5 s 后，M3 启动。按下停止按钮，则最后启动的电动机立即停止，然后按启动相反的顺序每隔 5 s 停止一台电动机，直至 M1 停止。请自定义输入/输出分配表。

（7）结合顺序控制和数据传送类指令，用 S7–200 的 Q0.0～Q0.7 分别控制编号为 1～8 的 8 个 LED 灯，控制要求如下：I0.0 接的启动按钮按下，编号为 1、2、3、4 的灯亮，5、6、7、8 的灯灭；2 s 后，编号为 1、2、3、4 的灯灭，5、6、7、8 的灯亮；再过 2 s 后，8 个灯全亮。如此反复循环，直至 I0.1 接的停止按钮按下，8 个灯全灭。

（8）使用 S7–200 设计如图 3.55 所示液体混合装置控制系统。控制要求如下：

① 系统可选择单周期或连续运行工作方式，通过选择开关选择。当 I0.3 有输入时，选择单周期工作方式，当 I0.4 有输入时，选择连续运行工作方式。

② 假设开始运行前容器中没有溶液。按下接在 I0.5 上的启动按钮，阀 A 打开，放液体 A 到容器；液体 A 到达中限位，阀 A 关闭，阀 B 打开，放液体 B 到容器；到达上限位，阀 B 关闭，同时搅拌电动机 M 开始运行，搅拌时间为 10 s；10 s 到后，搅拌电动机 M 停止运行，阀 C 打开，放混合液体；放到下限位后，再继续放混合液体 5 s，5 s 到后混合液体放空，一个工作周期结束。

③ 如果选择单周期工作方式，则一个工作周期结束，等待按下启动按钮后重新进行下一个工作周期。如果选择连续运行工作方式，则继续进行下一个工作周期。

④ 不管选择单周期还是连续运行工作方式，按下接在 I0.6 上的停止按钮，系统并不立即停止工作，而是等当前工作周期结束后，再停止运行。请先列出输入/输出分配表，然后再进行编程、调试。

（9）某剪板机控制系统如图 3.56 所示，使用 S7–200 进行控制，每工作一次剪切 10 块板材。压钳和剪刀都在上位为剪板机的初始状态，并假设系统开始运行前已经处于初始状态。请完成如下控制要求：在初始状态下，按下接在 I1.0 的启动按钮，剪板机按如下顺序开始工作：

① Q0.0 有输出，板材右行。

② I0.3 有输入表示板材到右限位，停止右行。接着 Q0.1 有输出，压钳下行。

③ I0.4 接的压力继电器有输出，表明板材已被压紧，压钳停止下行。接着 Q0.2 有输出，剪刀下行剪切板材。

④ I0.2 有输入，表示板材已被剪切完毕，剪刀停止下行。接着 Q0.3 和 Q0.4 有输出，压钳和剪刀同时上升。

⑤ I0.0 有输入，表示压钳上升到位；I0.1 有输入，表示剪刀上升到位。压钳和剪刀上升到位后，停止上升。

⑥ 如果剪完 10 块板材，系统转到初始状态，等待按下启动按钮后重新进行下一批板材的剪切；如果 10 块板材没有剪切完，则转到第①步继续剪切下一块板材。

⑦ 在工作过程中可以随时按下接在 I1.1 上的停止按钮，此时系统并不立即停止，而是等到当前板材剪切完成，回到初始状态后才停止工作。请先列出输入/输出分配表，然后再进行编程、调试。

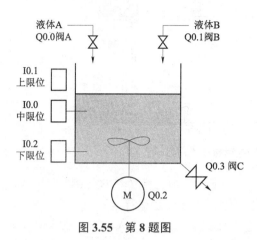

图 3.55 第 8 题图

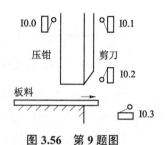

图 3.56 第 9 题图

(10) 用 S7–200 控制如图 3.57 所示的喷泉。用 L1～L12 分别代表喷泉的 12 个喷水柱。要求按下启动按钮后，L1 喷 0.5 s 后停，接着 L2 喷 0.5 s 后停，接着 L3 喷 0.5 s 后停，接着 L4 喷 0.5 s 后停，接着 L5、L9 喷 0.5 s 后停，接着 L6、L10 喷 0.5 s 后停，接着 L7、L11 喷 0.5 s 后停，接着 L8、L12 喷 0.5 s 后停，接着 L1 喷 0.5 s 后停……如此反复循环，直至按下停止按钮后，所有喷泉立即停止喷水。请自定义输入/输出分配表，用 S7–200 的循环移位指令和顺控系统设计法分别实现喷泉的控制。

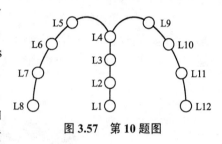

图 3.57 第 10 题图

(11) 使用 S7–200 设计如图 3.58 所示电镀自动生产线控制系统。吊篮处于右限位 SQ1 和下限位 SQ6 位置为原点位置，吊篮的左右运动和上下运动分别由电动机 M1 和 M2 的正反转带动。电镀生产线具有手动和自动两种工作方式可选。控制要求如下：

① 在手动工作方式下：吊篮的上升、下降、左行、右行分别由手动上升按钮、手动下降按钮、手动左行按钮、手动右行按钮控制，且全部为点动控制。在手动上升、下降、左行、右行过程中，如果碰到上限位开关 SQ5、下限位开关 SQ6、左限位开关 SQ4、右限位开关 SQ1，则自动停止上升、下降、左行、右行。

② 在自动工作方式下：a. 按下启动按钮后系统启动，若此时吊篮未在原点位置，则自动先向上运动，到达上限位 SQ5 后，再向右运动，到达原点限位 SQ1 位置后再向下运动，到达下限位 SQ6 位置，回到原点。在原点停留 10 s 后继续运行第 b 步。b. 若启动时吊篮就在原点位置或通过第 a 步回到原点位置，则吊篮装着电镀件依次在镀槽 1 电镀 5 s，镀槽 2 电镀 5 s，镀槽 3 电镀 5 s，电镀完成后回到原点，等待下一次电镀。在每个镀槽上，吊篮都要先向下运行到下限位 SQ6 后再电镀，电镀完成后吊篮要上升到上限位 SQ5 后才能继续移动到下一个电镀位置。c. 任何情况下按下停止按钮即可随时停止系统运行。

请自定义输入/输出分配表，然后再进行编程、调试。

(12) 使用 S7–200 设计如图 3.59 所示的自动装箱生产线控制系统，假设 1 个输出点至少可以控制 7 盏灯。控制要求如下：

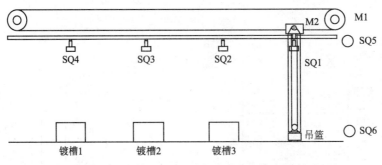

图 3.58 第 11 题电镀自动生产线示意图

① 按下启动按钮后生产线开始工作，传送带 B 开始运行（灯 B1～B7 亮），当箱子进入定位位置，限位开关 SQ 动作（SQ 为 ON），传送带 B 停止运行。

② 传送带 B 停止运行 1 s 后，启动传送带 A 运行（灯 A1～A4 亮），物品逐一落入箱内。由传感器 S 检测物品，在物品通过时发出脉冲信号。

③ 当落入箱内物品达到 10 个时，传送带 A 停止运行，同时启动传送带 B，将装满物品的箱子运走，同时送新的空箱子继续装物品。如此反复循环，直至按下停止按钮，生产线立即停止运行，再次按启动按钮即可重新启动生产线。请自定义输入/输出分配表，然后再进行编程调试。

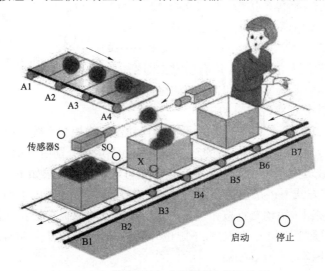

图 3.59 第 12 题自动装箱生产线示意图

(13) 使用 S7-200 设计如图 3.60 所示的自动运料小车控制系统，初始状态小车在左限位，且是空的；YV1～YV6 全部为单控电磁阀。控制要求如下：

① 按下启动按钮后，系统开始工作。A 罐装料电磁阀 YV1 打开，向 A 罐装料 A，A 罐装料指示灯亮。

② 到达液位开关 S1 位置后，YV1 关闭，停止向 A 罐装料 A，A 罐装料指示灯灭。然后 A 罐卸料电磁阀 YV2 和小车装料口电磁阀 YV5 打开 10 s，向小车里装料 A，小车装料指示灯亮。

③ 10 s 后，YV2、YV5 关闭，小车装料指示灯灭。然后小车右行，灯 L1 亮，2 s 后灯 L2 亮，再 2 s 后灯 L3 亮，到达右限位 SQR 处，小车停止右行，灯 L1、L2、L3 全灭。

④ 接着小车在右边停 10 s，小车卸料口电磁阀 YV6 打开将料 A 卸掉，小车卸料指示灯亮。

⑤ 10 s 后，小车卸料完毕，小车卸料口电磁阀 YV6 关闭，小车卸料指示灯灭，B 罐装料电磁阀 YV3 打开，向 B 罐装料 B，B 罐装料指示灯亮。

⑥ 到达液位开关 S2 位置后，YV3 关闭，停止向 B 罐装料 B，B 罐装料指示灯灭。然后 B 罐卸料电磁阀 YV4 和小车装料口电磁阀 YV5 打开 10 s，向小车里装料 B，小车装料指示灯亮。

⑦ 10 s 后，YV4、YV5 关闭，小车装料指示灯灭。然后小车左行，灯 L4 亮，2 s 后灯 L5 亮，再 2 s 后灯 L6 亮，到达左限位 SQL 处，小车停止左行，灯 L4、L5、L6 全灭。

⑧ 接着小车在左边停 10 s，小车卸料口电磁阀 YV6 打开将料 B 卸掉，小车卸料指示灯亮。

⑨ 10 s 后，小车卸料完毕，小车卸料口电磁阀 YV6 关闭，小车卸料指示灯灭，一个工作周期结束。然后电磁阀 YV1 打开，向 A 罐放料 A，A 罐装料指示灯亮，……，如此反复循环，直至按下停止按钮。

⑩ 停止按钮按下后，小车并不立即停止运行，而是等当前工作周期完成，回到左限位，且将料 B 卸完后才停止。请自定义输入/输出分配表，然后再进行编程、调试。

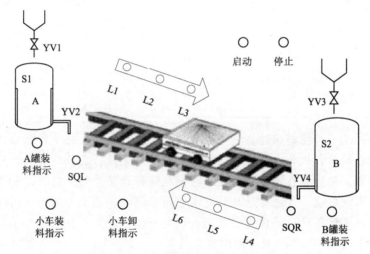

图 3.60 第 13 题自动运料小车示意图

（14）使用 S7-200 和顺控系统设计法设计如图 3.61 所示的八座席抢答器控制系统。控制要求如下：

① 主持人按下允许抢答按钮后才能开始抢答，此时共阴极七段数码管没有显示且所有座席指示灯灭。

② 一旦有人抢答，则其他人不能再抢答，七段数码管显示抢答座席编号，相应抢答座席上的指示灯亮。请自定义输入/输出分配表。

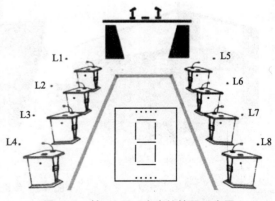

图 3.61 第 14 题八座席抢答器示意图

项目 4

步进电动机的 PLC 控制及电动机的转速测量

 引言

步进电动机是一种控制用的特种电动机,作为执行元件,它是将电脉冲信号转变为角位移或线位移的执行机构。步进电动机具有转子惯量低、定位精度高、无累积误差、控制简单等特点,使得其在速度、位置等控制领域得到了广泛应用。随着微电子技术和计算机控制技术的发展,步进电动机的需求量与日俱增,已成为运动控制领域的重要执行元件,广泛应用于各种自动化控制系统和机电一体化设备,特别是开环控制系统中,如激光切割机 [图 4.1(a)]、数控雕刻机 [图 4.1(b)]、3D 打印机 [图 4.1(c)]、扫描仪、打印机等。

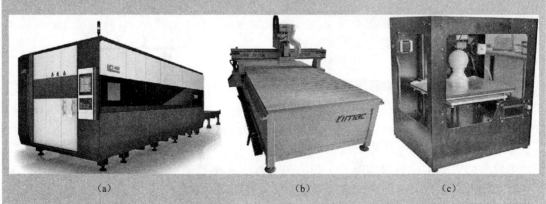

图 4.1 步进电动机应用

(a) 激光切割机;(b) 数控雕刻机;(c) 3D 打印机

步进电动机需要通过控制器输出高速脉冲来驱动,步进电动机驱动器每接收到一个脉冲信号，就驱动步进电动机按设定的方向转动一个固定的角度（即步距角）。在非失步情况下，步进电动机的转速、停止的位置只取决于脉冲信号的频率和脉冲数，而不受负载变化的影响。使用者可以通过控制脉冲个数来控制角位移量或直线位移量，从而达到准确定位的目的；同时也可以通过控制脉冲频率来控制步进电动机的转速，从而达到调速的目的。

S7-200 PLC 不但能输出驱动步进电动机、伺服驱动器等工作的高速 PTO 脉冲，还能输出 PWM 脉冲，用来对直流有刷电动机、生产线传送带、管道排风机等生产机械的调速及灯光的调光、舵机控制等，具有非常广泛的用途。

另外，在实际生产中，经常需要进行各种位移测量或电动机的转速测量，以便组成闭环控制系统，进一步用于位置控制（如数控机床主轴进给控制、工件位置控制等），电动机的转速控制等。实现上述应用的主要方法之一就是使用高速计数器对增量式旋转编码器产生的脉冲进行计数。因此，结合增量式旋转编码器，如何使用 PLC 的高速计数器对位移或电动机的转速进行测量在实际应用中也具有十分重要的意义。

任务 4.1　步进电动机的 PLC 控制

教学目标

1. 知识目标

了解步进电动机的分类、结构、特点及驱动方式，掌握 S7-200 PLC 的高速脉冲高输出指令及应用。

2. 能力目标

能用 PLC 对简单步进电动机或 PWM 控制系统进行设计、安装和调试。

步进电动机的 PLC 控制

4.1.1　任务引入

某一由 S7-200 PLC 控制的两相混合式步进电动机，要求按下正转启动按钮后，步进电动机正转，按下反转启动按钮后，步进电动机反转。不管是正转还是反转，运行过程都有三个阶段：先加速运行，再匀速运行，最后减速运行，减速运行完成后停止。在加速阶段，要求 PLC 输出 4 000 个脉冲，频率从 200 Hz 均匀增加到 1 000 Hz；匀速阶段 PLC 输出 20 000 个脉冲，频率 1 000 Hz；减速阶段要求 PLC 输出 2 000 个脉冲，频率从 1 000 Hz 均匀减少到 200 Hz。在步进电动机正反转运行过程中，可以随时按下停止按钮停止运行。

4.1.2　任务分析

实际应用中，步进电动机都配有相应的驱动器，控制器（此处为 S7-200 PLC）与驱动器相连接，再由驱动器根据控制器发出的控制信号（如正反转等）和脉冲信号具体完成对步进电动机的实际控制。所以本任务主要是通过 S7-200 PLC 发出符合要求的脉冲信号和方向信号给步进电动机驱动器，即可完成对步进电动机的控制。下面我们学习相关知识和方法。

4.1.3 相关知识

1. 步进电动机的分类及驱动

1）步进电动机的分类及主要参数

（1）步进电动机的分类。

步进电动机是一种将电脉冲信号转换成角位移或线位移的电磁装置，也可以看作是在一定频率范围内转速与控制脉冲频率同步的同步电动机。每一个主令脉冲都可以使步进电动机的转子转动一定的角度，并依靠它特有的定位转矩将转轴准确地锁定在空间位置上，这个角度就是步进电动机的步距角。

步进电动机的转子输出的角位移量与输入的脉冲个数成正比，可以通过控制输入脉冲个数来控制步进电动机的角位移量，而通过控制脉冲频率可实现调速。

步进电动机主要分为三种：永磁式、反应式和混合式。其中反应式步进电动机和混合式步进电动机应用最为广泛。

永磁式步进电动机的转子是用永磁材料制成的，转子本身就是一个磁源。它的输出转矩大，动态性能好，转子的极数与定子的极数相同，所以步距角一般较大。

反应式步进电动机的转子是由软磁材料制成的，转子中没有绕组。它结构简单，成本低，步距角可以做到很小，并可实现大转矩输出。

混合式步进电动机集成了永磁式和反应式的优点。它的输出转矩大，动态性能好，步距角小，但结构复杂，成本较高。

（2）步进电动机的主要参数。

① 固有步距角。

它表示控制系统每发一个步进脉冲信号，步进电动机所转动的角度。步进电动机出厂时都给出了一个步距角的值，这个步距角称为"固有步距角"，它不一定是步进电动机实际工作时的真正步距角，真正的步距角和驱动器有关。

② 相数。

步进电动机的相数是指电动机内部的线圈组数，目前常用的有二相、三相、四相、五相步进电动机。相数不同，其步距角也不同，在没有细分驱动器时，用户主要靠选择不同相数的步进电动机来满足自己对步距角的要求。如果使用细分驱动器，则"相数"将变得没有意义，用户只需在驱动器上改变细分数，就可以改变步距角。

③ 保持转矩（Holding Torque）。

保持转矩是指步进电动机通电但没有转动时，定子锁住转子的力矩，它是步进电动机的重要参数之一。通常步进电动机在低速时的力矩接近保持转矩。由于步进电动机的输出力矩随速度的增大而不断衰减，输出功率也随速度的增大而变化，所以保持转矩就成为衡量步进电动机的重要参数之一。比如，转矩为 2 N·m 的步进电动机，在没有特殊说明的情况下是指保持转矩为 2 N·m。

④ 钳制转矩（Detent Torque）。

钳制转矩是指步进电动机没有通电的情况下，定子锁住转子的力矩。由于反应式步进电动机的转子不是永磁材料，所以它没有钳制转矩。

2）步进电动机的驱动

步进电动机不能直接接到直流或交流电源上工作，必须使用专用的驱动电源——步进电动机驱动器。步进电动机驱动器针对每一个步进脉冲，按一定的规律向电动机各相绕组通电（励磁），以产生必要的转矩，驱动转子运动。在步进电动机控制系统中，控制器（如 PLC、单片机等）先跟驱动器连接，驱动器再跟步进电动机连接。控制器可以通过控制输出脉冲的个数来控制步进电动机的角位移量，从而达到准确定位的目的；同时可以通过控制输出脉冲的频率来控制步进电动机转动的速度和加速度，从而达到调速的目的。步进电动机、驱动器和控制器构成了步进电动机驱动系统不可分割的三个部分。

图 4.2 所示为 86BYG250A-0202 两相混合式步进电动机接线示意图，图 4.3 所示为两相混合式步进电动机细分驱动器 SH-20504D（有 A、B、C 三种型号）与控制器连接的接线示意图，有共阳极和共阴极两种方式。该驱动器不但可以控制两相混合式步进电动机的方向和转速，还可以通过 DIP 开关设置步距角的细分数量，具体设置方法如表 4.1 所示。另外，该驱动器还具有脱机控制信号 FREE，当 FREE 为高电平时，驱动器输出到步进电动机的相电流被切断，电动机转子处于自由状态（脱机状态），此时可进行手动操作或调节。手动完成

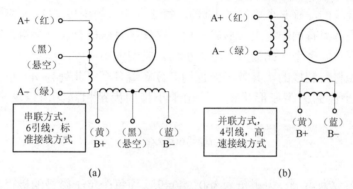

图 4.2　86BYG250A-0202 两相混合式步进电动机接线示意图

（a）串联方式；（b）并联方式

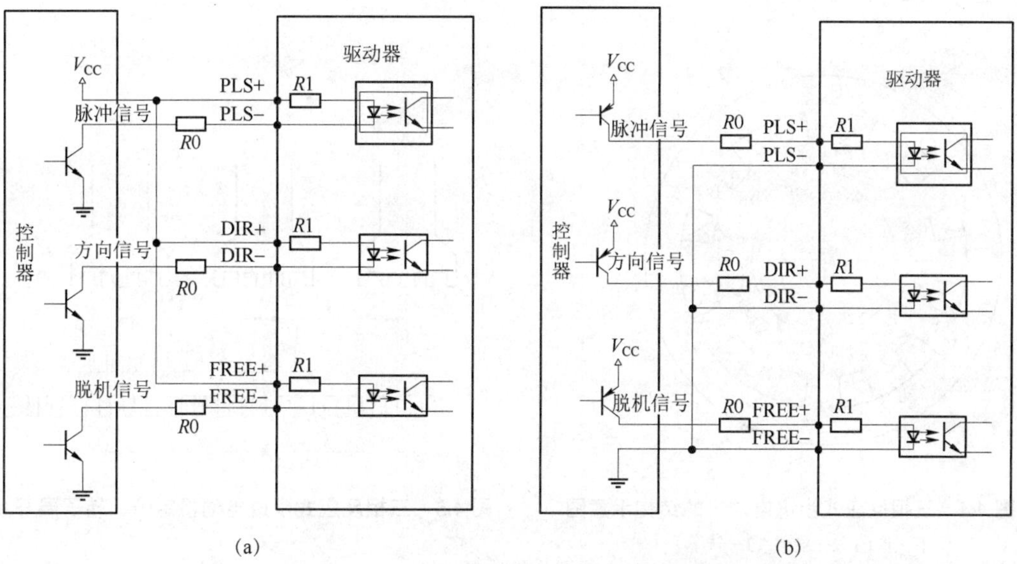

图 4.3　SH-20504D 步进电动机驱动器与控制器接线示意图

（a）共阳接法；（b）共阴接法

后,再将 FREE 信号置为无效的低电平,以继续自动控制。图 4.3 中,步进电动机驱动器内部电阻 $R1$ 为 330 Ω,适用于 V_{CC} 为 5 V 的情况;若 V_{CC} 为 12 V,则外部应串联电阻 $R0$,阻值为 1 kΩ;若 V_{CC} 为 24 V,$R0$ 应为 2 kΩ 的电阻。其他电压以此类推计算。

表 4.1　SH-20504D 步进电动机驱动器细分 DIP 开关设置

3	4	A 型	B 型	C 型	3	4	A 型	B 型	C 型
OFF	OFF	4 细分	5 细分	5 细分	OFF	ON	16 细分	20 细分	10 细分
ON	OFF	8 细分	10 细分	6 细分	ON	ON	32 细分	40 细分	18 细分

2.【扩展知识】步进电动机的结构和工作原理

下面以三相反应式步进电动机为例具体说明步进电动机的结构和工作原理。图 4.4 所示为三相反应式步进电动机的结构示意图。从图 4.4 中可以看出,它分为转子和定子两部分。定子是由硅钢片叠成的,有 6 个磁极(大极),每 2 个相对的磁极(N、S 极)组成 1 对,共有 3 对。每对磁极都缠有同一绕组,形成一相,这样 3 对磁极有 3 个绕组,形成三相。每个磁极的内表面都分布着多个(此处为 5 个)小齿,它们大小相同,间距相同。

转子是由软磁材料制成的,其外表面也均匀分布着多个(此处为 40 个)小齿,这些小齿与定子磁极上小齿的齿距和形状相同。由于小齿的齿距相同,所以转子的齿距角可按式(4-1)计算:

$$\theta_Z = 360°/Z \tag{4-1}$$

式中,Z 为转子齿数。

因为转子的齿数为 40 个,齿距角为 360°/40=9°,而每个定子磁极的极距为 360°/6=60°。所以每两个定子磁极之间所占的转子齿距数为:60τ/9=20τ/3(τ 为齿距),不是整数。其定子、转子展开图如图 4.5 所示。

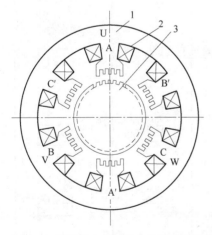

图 4.4　三相反应式步进电动机的结构示意图
1—定子;2—绕组;3—转子

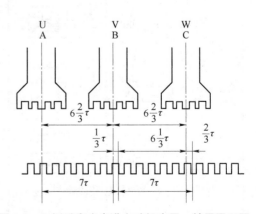

图 4.5　三相反应式步进电动机定子、转子展开图

由图 4.4 和图 4.5 可以看出,当 U 相绕组通电时,电动机中产生沿 AA′极轴线方向的磁通,因磁通要沿磁阻最小的路径闭合,使转子受到磁阻转矩的作用而转动,直至转子齿和定

子 A、A′极面上的齿对齐为止。当 A、A′极极面下的定、转子齿对齐时，B、B′极和 C、C′极极面下的齿就分别和转子的齿错开 $\tau/3$、$2\tau/3$。

若断开 U 相绕组而将 V 相绕组通电，这时，电动机中产生沿 BB′极轴线方向的磁通。这样，在磁阻转矩作用下，转子会按顺时针方向转过 $\tau/3$，即 3°，使转子齿和定子 B、B′极面下的齿对齐。相应的，定子 C、C′极和 A、A′极极面下的齿就分别和转子的齿错开 $1/3\tau$、$2/3\tau$。若断开 V 相绕组而将 W 相绕组通电，这时，电动机中产生沿 CC′极轴线方向的磁通。这样，在磁阻转矩作用下，转子又会按顺时针方向转过 $\tau/3$（3°），使转子齿和定子 C、C′极面下的齿对齐。相应的，定子 A、A′极和 B、B′极极面下的齿就分别和转子的齿错开 $\tau/3$、$2\tau/3$。就这样，如果依次按照 U→V→W→U……顺序循环通电，步进电动机就会按照顺时针方向不停地转动；如果按照 U→W→V→U……顺序循环通电，步进电动机就会按照逆时针方向不停地转动。以上两种方式每一瞬间只有一相绕组通电，并且按三种状态循环通电，称为三相单三拍运行方式。

出于对力矩、平稳性等方面的考虑，在实际应用中往往采用 U、V→V、W→W、U→U、V……或 U、W→W、V→V、U→U、W……顺序循环通电，步进电动机也会按照顺时针或逆时针方向不停地转动。以上两种方式每一瞬间都有两相绕组同时通电，并且也是按照三种状态循环通电，称为三相双三拍运行方式。

出于对减小步距角和噪声等方面的考虑，在实际应用中也经常采用 U→U、V→V→V、W→W→W、U→U 或 U→U、W→W→W、V→V→V、U→U……顺序循环通电，步进电动机也会按照顺时针或逆时针方向不停地转动。以上两种方式，定子绕组是按照六种状态循环通电，故称为三相六拍运行方式。通过工作原理可知，在这种方式下，每次换相通电时步进电动机转动的角度是三相单三拍和三相双三拍运行方式的一半。

由上述分析可知：步进电动机定子上有 m 相励磁绕组，其轴线分别与转子齿轴线偏移 τ/m、$2\tau/m$、…、$(m-1)\tau/m$、τ，这样只要定子按一定的相序通断电，电动机就能按一定的方向旋转。只要符合这一条件，理论上就可以制造出任何相数的步进电动机。但出于成本等多方面考虑，市场上一般以二、三、四、五相步进电动机居多。

由步进电动机的结构和工作原理不难得出，步进电动机步距角 θ 的计算公式为

$$\theta = 360°/(NZ) \tag{4-2}$$

式中，N 为步进电动机一个通电循环运行的拍数；Z 为转子齿数。

3. S7–200 PLC 的高速脉冲输出指令

S7–200 系列 PLC 所有型号的 CPU 都有两个高速脉冲发生器，产生的高速脉冲分别从 Q0.0 和 Q0.1 输出，其输出的高速脉冲有两种形式：PTO 和 PWM。PTO 能提供周期及数量由用户控制的、占空比为 50%的方波脉冲，又分为单段 PTO 和多段 PTO 两种形式；PWM 能提供周期及脉冲宽度由用户控制的、持续的脉冲。输出高速脉冲时，S7–200 PLC 必须选用 DC/DC/DC 型号的 CPU。

高速脉冲发生器和数字量输出共同使用 Q0.0 及 Q0.1。当 Q0.0 或 Q0.1 被设定为 PTO 或 PWM 功能输出高速脉冲时，由 PTO/PWM 发生器控制其输出，并禁止这两个输出点作为普通数字量输出使用。此时，由 Q0.0 和 Q0.1 输出的高速脉冲波形不受输出映像寄存器状态的影响，但输出映像寄存器的值可决定输出波形的初始状态。建议在启动 PTO 或 PWM 操作之

前，将 Q0.0 或 Q0.1 设定为 0。当不使用 PTO/PWM 发生器时，Q0.0 和 Q0.1 的输出控制权转交给输出映像寄存器。

单段 PTO/PWM 输出脉冲的形式都由一个控制字节（8 位），一个脉冲周期存储单元（16 位无符号整数，字型），一个脉冲宽度存储单元（只针对 PWM 方式，16 位无符号整数，字型）及一个输出脉冲数量存储单元（只针对单段 PTO 方式，32 位无符号整数，双字型）共同控制，这些存储单元全部在特殊标志位存储区 SM 中。一旦这些特殊存储单元被设置成所需要的数值后，即可以通过执行高速脉冲输出指令 PLS 来启动脉冲输出。多段 PTO 脉冲的输出控制比较复杂，将在后面单独讲解。在任意时刻，通过向控制字节的 PTO/PWM 启动位（SM67.7 或 SM77.7）写入 0，然后再执行 PLS 指令，即可停止 PTO 或 PWM 脉冲的输出。Q0.0 和 Q0.1 所接的负载至少应为额定负载的 10%，输出的 PTO/PWM 脉冲才有陡直的上升沿和下降沿。

1）PTO

PTO 功能能产生指定周期和数量的方波（50%占空比）脉冲序列，可以微秒或毫秒为时间单位设定脉冲周期，周期范围可从 10～65 535 μs，或从 2～65 535 μs。如果设定周期时间为奇数，则会引起占空比的失真，如图 4.6 所示。脉冲数量范围可从 1 个至 4 294 967 295 个。

图 4.6　PTO 产生的脉冲序列

如果指定的周期时间少于两个时间单位，则周期时间默认为两个时间单位。如果指定的脉冲数量为 0，则脉冲数量默认为 1。

状态字节中的 PTO 空闲位（SM66.7 或 SM76.7）用来指示脉冲序列输出是否完成。另外，脉冲序列输出完成可引发相应的中断；如果使用多段 PTO 操作，将在包络表中的所有脉冲段都输出完成时引发中断。

（1）单段 PTO。

在单段 PTO 方式，执行一次 PLS 指令只能输出一段指定数量（最多 4 294 967 295 个）和周期（以微秒或毫秒为单位，最大 65 535 毫秒或微秒）的脉冲序列。单段 PTO 具有脉冲序列的排队功能，在队列中只能存储一段脉冲序列的属性。在执行 PLS 指令启动一段脉冲输出后，立即按照要求设置下一段脉冲的属性，并再次执行 PLS 指令，这样，下一段脉冲序列的属性就会在 PTO 队列中一直保持到上一段脉冲序列输出完成。一旦上一段脉冲序列输出完成后，就会接着输出下一段脉冲序列。此时，队列可继续用于存储下一段新的脉冲序列。利用此功能可以实现多个单段 PTO 脉冲序列的连续输出。

（2）多段 PTO。

在多段 PTO 中，执行一次 PLS 指令能连续输出最多 255 段脉冲。执行多段 PTO 操作时，PLC 会自动从变量存储区（V 存储区）的包络表中读取各段脉冲序列的属性并依次输出。多段 PTO 中每段脉冲序列的周期可以微秒或毫秒为单位，但是，所有 PTO 段的脉冲周期必须使用同一个时间基准,并且在多段 PTO 输出过程中不能改变。多段 PTO 操作的另一个特点是通过对周期增量的设置(周期增量可正可负),实现对每段脉冲序列中的每一个脉冲与前一个脉冲相比周期自动增加或减少的功能。在周期增量区输入一个正值将依次增加脉冲的周期时间,输入一个负值将依次减少脉冲的周期时间;若周期增量数值为零,则本段脉冲序列的所有脉冲周期保持不变。

欲选择多段 PTO 操作,必须先设置控制字节,再在变量存储区建立包络表,然后装载包络表在变量存储区的起始偏移地址到 SMW168(Q0.0 输出多段 PTO)或 SMW178(Q0.1 输出多段 PTO)中,最后再执行 PLS 指令输出高速脉冲。

在包络表中,每段脉冲序列的长度均为 8 个字节,分成 3 部分,分别为一个字的初始周期值、一个字的周期增量值和一个双字的脉冲数量。多段 PTO 的包络表格式如表 4.2 所示。

表 4.2 多段 PTO 的包络表格式

偏移量	段数	说 明
0		段数目(1~255);数 0 会造成非致命性错误,且无 PTO 脉冲输出
1	#1	初始脉冲周期(2~65 535 个时间基准单位)
3		脉冲的周期增量(有符号数)(−32 768~32 767 个时间基准单位)
5		脉冲数量(1~4 294 967 295)
9	#2	初始脉冲周期(2~65 535 个时间基准单位)
11		脉冲的周期增量(有符号数)(−32 768~32 767 个时间基准单位)
13		脉冲数量(1~4 294 967 295)
...	...	...

在多段 PTO 的某段脉冲输出过程中,如果出现非法的脉冲周期值,则会发生算术溢出错误,此时 PTO 功能被终止,状态字节内的增量计算错误位(Q0.0 为 SM66.4,Q0.1 为 SM76.4)被置为 1,Q0.0 或 Q0.1 的输出变成由输出映像寄存器控制。当多段 PTO 执行时,当前正在输出的 PTO 段数存储在 SMB166(Q0.0)或 SMB176(Q0.1)内。

2)PWM

PWM 功能产生占空比可调的 PWM 脉冲输出,可以以微秒或毫秒为时间单位设定脉冲周期及脉冲宽度,二者必须采用相同的时间单位,如图 4.7 所示。周期范围可从 10~65 535 μs,或从 2~65 535 ms;脉冲宽度范围可从 0~65 535 μs,或从 0~65 535 ms。

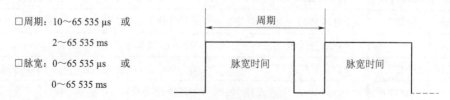

图 4.7 PWM 产生的脉冲输出

当脉冲宽度设定值大于等于周期值时，脉冲的占空比为 100%，输出被连续打开。当脉冲宽度设定值为 0 时，脉冲的占空比为 0，输出被关闭。如果指定的周期时间小于两个时间单位，周期时间被默认为两个时间单位。

在 PWM 方式下，如果改变了脉冲的周期值，则 PWM 输出的脉冲波形有两种更新方式：同步更新和异步更新。

（1）同步更新：在 PWM 输出过程中，如果没有改变脉冲周期的时间基准，可以使用同步更新。进行同步更新时，脉冲波形的变化发生在周期边缘，输出脉冲能平滑衔接。

（2）异步更新：在 PWM 输出过程中，如果改变了脉冲周期的时间基准（如周期时间从以微秒为单位变成了以毫秒为单位，或从以毫秒为单位变成了以微秒为单位），则应使用异步更新。异步更新时，S7–200 会暂时关闭 PWM 输出，这可能会造成被控设备暂时不稳。基于此原因，建议尽量选择可用于所有 PWM 脉冲的周期时间基准，以使用 PWM 的同步更新，从而提供不同周期 PWM 脉冲之间的平滑转换。

3）PTO/PWM 有关寄存器

表 4.3、表 4.4、表 4.5 分别是用于 PTO/PWM 脉冲输出的有关寄存器，表 4.6 所示为控制寄存器编程时的参考设置。在控制寄存器中，有些位是专门用于设置 PTO 脉冲的，如 SM67.2、SM77.2、SM67.5、SM77.5，在执行 PWM 操作时，这些位设为 0 或 1 对 PWM 脉冲没有影响，一般设为 0 即可；同理，有些位是专门用于设置 PWM 脉冲的，如 SM67.1、SM77.1、SM67.4、SM77.4，在执行 PTO 操作时，这些位设为 0 或 1 对 PTO 脉冲没有影响，一般设为 0 即可。

表 4.3　PTO/PWM 状态寄存器

Q0.0	Q0.1	功 能 说 明	
SM66.4	SM76.4	PTO 包络由于增量计算错误而中止	0：无错误；1：因增量计算错误而中止
SM66.5	SM76.5	PTO 包络由于用户命令而中止	0：无错误；1：因用户命令而中止
SM66.6	SM76.6	PTO 脉冲序列上溢/下溢	0：无溢出；1：上溢或下溢
SM66.7	SM76.7	PTO 空闲	0：PTO 进行中；1：PTO 空闲

表 4.4　PTO/PWM 控制寄存器

Q0.0	Q0.1	功 能 说 明	
SM67.0	SM77.0	PTO/PWM 更新周期时间	0：不能更新周期值；1：能更新周期值
SM67.1	SM77.1	PWM 更新脉冲宽度时间	0：不能更新脉冲宽度；1：能更新脉冲宽度
SM67.2	SM77.2	PTO 更新脉冲数值	0：不能更新脉冲数；1：能更新脉冲数
SM67.3	SM77.3	PTO/PWM 时间基准选择	0：选择 μs 为时间基准；1：选择 ms 为时间基准
SM67.4	SM77.4	PWM 更新方法	0：异步更新；1：同步更新
SM67.5	SM77.5	PTO 方式选择	0：单段 PTO 方式；1：多段 PTO 方式
SM67.6	SM77.6	PTO/PWM 模式选择	0：选择 PTO；1：选择 PWM
SM67.7	SM77.7	PTO/PWM 允许	0：禁止 PTO/PWM；1：允许 PTO/PWM

表 4.5 其他 PTO/PWM 寄存器

Q0.0	Q0.1	功 能 说 明
SMW68	SMW78	单段 PTO/PWM 周期时间（范围：2~65 535）
SMW70	SMW80	PWM 脉冲宽度（范围：0~65 535）
SMD72	SMD82	单段 PTO 脉冲计数值（范围：1~4 294 967 295）
SMB166	SMB176	多段 PTO 正在进行中的段数
SMW168	SMW178	多段 PTO 包络表的起始位置，以距 V0 的字节偏移量表示

表 4.6 PTO/PWM 控制寄存器编程参考

控制寄存器（十六进制数）	执行 PLS 指令的结果							
	允许	模式选择	PTO 方式	PWM 更新方法	时间基准	脉冲数	脉冲宽度	周期时间
16#81	是	PTO	单段		μs			更新
16#84	是	PTO	单段		μs	更新		
16#85	是	PTO	单段		μs	更新		更新
16#89	是	PTO	单段		ms			更新
16#8C	是	PTO	单段		ms	更新		
16#8D	是	PTO	单段		ms	更新		更新
16#A0	是	PTO	多段		μs			
16#A8	是	PTO	多段		ms			
16#D1	是	PWM		同步	μs			更新
16#D2	是	PWM		同步	μs		更新	
16#D3	是	PWM		同步	μs		更新	更新
16#D9	是	PWM		同步	ms			更新
16#DA	是	PWM		同步	ms		更新	
16#DB	是	PWM		同步	ms		更新	更新

4）高速脉冲输出指令

高速脉冲输出指令的梯形图和语句表如图 4.8 所示。

操作数范围：Q0.X：0 或 1。

EN：梯形图指令的使能输入端，必须通过触点接左母线。当左母线的"能流"能流到 EN 端时，指令被执行，Q0.0 或 Q0.1 即按设定的方式输出 PTO/PWM 高速脉冲。

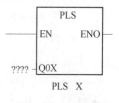

图 4.8 PLS 指令

5) PTO/PWM 的编程步骤

（1）单段 PTO。

要在 Q0.0 或 Q0.1 上输出单段 PTO 脉冲，可按如下步骤进行编程：

① 根据实际需要设置控制寄存器 SMB67（Q0.0）或 SMB77（Q0.1）；

② 将 PTO 脉冲的周期值送入 SMW68（Q0.0）或 SMW78（Q0.1）；

③ 将 PTO 脉冲的数量送入 SMD72（Q0.0）或 SMD82（Q0.1）；

④ 执行 PLS 指令。

另外，利用单段 PTO 序列的排队功能可以实现连续输出多段脉冲，详见"单段 PTO"说明。

【例 4–1】图 4.9 所示为利用 Q0.0 输出 10 000 个周期为 500 μs 的 PTO 脉冲的例子。在此程序中，按下 I0.0 接的启动按钮，即在 Q0.0 上输出脉冲，按下 I0.1 接的停止按钮，即停止 Q0.0 上的 PTO 脉冲输出。

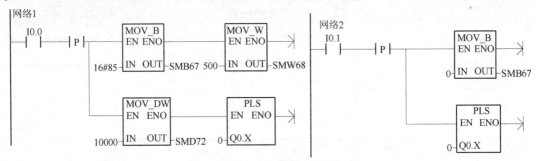

图 4.9　Q0.0 输出单段 PTO 脉冲

（2）多段 PTO。

要在 Q0.0 或 Q0.1 上输出多段 PTO 脉冲，可按如下步骤进行编程：

① 根据实际需要设置控制寄存器 SMB67（Q0.0）或 SMB77（Q0.1）；

② 在变量存储区建立包络表；

③ 将包络表在变量存储区的起始偏移地址送入 SMW168（Q0.0 输出多段 PTO）或 SMW178（Q0.1 输出多段 PTO）中；

④ 执行 PLS 指令。

多段 PTO 脉冲输出编程见本任务的实施部分。

（3）PWM。

要在 Q0.0 或 Q0.1 上输出 PWM 脉冲，可按如下步骤进行编程：

① 根据实际需要设置控制寄存器 SMB67（Q0.0）或 SMB77（Q0.1）；

② 将 PWM 脉冲的周期值送入 SMW68（Q0.0）或 SMW78（Q0.1）；

③ 将 PWM 脉冲的脉宽值送入 SMW70（Q0.0）或 SMW80（Q0.1）；

④ 执行 PLS 指令。

【例 4–2】图 4.10 所示为利用 Q0.1 输出周期为 50 ms，脉宽值分别 10 ms 和 20 ms 的例子。在此程序中，按下 I0.0 接的启动按钮，即在 Q0.1 上输周期为 50 ms，占空比为 20%的 PWM 脉冲；按下 I0.1 接的启动按钮，即在 Q0.1 上输周期为 50 ms，占空比为 40%的 PWM 脉冲；按下 I0.2 接的停止按钮，即停止 Q0.1 上的 PWM 脉冲输出。

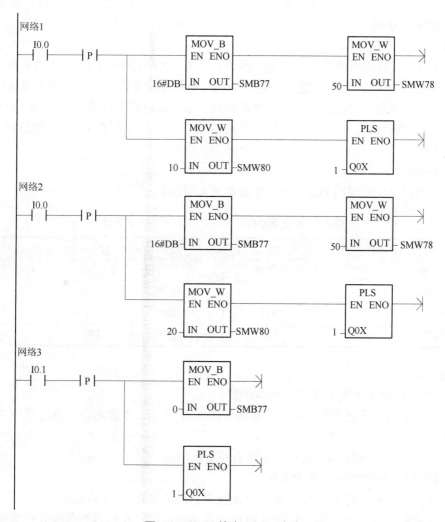

图 4.10 Q0.1 输出 PWM 脉冲

4.1.4 任务实施

1. 设备选型

1）步进电动机和驱动器选型

根据 4.1.1 中所提任务要求，步进电动机可选用 86BYG250A-0202 或其他型号的两相混合式步进电动机，驱动器选用与之配套的 SH-20504D 两相混合式步进电动机细分驱动器或与步进电动机配套的其他型号的驱动器。

2）PLC 选型

该系统需要 3 个数字量输入点，3 个数字量输出点，故 PLC 可选用 S7-200 CPU 222 DC/DC/DC，该 PLC 带 8 个直流数字量输入点和 6 个晶体管数字量输出点，满足系统要求。因为 PLC 需要输出高速脉冲驱动步进电动机，所以此处不能选继电器输出的 CPU。

3）24 V 直流电源选型

步进电动机驱动器和 PLC 需要 DC 24 V 直流电源供电，本系统选用 S-350-24，输出电流为 10 A 的开关电源。

4）低压电器选型

系统需要一低压断路器作为交流电源的引入开关，选用 C65N–C10A/1P 的单相低压断路器，熔断器配 RT18–32，熔体额定电流选用 10 A。另外还需要两个直流断路器分别作为 PLC 供电电源开关和步进电动机驱动器供电电源开关，选用施耐德公司的 C65H–DC/2P 断路器。

系统需要正转启动、反转启动和停止按钮各 1 个，选用 LA20–11 复合型按钮，绿色 2 个、红色 1 个。

2. I/O 分配表

步进电动机正反转控制 PLC I/O 分配表如表 4.7 所示。

表 4.7 步进电动机正反转控制 PLC I/O 分配表

输 入			输 出		
设 备		输入点	设 备		输出点
正转启动按钮	SB1	I0.0	方向控制	DIR	Q0.0
反转启动按钮	SB2	I0.1	脉冲输出	PLS	Q0.1
停止按钮	SB3	I0.2	脱机控制	FREE	Q0.2

3. 电气原理图

1）设计主电路并绘制主电路电气原理图

主电路主要用于提供工作电源，其电路如图 4.11 所示。步进电动机驱动器和 PLC 之间采用共阴极连接。

（1）进线电源断路器 QF1 完成主电路分断交流电源。

（2）熔断器 FU 作为短路保护器件。

（3）开关电源 PW 为 PLC 以及步进电动机驱动器提供直流 24 V 工作电源。

（4）直流断路器 QF2、QF3 分别为 PLC 以及步进电动机驱动器的电源分断器件。

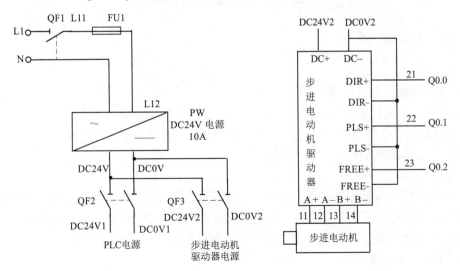

图 4.11 主电路原理图

2)设计 PLC 输入/输出接线图

PLC 输入/输出接线图如图 4.12 所示。Q0.0 控制步进电动机转向,Q0.0 有输出,步进电动机正转,Q0.0 没有输出,步进电动机反转;Q0.1 输出高速脉冲给驱动器,由驱动器驱动步进电动机转动;Q0.2 控制驱动器的脱机信号是否有效,Q0.2 有输出,步进电动机处于脱机状态,Q0.2 没有输出,步进电动机正常运行。

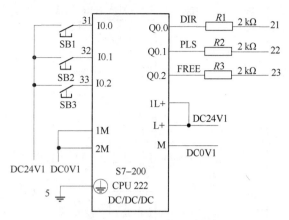

图 4.12　PLC 输入/输出接线图

4. 控制程序

1)脉冲参数计算及包络表的建立

根据 4.1.1 中所提任务要求,步进电动机运行要经历先加速、再匀速、最后减速的过程,即 PLC 输出的驱动步进电动机运行的脉冲频率要先逐渐增加,然后保持不变,最后再逐渐减小。要输出这种形式的脉冲,需要使用 S7–200 的多段 PTO 脉冲输出功能。

根据任务要求,第一段脉冲为 4 000 个,频率从 200 Hz 均匀增加到 1 000 Hz,换算成周期是从 5 000 μs 均匀减少到 1 000 μs,周期增量为−1 μs;第二段脉冲为 20 000 个,频率保持 1 000 Hz,换算成周期为 1 000 μs,周期增量为 0 μs;第三段脉冲为 2 000 个,频率从 1 000 Hz 均匀减小到 200 Hz,换算成周期是从 1 000 μs 均匀增加到 5 000 μs,周期增量为+2 μs。

据此,可以写出多段 PTO 脉冲输出的包络表,如表 4.8 所示,设包络表从变量存储区的 VB500 开始存放。

表 4.8　多段 PTO 脉冲的包络表

偏移量	段数	说　明
VB500		PTO 脉冲总段数,3 段
VW501	#1	第一段 PTO 脉冲的初始周期,5 000 μs
VW503		第一段 PTO 脉冲的周期增量,−1 μs
VD505		第一段 PTO 脉冲的脉冲数量,4 000 个
VW509	#2	第二段 PTO 脉冲的初始周期,1 000 μs
VW511		第二段 PTO 脉冲的周期增量,0 μs
VD513		第二段 PTO 脉冲的脉冲数量,20 000 个
VW517	#3	第三段 PTO 脉冲的初始周期,1 000 μs
VW519		第三段 PTO 脉冲的周期增量,+2 μs
VD521		第三段 PTO 脉冲的脉冲数量,2 000 个

2)控制程序的编写

根据上述分析,使用 Q0.1 输出高速脉冲驱动步进电动机,控制程序如图 4.13 所示。

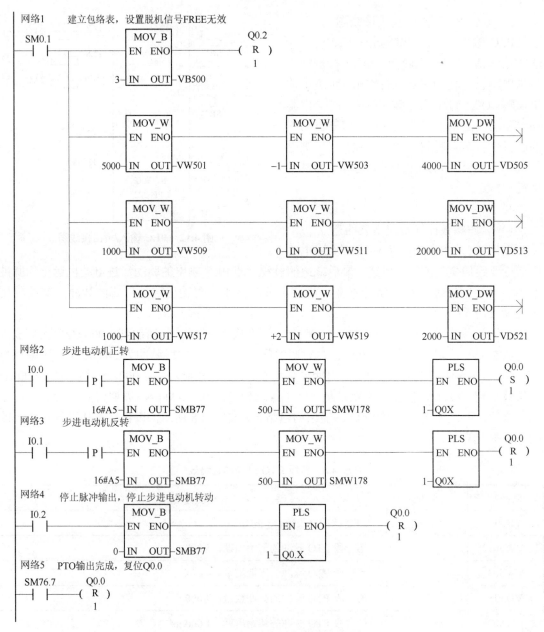

图 4.13 步进电动机正反转控制程序

5. 系统安装调试

（1）按照图 4.11 和图 4.12 所示主电路原理图和 PLC 接线图分别完成接线并确认接线正确。

（2）打开 STEP 7-Micro/WIN32 软件，新建项目并输入程序。编译通过后，先断开步进电动机驱动器电源，只接通 PLC 电源，下载程序到 PLC 中。监控程序运行状态，分析运行结果。

（3）程序符合控制要求后再接通步进电动机驱动器电源，并进行系统调试，直至满足控制要求为止。

任务 4.2　电动机的转速测量

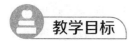

1. 知识目标

了解编码器的分类、结构、工作原理及应用场合；掌握 S7-200 PLC 的数学运算指令、逻辑运算指令、数据转换指令及应用；了解 S7-200 PLC 的中断系统及中断事件，掌握 S7-200 PLC 的中断编程及应用；了解 S7-200 PLC 高速计数器结构，掌握高速计数器的编程及应用。

2. 能力目标

能用 S7-200 PLC 对高速脉冲进行计数，并能进行转速、位移等的测量和控制。

电动机的转速测量

4.2.1　任务引入

某三相交流异步电动机额定转速为 960 r/min，用 PLC 控制其运行，测量其转速并用三个七段 LED 数码管显示。

4.2.2　任务分析

在实际应用中，电动机的转速测量方法很多，常用方法之一就是通过将增量式旋转编码器与电动机转子转轴连接产生高速脉冲，再由控制器对高速脉冲数量进行计数，进而计算出转速。同理，通过这种方法也可以计算出直线位移或角位移等，在发电机、电动机、卷扬机、数控机床等设备的试验、运转和控制中具有广泛的应用。

4.2.3　相关知识

1. 编码器及应用

1）编码器的分类

编码器是把角位移或直线位移转换成电信号的一种装置。由于编码器具有高精度、高分辨率和高可靠性等特点，已被广泛应用于各种位移、转速等的测量控制及工位编码、伺服电动机控制等领域。

编码器的种类很多，按照检测原理可分为电刷式、电磁感应式及光电式等，按照读出方式可分为接触式和非接触式，按照工作原理可分为增量式和绝对式。

接触式编码器采用电刷输出，电刷接触导电区或绝缘区来表示代码的状态是"1"还是"0"。非接触式编码器的接收敏感元件一般是光敏元件或磁敏元件，采用光敏元件时以透光区和不透光区来表示代码的状态是"1"还是"0"。

增量式编码器不能直接输出数字编码，而是将角位移转换成周期性的电信号，再把这个电信号转变成计数脉冲，用脉冲的个数表示位移的大小。绝对式编码器的每一个位置对应一个确定的数字编码，因此它的示值只与测量的起始和终止位置有关，而与测量的中间过程无关。绝对式编码器可以直接将角度或直线坐标转换为数字编码，能方便地与数字系统连接。

由于光电编码器具有非接触、体积小、分辨率高、抗干扰能力强等优点,因此,它是目前应用最为广泛的一种编码器。本系统中测量转速采用的编码器就是增量式光电编码器。

2)增量式光电编码器的结构和工作原理

增量式光电编码器的外形如图4.14(a)所示,内部结构如图4.14(b)所示,码盘与转轴连在一起。码盘可用玻璃材料制成,表面镀上一层不透光的金属铬,然后在边缘制成向心的透光狭缝,透光狭缝在码盘圆周上等分,数量从几百条到几千条不等。这样,整个码盘圆周就被等分成 n 个透光的槽。增量式光电编码器的码盘也可用不锈钢薄板制成,然后在圆周边缘切割出均匀分布的透光槽。

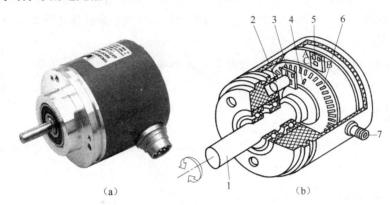

图 4.14 增量式光电编码器

(a)外形;(b)内部结构

1—转轴;2—发光二极管;3—光栏板;4—零位标志槽;5—光敏元件;6—码盘;7—电源及信号线连接座

最常用的光电编码器的光源是自身有聚光效果的发光二极管。当码盘随工作轴一起转动时,光线透过码盘和光栏板狭缝,形成忽明忽暗的光信号。光敏元件把此光信号转换为电信号,经整形、放大等电路的变换后变成脉冲信号,如图 4.15 所示。

增量式光电编码器分为单路输出和双路输出两种。单路输出是指编码器的输出仅有一路脉冲,而双路输出的编码器输出两路相位相差 90°的脉冲,通过这两路脉冲可以判断码盘的旋转方向。图 4.15 所示为双路输出的光电编码器脉冲波形,其中 A、B 分别是两路输出脉冲,C_0 为一转脉冲,码盘每转一周,C_0 输出一个脉冲,可用于对编码器转动的圈数进行计数。

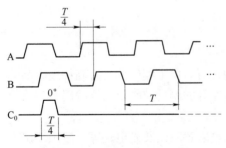

图 4.15 光电编码器的输出波形

增量式光电编码器的技术参数主要有供电电压,每转脉冲数(单位 p/r,从几十 p/r 到几千 p/r 不等)。

3)增量式光电编码器用于测速的算法

由于增量式光电编码器的输出信号是脉冲形式,因此,可以通过测量脉冲频率或周期的方法来测量转速。使用增量式光电编码器进行测速的方法主要有 M 法和 T 法。

(1)M 法测速:适合于测量高转速场合。它是在一定的时间间隔 t_c 内(又称闸门时间,如 1 s、0.1 s 等),用增量式光电编码器所产生的脉冲数来确定速度,其示意图如图 4.16 所示。

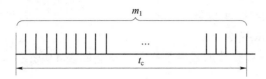

图 4.16　增量式光电编码器的 M 法测速示意图

若增量式光电编码器每转产生 N 个脉冲，在闸门时间间隔 t_c 内得到 m_1 个脉冲，则增量式光电编码器所产生的脉冲频率 f 为

$$f = \frac{m_1}{t_c} \tag{4-3}$$

则转速 n（单位为 r/min）为

$$n = 60\frac{f}{N} = 60\frac{m_1}{t_c N} \tag{4-4}$$

例如某增量式光电编码器的指标为 2 048 个脉冲/转（即 N=2 048 p/r），在 0.2 s 时间内测得 8 192 个脉冲，则转速 n 为

$$n = 60\frac{m_1}{t_c N} = 60 \times \frac{8\,192}{2\,048 \times 0.2}\ \text{r/min} = 1\,200\ \text{r/min}$$

M 法测速适合于测量转速较高的场合，否则由于 t_c 时间内产生的脉冲数较少，会降低测量的精度。闸门时间 t_c 的长短对测量精度也有较大影响。t_c 取得较长时，测量精度较高，但不能反映速度的瞬时变化，不适合动态测量；t_c 也不能取得太小，以至于在 t_c 时段内得到的脉冲太少，而使测量精度降低。

（2）T 法测速：适合于低转速场合。它是用已知频率 f_c 作为时钟，填充到编码器输出的两个相邻脉冲之间，其示意图如图 4.17 所示。

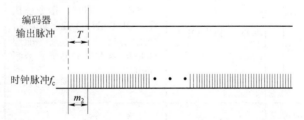

图 4.17　增量式光电编码器的 T 法测速示意图

假设编码器每转产生 N 个脉冲，两个相邻脉冲之间填充的时钟 f_c 的脉冲数为 m_2，则转速 n（单位为 r/min）为

$$n = 60\frac{f_c}{Nm_2} \tag{4-5}$$

例如有一增量式光电编码器，其参数为 1 024 p/r，测得两个相邻脉冲之间的脉冲数为 3 000，时钟频率 f_c 为 1 MHz，则转速 n 为

$$n = 60\frac{f_c}{Nm_2} = 60 \times 1\,000\,000/(1\,024 \times 3\,000) = 19.53\ (\text{r/min})$$

2. S7–200 PLC 的数学运算指令

1）整数与双整数加减指令

总共有 4 条，整数与双整数加减指令格式及功能如表 4.9 所示。

表 4.9　整数与双整数加减指令格式及功能

指令名称	指令格式 梯形图	指令格式 语句表	梯形图指令功能说明	操作数范围
整数加法	ADD_I EN ENO IN1 OUT IN2	+I　IN, OUT	当左母线的"能流"流到指令盒的 EN 端时，指令被执行，OUT=IN1+IN2。如果指令正确执行，则"能流"能通过 ENO 端继续向右流动，否则"能流"终止	EN：输入使能端，必须通过触点接右母线； ENO：输出使能端，后边可接指令盒、线圈或触点，也可直接接左母线； IN、IN1、IN2：VW、IW、QW、MW、SW、SMW、T、C、AC、LW、AIW、*VD、*LD、*AC、常数，有符号整数； OUT：VW、IW、QW、MW、SW、SMW、T、C、AC、LW、*VD、*LD、*AC，有符号整数
整数减法	SUB_I EN ENO IN1 OUT IN2	–I　IN, OUT	当左母线的"能流"流到指令盒的 EN 端时，指令被执行，OUT=IN1–IN2。如果指令正确执行，则"能流"能通过 ENO 端继续向右流动，否则"能流"终止	
双整数加法	ADD_DI EN ENO IN1 OUT IN2	+D　IN, OUT	当左母线的"能流"流到指令盒的 EN 端时，指令被执行，OUT=IN1+IN2。如果指令正确执行，则"能流"能通过 ENO 端继续向右流，否则"能流"终止	EN：输入使能端，必须通过触点接右母线； ENO：输出使能端，后边可接指令盒、线圈或触点，也可直接接左母线； IN、IN1、IN2：VD、ID、QD、MD、SD、SMD、AC、LD、HC、*VD、*LD、*AC、常数，有符号整数； OUT：VD、ID、QD、MD、SD、SMD、AC、LD、*VD、*LD、*AC，有符号整数
双整数减法	SUB_DI EN ENO IN1 OUT IN2	–D　IN, OUT	当左母线的"能流"流到指令盒的 EN 端时，指令被执行，OUT=IN1–IN2。如果指令正确执行，则"能流"能通过 ENO 端继续向右流，否则"能流"终止	

2）整数乘除指令

总共有 6 条，整数乘除指令格式及功能如表 4.10 所示。

表 4.10 整数乘除指令格式及功能

指令名称	指令格式 梯形图	指令格式 语句表	梯形图指令功能说明	操作数范围
整数乘法	MUL_I EN ENO IN1 OUT IN2	*I IN, OUT	当左母线的"能流"流到指令盒的 EN 端时,指令被执行,OUT=IN1*IN2。如果指令正确执行,则"能流"能通过 ENO 端继续向右流,否则"能流"终止	EN:输入使能端,必须通过触点接左母线; ENO:输出使能端,后边可接指令盒、线圈或触点,也可直接接右母线; IN、IN1、IN2:VW、IW、QW、MW、SW、SMW、T、C、AC、LW、AIW、*VD、*LD、*AC、常数,有符号整数; OUT:VW、IW、QW、MW、SW、SMW、T、C、AC、LW、*VD、*LD、*AC,有符号整数
整数除法	DIV_I EN ENO IN1 OUT IN2	/I IN, OUT	当左母线的"能流"流到指令盒的 EN 端时,指令被执行,OUT=IN1/IN2,OUT 只保留商,舍去余数。如果指令正确执行,则"能流"能通过 ENO 端继续向右流,否则"能流"终止	
双整数乘法	MUL_DI EN ENO IN1 OUT IN2	*D IN, OUT	当左母线的"能流"流到指令盒的 EN 端时,指令被执行,OUT=IN1*IN2。如果指令正确执行,则"能流"能通过 ENO 端继续向右流,否则"能流"终止	EN:输入使能端,必须通过触点接左母线; ENO:输出使能端,后边可接指令盒、线圈或触点,也可直接接右母线; IN、IN1、IN2:VD、ID、QD、MD、SD、SMD、AC、LD、HC、*VD、*LD、*AC、常数,有符号整数; OUT:VD、ID、QD、MD、SD、SMD、AC、LD、*VD、*LD、*AC,有符号整数
双整数除法	DIV_DI EN ENO IN1 OUT IN2	/D IN, OUT	当左母线的"能流"流到指令盒的 EN 端时,指令被执行,OUT=IN1/IN2,OUT 只保留商,舍去余数。如果指令正确执行,则"能流"能通过 ENO 端继续向右流,否则"能流"终止	
整数乘法产生双整数	MUL EN ENO IN1 OUT IN2	MUL IN, OUT	当左母线的"能流"流到指令盒的 EN 端时,指令被执行,OUT=IN1*IN2。该指令是将 IN1 和 IN2 两个 16 位有符号整数相乘,得到一个 32 位有符号整数乘积并存到 OUT 指定的双字型存储单元中。如果指令正确执行,则"能流"能通过 ENO 端继续向右流,否则"能流"终止	EN:输入使能端,必须通过触点接左母线; ENO:输出使能端,后面可接指令盒、线圈或触点,也可直接接右母线; IN、IN1、IN2:VW、IW、QW、MW、SW、SMW、T、C、AC、LW、AIW、*VD、*LD、*AC、常数,有符号整数

续表

指令名称	指令格式		梯形图指令功能说明	操作数范围
	梯形图	语句表		
整数除法产生双整数	DIV EN ENO IN1 OUT IN2	DIV IN, OUT	当左母线的"能流"流到指令盒的 EN 端时,指令被执行。该指令是将 16 位有符号整数 IN1 除以 16 位有符号整数 IN2,所得商存到 OUT 指定的双字型存储单元的低字中,余数存到 OUT 指定的双字型存储单元的高字中。如果指令正确执行,则"能流"能通过 ENO 端继续向右流,否则"能流"终止	OUT:VD、ID、QD、MD、SD、SMD、AC、LD、*VD、*LD、*AC,有符号整数

3）整数递增递减指令

总共有 6 条,整数递增递减指令格式及功能如表 4.11 所示。

表 4.11 整数递增递减指令格式及功能

指令名称	指令格式		梯形图指令功能说明	操作数范围
	梯形图	语句表		
字节型整数递增	INC_B EN ENO IN OUT	INCB OUT	当左母线的"能流"流到指令盒的 EN 端时,指令被执行,OUT=IN+1;如果 IN=255,则执行完该指令后,OUT=0。如果指令正确执行,则"能流"能通过 ENO 端继续向右流,否则"能流"终止	EN:输入使能端,必须通过触点接左母线; ENO:输出使能端,后边可接指令盒、线圈或触点,也可直接接右母线; IN:VB、IB、QB、MB、SB、SMB、LB、AC、*VD、*LD、*AC,常数,无符号整数; OUT:VB、IB、QB、MB、SB、SMB、LB、AC、*VD、*LD、*AC,无符号整数
字节型整数递减	DEC_B EN ENO IN OUT	DECB OUT	当左母线的"能流"流到指令盒的 EN 端时,指令被执行,OUT=IN-1;如果 IN=0,则执行完该指令后,OUT=255。如果指令正确执行,则"能流"能通过 ENO 端继续向右流,否则"能流"终止	
字型整数递增	INC_W EN ENO IN OUT	INCW OUT	当左母线的"能流"流到指令盒的 EN 端时,指令被执行,OUT=IN+1;如果 IN=+32 767,则执行完该指令后,OUT=-32 768。如果指令正确执行,则"能流"能通过 ENO 端继续向右流,否则"能流"终止	EN:输入使能端,必须通过触点接左母线; ENO:输出使能端,后面可接指令盒、线圈或触点,也可直接接右母线

续表

指令名称	指令格式		梯形图指令功能说明	操作数范围
	梯形图	语句表		
字型整数递减	DEC_W EN ENO IN OUT	DECW OUT	当左母线的"能流"流到指令盒的 EN 端时,指令被执行,OUT=IN−1;如果 IN=−32 768,则执行完该指令后,OUT=+32 767。如果指令正确执行,则"能流"能通过 ENO 端继续向右流,否则"能流"终止	IN：VW、IW、QW、MW、SW、SMW、T、C、AC、LW、AIW、*VD、*LD、*AC、常数,有符号整数 OUT：VW、IW、QW、MW、SW、SMW、T、C、AC、LW、*VD、*LD、*AC、有符号整数
双字型整数递增	INC_DW EN ENO IN OUT	INCD OUT	当左母线的"能流"流到指令盒的 EN 端时,指令被执行,OUT=IN+1;如果 IN=+2 147 483 647,则执行完该指令后,OUT=−2 147 483 648。如果指令正确执行,则"能流"能通过 ENO 端继续向右流,否则"能流"终止	EN：输入使能端,必须通过触点接左母线 ENO：输出使能端,后面可接指令盒、线圈或触点,也可直接接右母线 IN：VD、ID、QD、MD、SD、SMD、AC、LD、HC、*VD、*LD、*AC、常数,有符号整数; OUT：VD、ID、QD、MD、SD、SMD、AC、LD、*VD、*LD、*AC、有符号整数
双字型整数递减	DEC_DW EN ENO IN OUT	DECD OUT	当左母线的"能流"流到指令盒的 EN 端时,指令被执行,OUT=IN−1;如果 IN=−2 147 483 648,则执行完该指令后,OUT=+2 147 483 647。如果指令正确执行,则"能流"能通过 ENO 端继续向右流,否则"能流"终止	

4）浮点数加减乘除指令

总共有 4 条,浮点数加减乘除指令格式及功能如表 4.12 所示。

表 4.12 浮点数加减乘除指令格式及功能

指令名称	指令格式		梯形图指令功能说明	操作数范围
	梯形图	语句表		
实数加法	ADD_R EN ENO IN1 IN2 OUT	+R IN, OUT	当左母线的"能流"流到指令盒的 EN 端时,指令被执行,OUT=IN1+IN2。如果指令正确执行,则"能流"能通过 ENO 端继续向右流,否则"能流"终止	EN：输入使能端,必须通过触点接左母线 ENO：输出使能端,后边可接指令盒、线圈或触点,也可直接接右母线

续表

指令名称	指令格式		梯形图指令功能说明	操作数范围
	梯形图	语句表		
实数减法	SUB_R EN ENO IN1 OUT IN2	–R IN, OUT	当左母线的"能流"流到指令盒的 EN 端时,指令被执行,OUT=IN1–IN2。如果指令正确执行,则"能流"能通过 ENO 端继续向右流,否则"能流"终止	IN、IN1、IN2:VD、ID、QD、MD、SD、SMD、AC、LD、HC、*VD、*LD、*AC、常数,浮点数; OUT:VD、ID、QD、MD、SD、SMD、AC、LD、*VD、*LD、*AC,浮点数
实数乘法	MUL_R EN ENO IN1 OUT IN2	*R IN, OUT	当左母线的"能流"流到指令盒的 EN 端时,指令被执行,OUT=IN1*IN2。如果指令正确执行,则"能流"能通过 ENO 端继续向右流,否则"能流"终止	
实数除法	DIV_R EN ENO IN1 OUT IN2	/R IN, OUT	当左母线的"能流"流到指令盒的 EN 端时,指令被执行,OUT=IN1/IN2。如果指令正确执行,则"能流"能通过 ENO 端继续向右流,否则"能流"终止	

5)数学函数指令

除 PID 运算外,总共有 6 条,数学函数指令格式及功能如表 4.13 所示。

表 4.13 数学函数指令格式及功能

指令名称	指令格式		梯形图指令功能说明	操作数范围
	梯形图	语句表		
浮点数的平方根运算	SQRT EN ENO IN OUT	SQRT IN, OUT	当左母线的"能流"流到指令盒的EN端时,指令被执行,OUT = $\sqrt{IN}$。如果指令正确执行,则"能流"能通过 ENO 端继续向右流,否则"能流"终止	EN:输入使能端,必须通过触点接左母线; ENO:输出使能端,后边可接指令盒、线圈或触点,也可直接接右母线; IN:VD、ID、QD、MD、SD、SMD、AC、LD、HC、*VD、*LD、*AC、常数,浮点数; OUT:VD、ID、QD、MD、SD、SMD、AC、LD、*VD、*LD、*AC,浮点数
弧度的正弦函数运算	SIN EN ENO IN OUT	SIN IN, OUT	当左母线的"能流"流到指令盒的EN端时,指令被执行,OUT=sin(IN),IN 为弧度。如果指令正确执行,则"能流"能通过 ENO 端继续向右流,否则"能流"终止	

续表

指令名称	指令格式		梯形图指令功能说明	操作数范围
	梯形图	语句表		
弧度的余弦函数运算	COS EN ENO IN OUT	COS IN, OUT	当左母线的"能流"流到指令盒的EN端时,指令被执行,OUT=cos(IN),IN为弧度。如果指令正确执行,则"能流"能通过ENO端继续向右流,否则"能流"终止	通过触点接左母线 ENO:输出使能端,后边可接指令盒、线圈或触点,也可直接接右母线; IN:VD、ID、QD、MD、SD、SMD、AC、LD、HC、*VD、*LD、*AC、常数、浮点数; OUT:VD、ID、QD、MD、SD、SMD、AC、LD、*VD、*LD、*AC、浮点数
弧度的正切函数运算	TAN EN ENO IN OUT	TAN IN, OUT	当左母线的"能流"流到指令盒的EN端时,指令被执行,OUT=tan(IN),IN为弧度。如果指令正确执行,则"能流"能通过ENO端继续向右流,否则"能流"终止	
浮点数的自然对数运算	LN EN ENO IN OUT	LN IN, OUT	当左母线的"能流"流到指令盒的EN端时,指令被执行,OUT=ln^{IN}。如果指令正确执行,则"能流"能通过ENO端继续向右流,否则"能流"终止	
浮点数的自然指数运算	EXP EN ENO IN OUT	EXP IN, OUT	当左母线的"能流"流到指令盒的EN端时,指令被执行,OUT=e^{IN}。如果指令正确执行,则"能流"能通过ENO端继续向右流,否则"能流"终止	

6)对以上数学运算指令的说明

(1)"能流"不能通过指令盒的输出使能端 ENO 继续向右流动的情况有:间接地址引用非法(错误编号 0006),数学运算溢出(溢出或非法数值标志位 SM1.1 置位),除法运算中除数为 0(除数为 0 标志位 SM1.3 置位)。

(2)以上数学运算指令在执行时可能会对如下标志位产生影响:零标志位 SM1.0,溢出或非法数值标志位 SM1.1,负数标志位 SM1.2。对于除法指令,如果除数为 0,还会使除数为 0 标志位 SM1.3 置位。如果 SM1.1 被置位,则 SM1.0 和 SM1.2 状态无效,且输入操作数不变;如果在执行除法运算后,SM1.3 被置位,则其他标志位不变,且输入操作数不变;如果在数学运算后 SM1.1 和 SM1.3 未被置位,也未出现间接地址引用非法(错误编号 0006),则说明数学运算已经正确完成,得出有效结果,且 SM1.0 和 SM1.2 包含有效状态。

(3)对于整数、双整数和浮点数的加、减、乘、除指令,其语句表形式只有两个操作数,分别执行下列运算:OUT=IN+OUT,OUT=OUT−IN,OUT=IN*OUT,OUT=OUT/IN。对于语句表形式的整数乘法产生双整数指令 MUL,32 位 OUT 的低 16 位被用作乘数,对于语句表形式的整数除法产生双整数指令 DIV,32 位 OUT 的低 16 位被用作被除数。

7）数学运算指令应用举例

【例 4–3】求 45° 的正弦值。

解：因为 S7–200 只提供了弧度的三角函数运算，所以本例应先将 45° 转换为弧度：（3.141 59/180）*45，再求正弦值，最后结果放到累加器 AC0 中。程序如图 4.18 所示。

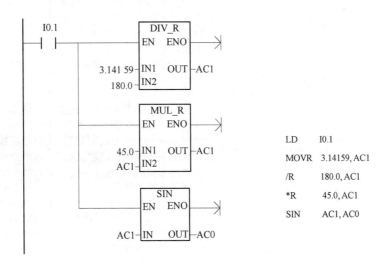

图 4.18　例 4–3 程序

【例 4–4】求 $2.3^{5.4}$ 和 $\log_{2.3}^{4.5}$ 并将结果分别放到 AC0 和 AC1 中。

解：因为 S7–200 只提供了自然指数和自然对数运算，所以对于任意实数的指数运算应使用下式进行变换：$X^Y = \text{EXP}[Y * LN(X)]$（X、Y 为函数定义域内的任意实数），对于以任意实数为底的对数运算也应利用对数的换底公式进行变换：$\log_X^Y = \ln(Y)/\ln(X)$（X、Y 为函数定义域内的任意实数）。程序如图 4.19 所示。

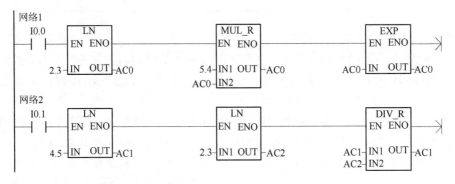

图 4.19　例 4–4 程序

3. S7–200 PLC 的逻辑运算指令

1）逻辑运算指令格式及功能

逻辑运算是对无符号数按位进行与、或、异或和取反等操作，操作数的长度有 B、W、DW，分别对应字节、字和双字的逻辑运算。逻辑运算指令格式及功能如表 4.14 所示。

表 4.14 逻辑运算指令格式及功能

指令名称	指令格式		梯形图指令功能说明	操作数范围
	梯形图	语句表		
字节按位取反指令	INV_B EN ENO IN OUT	INVB OUT	当左母线的"能流"流到指令盒的 EN 端时,指令被执行,将输入字节 IN 中的 8 位二进制数按位取反,结果存到 OUT 中。如果指令正确执行,则"能流"能通过 ENO 端继续向右流,否则"能流"终止	EN:输入使能端,必须通过触点接左母线; ENO:输出使能端,后面可接指令盒、线圈或触点,也可直接接右母线; IN、IN1、IN2:VB、IB、QB、MB、SB、SMB、LB、AC、*VD、*AC、*LD、常数,字节型数据; OUT:VB、IB、QB、MB、SB、SMB、LB、AC、*VD、*AC、*LD,字节型数据
字节按位与指令	WAND_B EN ENO IN1 OUT IN2	ANDB IN, OUT	当左母线的"能流"流到指令盒的 EN 端时,指令被执行,将输入字节 IN1 和 IN2 中的 8 位二进制数按位进行与运算,结果存到 OUT 中。如果指令正确执行,则"能流"能通过 ENO 端继续向右流,否则"能流"终止	
字节按位或指令	WOR_B EN ENO IN1 OUT IN2	ORB IN, OUT	当左母线的"能流"流到指令盒的 EN 端时,指令被执行,将输入字节 IN1 和 IN2 中的 8 位二进制数按位进行或运算,结果存到 OUT 中。如果指令正确执行,则"能流"能通过 ENO 端继续向右流,否则"能流"终止	
字节按位异或指令	WXOR_B EN ENO IN1 OUT IN2	XORB IN, OUT	当左母线的"能流"流到指令盒的 EN 端时,指令被执行,将输入字节 IN1 和 IN2 中的 8 位二进制数按位进行异或运算,结果存到 OUT 中。如果指令正确执行,则"能流"能通过 ENO 端继续向右流,否则"能流"终止	
字按位取反指令	INV_W EN ENO IN OUT	INVW OUT	当左母线的"能流"流到指令盒的 EN 端时,指令被执行,将输入字 IN 中的 16 位二进制数按位取反,结果存到 OUT 中。如果指令正确执行,则"能流"能通过 ENO 端继续向右流,否则"能流"终止	EN:输入使能端,必须通过触点接左母线; ENO:输出使能端,后边可接指令盒、线圈或触点,也可直接接右母线
字按位与指令	WAND_W EN ENO IN1 OUT IN2	ANDW IN, OUT	当左母线的"能流"流到指令盒的 EN 端时,指令被执行,将输入字 IN1 和 IN2 中的 16 位二进制数按位进行与运算,结果存到 OUT 中。如果指令正确执行,则"能流"能通过 ENO 端继续向右流,否则"能流"终止	

续表

指令名称	指令格式		梯形图指令功能说明	操作数范围
	梯形图	语句表		
字按位或指令	WOR_W EN ENO IN1 OUT IN2	ORW IN, OUT	当左母线的"能流"流到指令盒的EN端时，指令被执行，将输入字IN1和IN2中的16位二进制数按位进行或运算，结果存到OUT中。如果指令正确执行，则"能流"能通过ENO端继续向右流，否则"能流"终止	IN、IN1、IN2：VW、IW、QW、MW、SW、SMW、T、C、AIW、LW、AC、*VD、*AC、*LD，常数，字型数据； OUT：VW、IW、QW、MW、SW、SMW、T、C、LW、AC、*VD、*AC、*LD，字型数据
字按位异或指令	WXOR_W EN ENO IN1 OUT IN2	XORW IN, OUT	当左母线的"能流"流到指令盒的EN端时，指令被执行，将输入字IN1和IN2中的16位二进制数按位进行异或运算，结果存到OUT中。如果指令正确执行，则"能流"能通过ENO端继续向右流，否则"能流"终止	
双字按位取反指令	INV_DW EN ENO IN OUT	INVD OUT	当左母线的"能流"流到指令盒的EN端时，指令被执行，将输入双字IN中的32位二进制数按位取反，结果存到OUT中。如果指令正确执行，则"能流"能通过ENO端继续向右流，否则"能流"终止	EN：输入使能端，必须通过触点接左母线； ENO：输出使能端，后边可接指令盒、线圈或触点，也可直接接右母线； IN、IN1、IN2：VD、ID、QD、MD、SMD、AC、LD、SD、HC、*VD、*AC、*LD，常数，双字型数据； OUT：VD、ID、QD、MD、SMD、AC、LD、SD、*VD、*AC、*LD，双字型数据
双字按位与指令	WAND_DW EN ENO IN1 OUT IN2	ANDD IN, OUT	当左母线的"能流"流到指令盒的EN端时，指令被执行，将输入双字IN1和IN2中的32位二进制数按位进行与运算，结果存到OUT中。如果指令正确执行，则"能流"能通过ENO端继续向右流，否则"能流"终止	
双字按位或指令	WOR_DW EN ENO IN1 OUT IN2	ORD IN, OUT	当左母线的"能流"流到指令盒的EN端时，指令被执行，将输入双字IN1和IN2中的32位二进制数按位进行或运算，结果存到OUT中。如果指令正确执行，则"能流"能通过ENO端继续向右流，否则"能流"终止	
双字按位异或指令	WXOR_DW EN ENO IN1 OUT IN2	XORD IN, OUT	当左母线的"能流"流到指令盒的EN端时，指令被执行，将输入双字IN1和IN2中的32位二进制数按位进行异或运算，结果存到OUT中。如果指令正确执行，则"能流"能通过ENO端继续向右流，否则"能流"终止	

说明：① "能流"不能通过指令盒的输出使能端ENO继续向右流动的情况有：间接地址引用非法（错误编号0006）。

② 指令在执行时可能会对零标志位SM1.0产生影响。

③ 上述逻辑运算指令的语句表形式只有两个操作数，执行时是对IN和OUT中的操作数进行运算，结果放到OUT中保存。

2）逻辑运算指令应用举例

【例 4-5】逻辑运算指令应用举例，程序如图 4.20 所示。

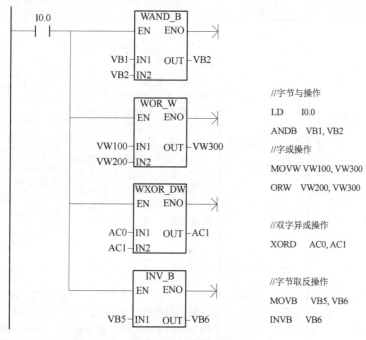

图 4.20　例 4-5 程序

4. S7-200 PLC 的数据转换指令

数据转换指令是对输入的操作数进行转换，并将结果保存到指定的目标地址中。数据转换指令包括数据类型转换类指令、编码和译码指令等。由于这类指令较多，本书只挑选部分常用的指令加以介绍。

1）数据类型转换指令

数据类型转换指令格式及功能如表 4.15 所示。

表 4.15　数据类型转换指令格式及功能

指令名称	指令格式		梯形图指令功能说明	操作数范围
	梯形图	语句表		
字节型整数转换为字型整数	B_I EN　ENO IN　OUT	BTI　IN, OUT	当左母线的"能流"流到指令盒的 EN 端时，指令被执行，将输入 IN 中一个字节的整数值转换为一个字的整数值，并将结果存到 OUT 指定的存储单元中。因为字节中的数值是无符号数，所以转换时不带符号位扩展。如果指令正确执行，则"能流"能通过 ENO 端继续向右流，否则"能流"终止	EN：输入使能端，必须通过触点接左母线； ENO：输出使能端，后边可接指令盒、线圈或触点，也可直接接右母线； IN：VB、IB、QB、MB、SB、SMB、LB、AC、*VD、*LD、*AC、常数，字节型整数； OUT：VW、IW、QW、MW、SW、SMW、LW、AQW、T、C、AC、*VD、*LD、*AC，字型有符号整数

续表

指令名称	指令格式		梯形图指令功能说明	操作数范围
	梯形图	语句表		
字型整数转换为字节型整数	I_B EN ENO IN OUT	ITB IN, OUT	当左母线的"能流"流到指令盒的 EN 端时,指令被执行,将输入 IN 中一个字的有符号整数值转换为一个字节型整数值,并将结果存到 OUT 指定的存储单元中。如果 0≤IN≤255,则指令能正常执行,否则会出现溢出,输出 OUT 中的值保持不变。如果指令正确执行,则"能流"能通过 ENO 端继续向右流,否则"能流"终止	EN:输入使能端,必须通过触点接左母线; ENO:输出使能端,后边可接指令盒、线圈或触点,也可直接接右母线; IN:VW、IW、QW、MW、SW、SMW、LW、T、C、AIW、AC、*VD、*LD、*AC、常数,字型有符号整数; OUT:VB、IB、QB、MB、SB、SMB、LB、AC、*VD、*LD、*AC,字节型整数
字型整数转换为双字型整数	I_DI EN ENO IN OUT	ITD IN, OUT	当左母线的"能流"流到指令盒的 EN 端时,指令被执行,将输入 IN 中一个字的有符号整数值转换为一个双字的有符号整数值,并将结果存到 OUT 指定的存储单元中。转换时,符号位被扩展。如果指令正确执行,则"能流"能通过 ENO 端继续向右流,否则"能流"终止	EN:输入使能端,必须通过触点接左母线; ENO:输出使能端,后面可接指令盒、线圈或触点,也可直接接左母线; IN:VW、IW、QW、MW、SW、SMW、LW、T、C、AIW、AC、*VD、*LD、*AC、常数,字型有符号整数; OUT:VD、ID、QD、MD、SD、SMD、LD、AC、*VD、*LD、*AC,双字型有符号整数
双字型整数转换为字型整数	DI_I EN ENO IN OUT	DTI IN, OUT	当左母线的"能流"流到指令盒的 EN 端时,指令被执行,将输入 IN 中一个双字的有符号整数值转换为一个字有符号整数值,并将结果存到 OUT 指定的存储单元中。如果 −32 768≤IN≤32 767,则指令能正常执行,否则会出现溢出,输出 OUT 中的值保持不变。如果指令正确执行,则"能流"能通过 ENO 端继续向右流,否则"能流"终止	EN:输入使能端,必须通过触点接左母线; ENO:输出使能端,后面可接指令盒、线圈或触点,也可直接接右母线; IN:VD、ID、QD、MD、SD、SMD、LD、HC、AC、*VD、*LD、*AC、常数,双字型有符号整数; OUT:VW、IW、QW、MW、SW、SMW、LW、AQW、T、C、AC、*VD、*LD、*AC,字型有符号整数

续表

指令名称	指令格式		梯形图指令功能说明	操作数范围
	梯形图	语句表		
双字型整数转换为实数	DI_R —EN　ENO— —IN　OUT—	DTR IN, OUT	当左母线的"能流"流到指令盒的 EN 端时，指令被执行，将输入 IN 中一个双字的有符号整数值转换为实数值，并将结果存到 OUT 指定的存储单元中。如果指令正确执行，则"能流"能通过 ENO 端继续向右流，否则"能流"终止	EN：输入使能端，必须通过触点接左母线； ENO：输出使能端，后面可接指令盒、线圈或触点，也可直接接右母线； IN：VD、ID、QD、MD、SD、SMD、LD、HC、AC、*VD、*LD、*AC，常数，双字型有符号整数； OUT：VD、ID、QD、MD、SD、SMD、LD、AC、*VD、*LD、*AC，实数
实数转换为双字型整数（四舍五入）	ROUND —EN　ENO— —IN　OUT—	ROUND IN, OUT	当左母线的"能流"流到指令盒的 EN 端时，指令被执行，将输入 IN 中的实数值经过四舍五入后转换为双字型的有符号整数值（如果小数部分≥0.5，则整数部分加 1），并将结果存到 OUT 指定的存储单元中。如果转换后的整数值在 32 位有符号整数的范围内，则指令能正常执行，否则会出现溢出或非法数值。如果指令正确执行，则"能流"能通过 ENO 端继续向右流，否则"能流"终止	EN：输入使能端，必须通过触点接左母线； ENO：输出使能端，后面可接指令盒、线圈或触点，也可直接接右母线； IN：VD、ID、QD、MD、SD、SMD、LD、AC、*VD、LD、*AC，常数，实数； OUT：VD、ID、QD、MD、SD、SMD、LD、AC、*VD、*LD、*AC，双字型有符号整数
实数转换为双字型整数（截去小数，只保留整数部分）	TRUNC —EN　ENO— —IN　OUT—	TRUNC IN, OUT	当左母线的"能流"流到指令盒的 EN 端时，指令被执行，将输入 IN 中的实数值截去小数，只将整数部分转换为双字型的有符号整数值，并将结果存到 OUT 指定的存储单元中。如果转换后的整数值在 32 位有符号整数的范围内，则指令能正常执行，否则会出现溢出或非法数值。如果指令正确执行，则"能流"能通过 ENO 端继续向右流，否则"能流"终止	EN：输入使能端，必须通过触点接右母线； ENO：输出使能端，后面可接指令盒、线圈或触点，也可直接接左母线； IN：VD、ID、QD、MD、SD、SMD、LD、AC、*VD、LD、*AC，常数，实数； OUT：VD、ID、QD、MD、SD、SMD、LD、AC、*VD、*LD、*AC，双字型有符号整数

续表

指令名称	指令格式		梯形图指令功能说明	操作数范围
	梯形图	语句表		
BCD码转换为整数	BCD_I EN ENO IN OUT	BCDI OUT	当左母线的"能流"流到指令盒的EN端时，指令被执行，将输入IN中的4位BCD码转换为字型的整数值，并将结果存到OUT指定的存储单元中。如果输入IN中的BCD码在0000~9999，则指令能正常执行，否则会出现无效BCD码值。如果指令正确执行，则"能流"能通过ENO端继续向右流，否则"能流"终止	EN：输入使能端，必须通过触点接左母线； ENO：输出使能端，后面可接指令盒、线圈或触点，也可直接接右母线； IN：VW、IW、QW、MW、SW、SMW、LW、T、C、AIW、AC、*VD、*LD、*AC、常数，4位BCD码； OUT：VW、IW、QW、MW、SW、SMW、LW、T、C、AC、*VD、*LD、*AC，字型整数
整数转换为BCD码	I_BCD EN ENO IN OUT	IBCD OUT	当左母线的"能流"流到指令盒的EN端时，指令被执行，将输入IN中的整数值转换为对应的4位BCD码并将结果存到OUT指定的存储单元中。如果输入IN中的整数值在0~9999，则指令能正常执行，否则会出现无效BCD码值。如果指令正确执行，则"能流"能通过ENO端继续向右流，否则"能流"终止	EN：输入使能端，必须通过触点接左母线； ENO：输出使能端，后面可接指令盒、线圈或触点，也可直接接右母线； IN：VW、IW、QW、MW、SW、SMW、LW、T、C、AIW、AC、*VD、*LD、*AC、常数，字型整数； OUT：VW、IW、QW、MW、SW、SMW、LW、T、C、AC、*VD、*LD、*AC，4位BCD码

说明："能流"不能通过指令盒的输出使能端ENO继续向右流动的情况有：间接地址引用非法（错误编号0006）；对于ITB、DTI、ROUND、TRUNC指令出现非法输入数值（此时溢出标志位SM1.1会被置位）；对于BCDI、IBCD指令出现非法输入数值（此时无效BCD码标志位SM1.6会被置位）。

2）编码和译码指令

编码和译码指令格式及功能如表4.16所示。

表4.16 编码和译码指令格式及功能

指令名称	指令格式		梯形图指令功能说明	操作数范围
	梯形图	语句表		
编码指令	ENCO EN ENO IN OUT	ENCO IN, OUT	当左母线的"能流"流到指令盒的EN端时，指令被执行，将输入字IN的最低有效位（从最低位向高位数第一个值为1的位）的位编	EN：输入使能端，必须通过触点接左母线； ENO：输出使能端，后边可接指令盒、线圈或触点，也可直接接右母线

续表

指令名称	指令格式		梯形图指令功能说明	操作数范围
	梯形图	语句表		
编码指令	ENCO EN ENO IN OUT	ENCO IN, OUT	号写入输出字节 OUT 的低 4 位中。如果指令正确执行，则"能流"能通过 ENO 端继续向右流，否则"能流"终止	IN：VW、IW、QW、MW、SW、SMW、LW、AIW、T、C、AC、*VD、*LD、*AC、常数、字型数据； OUT：VB、IB、QB、MB、SB、SMB、LB、AC、*VD、*LD、*AC、字节型数据
译码指令	DECO EN ENO IN OUT	DECO IN, OUT	当左母线的"能流"流到指令盒的 EN 端时，指令被执行，将输出字 OUT 的第 N 位置 1，其他位全部清零，N 为输入字节 IN 中低 4 位二进制数对应的数值。如果指令正确执行，则"能流"能通过 ENO 端继续向右流，否则"能流"终止	EN：输入使能端，必须通过触点接右母线； ENO：输出使能端，后面可接指令盒、线圈或触点，也可直接接左母线； IN：VB、IB、QB、MB、SB、SMB、LB、AC、*VD、*LD、*AC、常数、字节型数据； OUT：VW、IW、QW、MW、SW、SMW、LW、AQW、T、C、AC、*VD、*AC、*LD、字型数据
七段码显示译码指令	SEG EN ENO IN OUT	ITD IN, OUT	当左母线的"能流"流到指令盒的 EN 端时，指令被执行，将输入字节 IN 的低四位二进制数对应的 16 进制数（16#0～F）译码后产生相应的七段显示码数据，并保存到输出字节 OUT 中。如果指令正确执行，则"能流"能通过 ENO 端继续向右流，否则"能流"终止	EN：输入使能端，必须通过触点接左母线； ENO：输出使能端，后面可接指令盒、线圈或触点，也可直接接右母线； IN：VB、IB、QB、MB、SB、SMB、LB、AC、常数、字节型数据； OUT：VB、IB、QB、MB、SB、SMB、LB、AC、*VD、*LD、*AC、字节型数据

说明：① "能流"不能通过指令盒的输出使能端 ENO 继续向右流动的情况有：间接地址引用非法（错误编号 0006）。

② 如果将共阴极七段码显示器的 abcdefg 段分别对应一个字节的第 0 位～第 6 位，则字节的某位为 1 时，其对应的段亮；字节的某位为 0 时，其对应的段暗。将字节的第 7 位补 0，就构成了与七段码显示器显示 16 进制数 0～F 相对应的 8 位编码，称为七段显示码。

SEG 指令将输入字节的低四位二进制数所对应的 16 进制数 0～F 译码后输出的七段显示码数据如图 4.21 所示。

【例 4-6】编译码指令应用举例。

分析：如图 4.22 所示网络 1，若 I0.1 有输入，先将 VB10 送 10，再执行 DECO 译码指令，则将输出字 VW12 的第 10 位置 1，VW12 中的二进制数为 2#0000 0100 0000 0000。网络 2，若 I0.0 有输入，先将 VW0 送 16#8200（对应的二进制数为 2#1000 0010 0000 0000，VW0 中不为 0 的最低有效位为第 9 位），再执行 ENCO 编码指令，则输出字节 VB2 的低四位变为 1001（十进制数的 9）。

【例 4-7】编译码指令应用举例，四路抢答器设计。SB1～SB4 为 4 路抢答按钮，SB5 和 SB6 分别为主持人允许抢答和结束抢答按钮。要求主持人按下允许抢答按钮后才能抢答，按

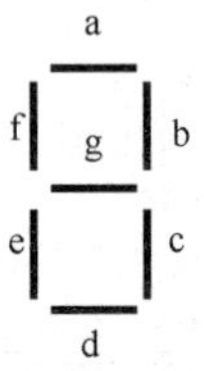

IN	段显示	(OUT) –gfe dcba	IN	段显示	(OUT) –gfe dcba
0	0	0011 1111	8	8	0111 1111
1	1	0000 0110	9	9	0110 0111
2	2	0101 1011	A	A	0111 0111
3	3	0100 1111	B	b	0111 1100
4	4	0110 0110	C	C	0011 1001
5	5	0110 1101	D	d	0101 1110
6	6	0111 1101	E	E	0111 1001
7	7	0000 0111	F	F	0111 0001

图 4.21 SEG 七段码显示译码指令输入、输出对应关系

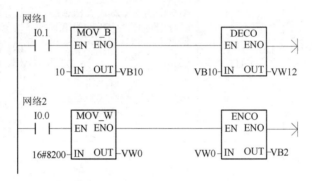

图 4.22 例 4-6 程序

下结束抢答按钮后结束抢答。允许抢答后，哪一路先抢到，用共阴极七段数码管显示其编号，没有抢答时显示 0。一旦某路抢答，其他路无法再抢答。

抢答器 I/O 分配表如表 4.17 所示，程序如图 4.23 所示。用类似方法，可实现更多路的抢答器。

表 4.17 抢答器 I/O 分配表

输入			输出		
设 备		输入点	设 备		输出点
抢答按钮	SB1～SB4	I1.1～I1.4	七段数码管	abcdefg 段	Q0.0～Q0.6
允许抢答按钮	SB5	I0.0			
结束抢答按钮	SB6	I0.1			

5. S7-200 PLC 的中断及编程

中断就是 CPU 中止当前正在运行的程序，转而去执行一段为需要立即响应的某个事件而编制的中断处理程序，执行完中断处理程序后，再返回原先被中止的程序并继续向下运行的过程。S7-200 PLC 对中断事件、中断响应及中断优先级等都做了明确的规定和分配，用户可以方便地通过程序对中断进行控制和使用。

1）中断源与中断事件

中断源是指能发出中断请求的来源。为了便于识别，S7-200 PLC 给每个中断源都分配了一个编号，称为中断事件编号，中断有关指令正是通过中断事件编号来识别不同中断源的。在 S7-200 PLC 中，中断源分为通信中断、输入输出中断和时基中断 3 大类，共 34 个中断源，中断事件编号分别为 0～33 号。不同 CPU 能支持的中断事件的种类和数量有所不同,中断事件及优先级如表 4.18 所示。

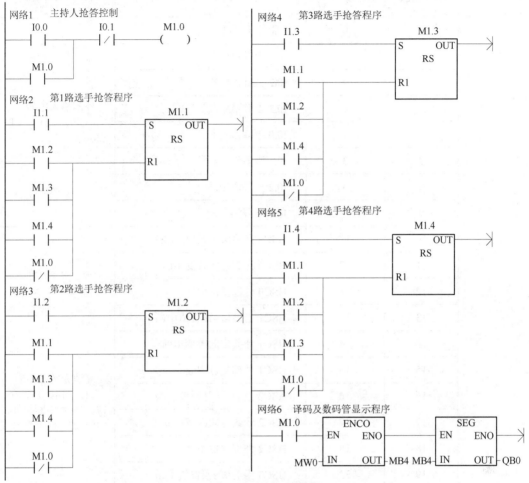

图 4.23 例 4-7 程序

表 4.18 中断事件及优先级

优先级分组	组内优先级	中断事件编号	中断事件说明	中断事件类别
通信中断（优先级最高）	0	8	通信口 0:接收完一个字符中断	通信口 0 中断（CPU 221～CPU 226 都支持）
	0	9	通信口 0:发送信息完成中断	
	0	23	通信口 0:接收信息完成中断	
	1	24	通信口 1:接收信息完成中断	通信口 1 中断（仅 CPU 224 以上型号支持）
	1	25	通信口 1:接收完一个字符中断	
	1	26	通信口 1:发送信息完成中断	
I/O 中断（优先级中等）	0	19	Q0.0 输出 PTO 脉冲串完成中断	高速脉冲输出中断（CPU 221～CPU 226 都支持）
	1	20	Q0.1 输出 PTO 脉冲串完成中断	

续表

优先级分组	组内优先级	中断事件编号	中断事件说明	中断事件类别
I/O 中断（优先级中等）	2	0	I0.0 上升沿中断	外部输入中断（CPU 221～CPU 226 都支持）
	3	2	I0.1 上升沿中断	
	4	4	I0.2 上升沿中断	
	5	6	I0.3 上升沿中断	
	6	1	I0.0 下降沿中断	
	7	3	I0.1 下降沿中断	
	8	5	I0.2 下降沿中断	
	9	7	I0.3 下降沿中断	
	10	12	HSC0 当前值=预置值中断	高速计数器中断（13、14、15、16、17、18 号中断事件仅 CPU 224 以上型号支持）
	11	27	HSC0 计数方向改变中断	
	12	28	HSC0 外部复位中断	
	13	13	HSC1 当前值=预置值中断	
	14	14	HSC1 计数方向改变中断	
	15	15	HSC1 外部复位中断	
	16	16	HSC2 当前值=预置值中断	
	17	17	HSC2 计数方向改变中断	
	18	18	HSC2 外部复位中断	
	19	32	HSC3 当前值=预置值中断	
	20	29	HSC4 当前值=预置值中断	
	21	30	HSC4 计数方向改变中断	
	22	31	HSC4 外部复位中断	
	23	33	HSC5 当前值=预置值中断	
时基中断（优先级最低）	0	10	定时中断 0 中断	定时中断（CPU 221～CPU 226 都支持）
	1	11	定时中断 1 中断	
	2	21	定时器 T32 当前值=预置值中断	定时器中断（CPU 221～CPU 226 都支持）
	3	22	定时器 T96 当前值=预置值中断	

（1）通信中断。

S7–200 PLC 的串行通信口可由用户程序来控制,通信口的这种操作模式称为自由口通信模式。在自由口通信模式下，用户可通过编程来设置通信速率、奇偶校验和通信协议等参数。利用通信口的接收和发送中断可简化通信控制程序。与通信口中断有关的事件共有 6 个，编号分别为 8、9、23～26。

（2）I/O 中断。

I/O 中断包括外部输入信号中断、高速计数器中断和高速脉冲输出（PTO）中断三类。外部输入信号中断包括 I0.0～I0.3 四个数字量输入点输入信号的上升沿或下降沿中断，这些中断可用于捕获外部必须立即处理的事件。高速计数器中断可用于对高速计数器运行时产生的有关事件的实时响应，包括当前值等于预设值中断、计数方向改变中断和计数器外部复位中断。高速脉冲输出中断包括 Q0.0 和 Q0.1 输出 PTO 高速脉冲完成中断。

（3）时基中断。

时基中断主要用于支持 S7–200 PLC 进行某些周期性的活动，如对模拟量输入进行采样或定期执行 PID 运算等，包括定时中断和定时器中断。定时中断有两个，定时时间可以从 1～255 ms，时间精度为 1 ms。定时中断 0 的定时时间由 SMB34 中的值决定，定时中断 1 的定时时间由 SMB35 中的值决定。定时器中断是指 T32/T96 这两个定时器的当前值等于预设值时产生的中断。虽然时基中断都是关于定时的中断，但定时中断和定时器中断的用法是不同的，其区别主要如下：

① 定时中断的定时时间最长为 255 ms，而定时器中断的定时时间最长为 32.767 s；

② 在用 ENI 指令开放了中断，且使用 ATCH 指令将中断事件和中断处理程序关联后，则定时中断会每隔一定时间就自动执行一次相应的中断处理程序，使用者不用再做其他处理；而要想使定时器中断也像定时中断那样每隔一定时间重复执行一次中断处理程序，就必须在中断处理程序中将定时器的当前值重新置为某个值，如对定时器使用 R 指令复位，将其当前值清零。

2）中断有关指令

S7–200 PLC 中，与中断有关的指令主要有 5 条，分别是开中断指令、关中断指令、中断连接指令、中断分离指令、中断返回指令，其格式及功能如表 4.19 所示。

表 4.19 中断指令格式及功能

指令名称	指令格式		梯形图指令功能说明	操作数范围
	梯形图	语句表		
开中断指令	—(ENI)	ENI	必须通过触点接左母线，当左母线的"能流"流到线圈处时，指令被执行，全局性地开放所有中断请求	—
关中断指令	—(DISI)	DISI	必须通过触点接左母线，当左母线的"能流"流到线圈处时，指令被执行，全局性地禁止所有中断请求。此后，新的中断请求将在相应的中断队列中排队，直至用 ENI 指令重新开放中断	—

续表

指令名称	指令格式		梯形图指令功能说明	操作数范围
	梯形图	语句表		
中断连接指令	ATCH —EN ENO— —INT —EVNT	ATCH INT, EVNT	当左母线的"能流"流到指令盒的 EN 端时，指令被执行，将编号为 EVNT 所指定的中断事件与编号为 INT 所指定的中断处理程序相连接，并启用该中断。如果指令正确执行，则"能流"能通过 ENO 端继续向右流，否则"能流"终止	EN：输入使能端，必须通过触点接左母线； ENO：输出使能端，后面可接指令盒、线圈或触点，也可直接接右母线； INT：0~127，常数 EVNT：0~33，常数
中断分离指令	DTCH —EN ENO— —EVNT	DTCH EVNT	当左母线的"能流"流到指令盒的 EN 端时，指令被执行，取消编号为 EVNT 所指定的中断事件与中断处理程序的连接，并禁用该中断。如果指令正确执行，则"能流"能通过 ENO 端继续向右流，否则"能流"终止	EN：输入使能端，必须通过触点接左母线； ENO：输出使能端，后面可接指令盒、线圈或触点，也可直接接右母线； EVNT：0~33，常数
中断返回指令	—(RETI)	RETI	必须通过触点接左母线，当左母线的"能流"流到线圈处时，指令被执行，PLC 会忽略 RETI 指令以后的所有中断处理程序，并直接从中断处理程序返回到原先产生中断的程序处继续向下执行	—

说明：① 在 S7-200 PLC 中，要想使 PLC 响应某个中断事件，必须经过两级设置：首先使用 ENI 指令全局性地开放所有中断，其次使用 ATCH 指令将中断事件编号与中断处理程序相关联并启用该中断。单独禁止 S7-200 PLC 响应某个中断，需要使用 DTCH 指令；全局性地禁止所有中断应使用 DISI 指令。

② 一旦某中断源发出中断请求，PLC 在响应该中断时就执行相应的中断处理程序。因为 S7-200 PLC 总共可以有 128 个中断处理程序，所以 ATCH 指令的作用其实就是告诉 S7-200 PLC 某个中断源产生中断后，应该执行哪个中断处理程序去处理这个中断事件。

③ 一个中断事件不能连接到多个中断处理程序上，但多个中断事件可以连接到同一个中断处理程序上。

3）中断处理程序

中断处理程序是为处理中断事件而事先编好的程序。因为中断事件的产生是随机的，所以中断处理程序不能由用户程序调用，而是在中断事件发生时由系统自动调用。

（1）中断处理程序的建立方法。

方法一：从菜单"编辑"→"插入"→"中断程序"。

方法二：从指令树，用鼠标右键单击"程序块"图标→从弹出菜单选择"插入"→"中断程序"。

方法三：从"程序编辑器"窗口，单击鼠标右键→从弹出菜单选择"插入"→ "中断程序"。

程序编辑器从显示先前的 POU 更改为新建的中断处理程序，在程序编辑器的底部会出现一个新标记（缺省为 INT_0、INT_1…），代表新的中断处理程序。

（2）中断处理程序编写注意事项。

① 中断处理程序不能嵌套，即中断处理程序不能再被中断。正在执行中断处理程序时，如果又有中断事件产生，会按照产生的时间顺序和优先级排队。

② 中断处理程序由中断程序号开始，以无条件返回指令（CRETI）结束。在中断处理程序中禁止使用 DISI、ENI、HDEF、LSCR 和 END 指令。

③ 中断处理程序应"越短越好"。中断处理提供对特定内部或外部事件的快速响应，所以应使中断处理程序尽量短小精悍，以减少其执行时间，减少对其他处理的延迟，否则可能会引起主程序控制的设备操作异常。

4）中断优先级和中断队列

优先级是指多个中断源同时发出中断请求或多个中断请求在队列中排队时，CPU 对中断响应的优先次序。S7-200 规定中断优先级按照组别由高到低依次是：通信中断、I/O 中断、时基中断。每个组中不同的中断源在组内又有不同的优先级，如表 4.18 所示。

虽然每个组都有各自的中断优先级，组内各中断源又有组内优先级，但一个中断处理程序一旦开始执行，则一直执行至完成，期间不能被任何其他中断处理程序打断，即使是更高优先级的中断处理程序。在一个中断处理程序执行过程中，若又有新的中断源发出中断请求，则根据中断源所属组别分别在相应的组别队列中按照组内优先级依次排队等候，具有相同组内优先级的按照中断源发出中断请求时间的先后依次排队。中断队列能保存的中断个数有限，若超出，则会产生溢出。每个中断队列能保存的最多中断个数和溢出标志位如表 4.20 所示。

表 4.20 中断队列中的最多中断个数和溢出标志位

队列	CPU 221	CPU 222	CPU 224	CPU 226	溢出标志位
通信中断队列	4	4	4	8	SM4.0
I/O 中断队列	16	16	16	16	SM4.1
定时中断队列	8	8	8	8	SM4.2

5）中断应用举例

【例 4-8】利用 I0.1 的上升沿和下降沿中断实现如下功能：在 I0.1 的上升沿，使 Q0.0 接的灯亮，在 I0.1 的下降沿，使 Q0.0 接的灯灭。

分析：查表 4.18 可知，I0.1 上升沿和下降沿产生的中断事件编号分别为 2、3。在主程序网络 1 中，用 ATCH 指令将 2 号中断事件和中断处理程序 0 连接起来，3 号中断事件和中断处理程序 1 连接起来，并全局开中断；网络 2 的作用是，当 S7-200 出现 I/O 错误时，禁止继续产生 I0.1 的上升沿和下降沿中断。在中断处理程序 0 中需要将 Q0.0 置位,中断处理程序 1 中需要将 Q0.0 复位。最后程序如图 4.24 所示。

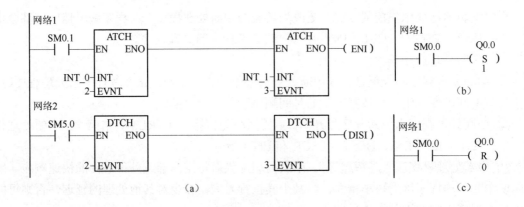

图 4.24　例 4-8 程序
(a) 主程序;(b) 中断处理程序 INT_0;(c) 中断处理程序 INT_1

【例 4-9】利用定时中断 0 实现如下功能:按下接在 I0.0 上的启动按钮,Q0.0 接的灯亮 200 ms,灭 200 ms,如此反复循环,直至按下接在 I0.1 上的停止按钮,Q0.0 接的灯灭。其程序如图 4.25 所示。

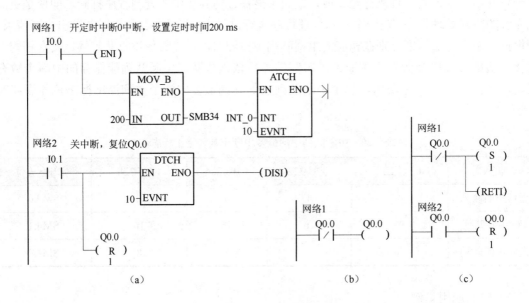

图 4.25　例 4-9 程序
(a) 主程序;(b)、(c) 中断处理程序 INT_0

【例 4-10】利用定时器 T32 中断实现如下功能:按下接在 I0.0 上的启动按钮,Q0.0 接的灯亮 1 s,灭 1 s,如此反复循环,直至按下接在 I0.1 上的停止按钮,Q0.0 接的灯灭。其程序如图 4.26 所示。

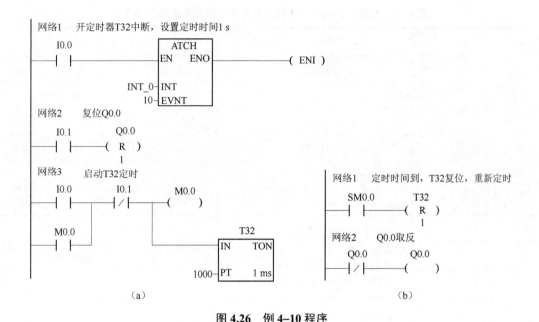

图 4.26　例 4–10 程序
(a) 主程序；(b) 中断处理程序 INT–0

6. S7–200 PLC 的高速计数器指令

项目 2 所讲计数器的计数频率受扫描周期的影响，对于比 CPU 扫描频率高的脉冲信号无法正常计数。为此，S7–200 系列 PLC 设计了高速计数器（HSC），一旦启动即可由硬件自动对脉冲进行计数，且不受 PLC 扫描周期的影响。其计数的最高脉冲频率取决于 CPU 的类型，CPU 224 XP 上的 HSC4 和 HSC5 两个高速计数器的最高计数频率可达 200 kHz。高速计数器的某些动作，如当前值等于预设值、计数方向发生改变等都可产生中断。

S7–200 PLC 共有 6 个高速计数器，编号分别为 HC0～HC5（本书讲解时也写为 HSC0～HSC5）。其中 CPU 221 和 CPU 222 只支持 HC0、HC3～HC5 四个高速计数器，CPU 224 以上型号的 CPU 支持 HC0～HC5 全部 6 个高速计数器，且所有高速计数器都支持加/减计数。

1）高速计数器的工作模式
（1）高速计数器的工作模式。

高速计数器有 13 种工作模式。模式 0～模式 2 为单路脉冲输入、内部方向控制位控制加/减计数模式；模式 3～模式 5 为单路脉冲输入、外部输入信号控制加/减计数模式；模式 6～模式 8 为两路脉冲输入（一路加脉冲，一路减脉冲），单相加/减计数模式；模式 9～模式 11 为两路脉冲输入、双相正交加/减计数模式；模式 12 仅 HSC0 和 HSC3 支持，工作于模式 12 时，HSC0 和 HSC3 分别对 Q0.0 和 Q0.1 输出的高速脉冲进行计数。

下面重点对模式 0～模式 11 进行说明。每个高速计数器可以通过编程设置工作模式。其中，HSC0 和 HSC4 可以设置为模式 0、1、3、4、6、7、8、9、10；HSC1 和 HSC2 可以设置为所有的 12 种工作模式；HSC3 和 HSC5 只可以设置为模式 0。每种高速计数器所拥有的工作模式和占用的数字量输入点说明如表 4.21 所示。

表 4.21 高速计数器的工作模式及与数字量输入点的对应关系

工作模式 / HSC 编号及其对应的输入端子		功能及说明	占用的输入端子及其功能			
		HSC0	I0.0	I0.1	I0.2	×
		HSC4	I0.3	I0.4	I0.5	×
		HSC1	I0.6	I0.7	I1.0	I1.1
		HSC2	I1.2	I1.3	I1.4	I1.5
		HSC3	I0.1	×	×	×
		HSC5	I0.4	×	×	×
0		单路脉冲输入,内部方向控制位控制加/减计数。 控制字节第 3 位=0,减计数; 控制字节第 3 位=1,加计数	脉冲输入端	×	×	×
1				×	复位端	×
2				×	复位端	启动端
3		单路脉冲输入,外部输入信号控制加/减计数。 方向控制端=0,减计数; 方向控制端=1,加计数	脉冲输入端	方向控制端	×	×
4					复位端	×
5					复位端	启动端
6		两路脉冲输入,单相加/减计数。 加计数端脉冲输入,加计数; 减计数端脉冲输入,减计数	加计数脉冲输入端	减计数脉冲输入端	×	×
7					复位端	×
8					复位端	启动端
9		两路脉冲输入,双相正交计数。 A 相脉冲超前 B 相脉冲,加计数; A 相脉冲滞后 B 相脉冲,减计数	A 相脉冲输入端	B 相脉冲输入端	×	×
10					复位端	×
11					复位端	启动端

说明:① 表中×表示没有。

② 高速计数器的工作模式确定后,其所使用的输入不是任意选择的,必须按系统指定的输入点输入信号。如当 HSC1 工作于模式 11 时,就必须用 I0.6 作为 A 相脉冲输入端,I0.7 作为 B 相脉冲输入端,I1.0 作为复位端,I1.1 作为启动端。

③ 高速计数器当前工作模式下未使用的输入可用于其他用途。如当 HSC0 工作于模式 1 时只使用了 I0.0 和 I0.2,这时 I0.1 可用于数字量输入、上升沿或下降沿中断或用于 HSC3。

(2) 高速计数器的计数方式。

① 单路脉冲输入、内部方向控制位控制的加/减计数。即只有一个脉冲输入端,通过高速计数器控制字节的第 3 位来控制加计数或者减计数。该位为 1 时,加计数;该位为 0 时,减计数,如图 4.27 所示。

② 单路脉冲输入、外部输入信号控制的加/减计数。即有一个脉冲输入端,有一个方向控制信号输入端,方向控制输入信号为 1 时,加计数;方向控制输入信号为 0 时,减计数,如图 4.28 所示。

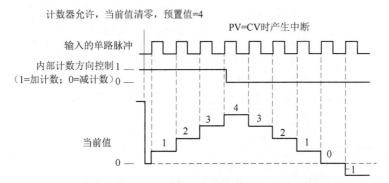

图 4.27 单路脉冲输入、内部方向控制位控制的加/减计数模式

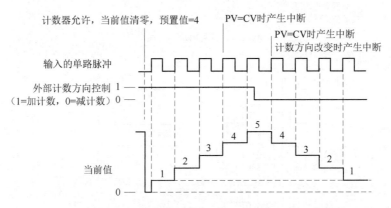

图 4.28 单路脉冲输入、外部输入信号控制的加/减计数模式

③ 两路脉冲输入、单相加/减计数。即有两个脉冲输入端，一个是加计数脉冲输入端，一个是减计数脉冲输入端，计数值为两个输入端输入脉冲数量的代数和，如图 4.29 所示。

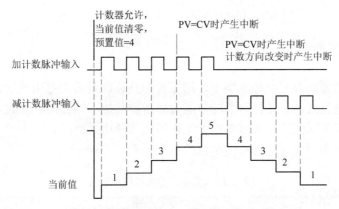

图 4.29 两路脉冲输入、单相加减计数模式

④ 两路脉冲输入、双相正交计数。即有两个脉冲输入端，输入的两路脉冲分别称为 A 相、B 相，相位互差 90°（正交）。A 相超前 B 相 90°时，加计数；A 相滞后 B 相 90°时，减计数。在这种计数方式下，可选择 1×模式（单倍频，一个时钟脉冲计一个数）和 4× 模式（四倍频，一个时钟脉冲计四个数），分别如图 4.30、图 4.31 所示。

183

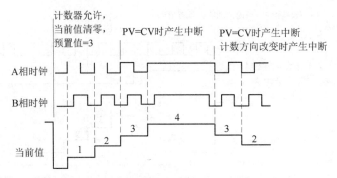

图 4.30 两路脉冲输入、双相正交计数的 1×模式

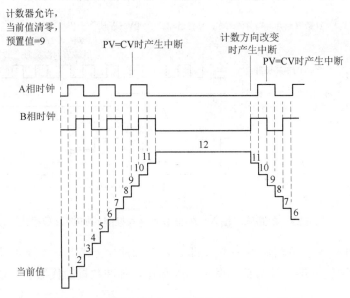

图 4.31 两路脉冲输入、双相正交计数的 4×模式

2）高速计数器的编程

（1）控制字节。

每个高速计数器均有一个控制字节，用于控制高速计数器的启用或禁止，模式 0、1、2 的计数方向或其他模式的初始计数方向，能否更新当前值、预置值、计数方向以及启动和复位信号的有效电平等。高速计数器在定义工作模式和使用之前，必须先设置控制字节。每个高速计数器的控制字节及其中每个控制位的说明如表 4.22 所示。

表 4.22 高速计数器的控制字节

HSC0	HSC1	HSC2	HSC3	HSC4	HSC5	说 明
SM37.0	SM47.0	SM57.0		SM147.0		复位信号有效电平控制： 0：复位信号高电平有效； 1：复位信号低电平有效
	SM47.1	SM57.1				启动信号有效电平控制： 0：启动信号高电平有效； 1：启动信号低电平有效

续表

HSC0	HSC1	HSC2	HSC3	HSC4	HSC5	说明
SM37.2	SM47.2	SM57.2		SM147.2		双相正交计数速率选择控制： 0：4×计数速率； 1：1×计数速率
SM37.3	SM47.3	SM57.3	SM137.3	SM147.3	SM157.3	计数方向控制： 0：减计数； 1：加计数
SM37.4	SM47.4	SM57.4	SM137.4	SM147.4	SM157.4	HSC更新计数方向控制： 0：不能更新计数方向； 1：可以更新计数方向
SM37.5	SM47.5	SM57.5	SM137.5	SM147.5	SM157.5	HSC更新预置值控制： 0：不能更新预置值； 1：可以更新预置值
SM37.6	SM47.6	SM57.6	SM137.6	SM147.6	SM157.6	HSC更新当前值控制： 0：不能更新当前值； 1：可以更新当前值
SM37.7	SM47.7	SM57.7	SM137.7	SM147.7	SM157.7	HSC允许控制： 0：禁用HSC； 1：启用HSC

（2）状态字节。

每个高速计数器也都有一个状态字节用以反映高速计数器的当前状态，如表4.23所示。每个状态字节仅使用了高三位，低五位没有定义，且只有在执行中断程序时，状态位才有效。

表4.23 高速计数器的状态字节

HSC0	HSC1	HSC2	HSC3	HSC4	HSC5	说明
SM36.5	SM46.5	SM56.5	SM136.5	SM146.5	SM156.5	当前计数方向状态位： 0：减计数；1：加计数
SM36.6	SM46.6	SM56.6	SM136.6	SM146.6	SM156.6	当前值等于预设值状态位： 0：不相等；1：等于
SM36.7	SM46.7	SM56.7	SM136.7	SM146.7	SM156.7	当前值大于预设值状态位： 0：小于或等于；1：大于

3）高速计数器的使用

（1）高速计数器有关指令。

与高速计数器有关的指令有两条：高速计数器定义指令HDEF和高速计数器指令HSC。高速计数器指令格式及功能如表4.24所示。

表 4.24　高速计数器指令格式及功能

指令名称	指令格式 梯形图	指令格式 语句表	梯形图指令功能说明	操作数范围
高速计数器定义指令	HDEF EN　ENO HSC MODE	HDEF HSC, MODE	当左母线的"能流"流到指令盒的 EN 端时,指令被执行,将编号为 HSC 所指定的高速计数器设定为 MODE 所指定的工作模式。如果指令正确执行,则"能流"能通过 ENO 端继续向右流,否则"能流"终止	EN：输入使能端,必须通过触点接左母线; ENO：输出使能端,后面可接指令盒、线圈或触点,也可直接接右母线; HSC：0～5,常数 MODE：0～11,常数
高速计数器指令	HSC EN　ENO N	HSC N	当左母线的"能流"流到指令盒的 EN 端时,指令被执行,根据高速计数器控制字的设置和 HDEF 指令指定的工作模式,启用高速计数器进行计数。如果指令正确执行,则"能流"能通过 ENO 端继续向右流,否则"能流"终止	EN：输入使能端,必须通过触点接左母线; ENO：输出使能端,后面可接指令盒、线圈或触点,也可直接接右母线; N：0～5,常数

说明：① 对于 HDEF 指令,"能流"不能通过指令盒的输出使能端 ENO 继续向右流动的情况有：输入点分配冲突（错误编号 0003,如将输入点分配给了输入中断或其他 HSC 使用等）,中断处理程序中执行 HDEF 指令（错误编号 0004）,高速计数器在执行过程中又企图用 HDEF 指令重新定义该 HSC（错误编号 000A）。

② 对于 HSC 指令,"能流"不能通过指令盒的输出使能端 ENO 继续向右流动的情况有：在执行 HDEF 指令前使用 HSC 指令（错误编号 0001）、在一个 HSC 正在执行时又企图执行同编号的第二个 HSC（错误编号 0005）。

③ 执行 HDEF 指令之前,必须将高速计数器控制字节中的位设置成需要的状态,否则将采用默认设置。默认设置为：复位和启动输入高电平有效,正交计数速率选择 4×模式。一旦执行完 HDEF 指令后,就不能再通过改变高速计数器的控制字节更改高速计数器的设置,除非 CPU 进入停止模式。

④ 在程序中可以使用 HC0～HC5 读取每个高速计数器的当前值。

（2）设置高速计数器的当前值和预设值。

每个高速计数器都有一个 32 位的当前值寄存器和一个 32 位的预设值寄存器,当前值和预设值均为带符号的整数值。要设置高速计数器的当前值和预设值为新的值,首先必须设置控制字节（表 4.22）,令其第六位和第五位为 1,允许更新当前值和预设值;然后再将新当前值和新预设值写入特殊标志位存储区的指定存储单元（表 4.25）;最后再执行 HSC 指令,即可将新当前值和预设值传到高速计数器的当前值和预设值寄存器。HSC0～HSC5 当前值和预设值在特殊标志位存储区占用的存储单元如表 4.25 所示。

表 4.25　HSC0～HSC5 当前值和预设值在特殊标志位存储区占用的存储单元

高速计数器	HSC0	HSC1	HSC2	HSC3	HSC4	HSC5
当前值存储单元	SMD38	SMD48	SMD58	SMD138	SMD148	SMD158
预设值存储单元	SMD42	SMD52	SMD62	SMD142	SMD152	SMD162

（3）高速计数器的复位和启动控制。

高速计数器 HSC0、HSC1、HSC2、HSC4 工作于模式 1、4、7、10 时具有外部复位控制端，可以通过外部复位控制端输入信号控制高速计数器复位。一旦被复位，则高速计数器的当前值为 0，并可产生高速计数器的复位中断。高速计数器 HSC1、HSC2 工作于模式 2、5、8、11 时，同时具有外部启动控制端和复位控制端，可以通过外部启动控制端和复位控制端输入信号以启动/停止高速计数器的计数或控制高速计数器的复位。图 4.32（a）所示为没有启动控制端，只有复位控制端的高速计数器复位示意图，图 4.32（b）所示为同时具有启动控制端和复位控制端的高速计数器启停控制和复位示意图。

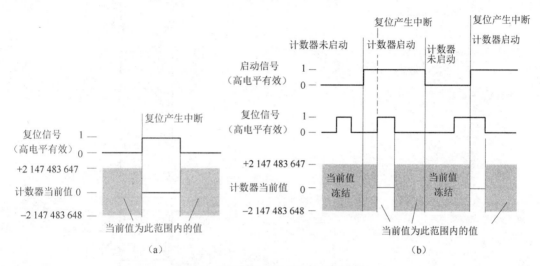

图 4.32　高速计数器的复位和启动控制

(a) 只有复位控制端的高速计数器复位示意图；(b) 同时具有启动控制端和复位控制端的高速计数器启停控制和复位示意图

（4）高速计数器的初始化。

高速计数器的初始化步骤如下：

① 用内部存储器位 SM0.1 调用一个子程序，完成初始化操作。

② 在初始化的子程序中，根据实际控制要求设置控制字（SMB37、SMB47、SMB57、SMB137、SMB147、SMB157）。

③ 执行 HDEF 指令，将高速计数器设置为某种工作模式。

④ 将新的当前值写入对应的存储单元（SMD38、SMD48、SMD58、SMD138、SMD148 或 SMD158）。

⑤ 将新的预设值写入对应的存储单元（SMD42、SMD52、SMD62、SMD142、SMD152 或 SMD162）。

⑥ 如果需要使用高速计数器中断，则执行全局中断允许指令 ENI 允许 PLC 响应中断，并执行 ATCH 指令将相应的中断事件编号与中断处理程序关联。如果不使用高速计数器中断，则忽略本步。

⑦ 执行 HSC 指令，启用高速计数器工作。

（5）高速计数器编程举例。

【例 4-11】高速计数器的应用举例。

（1）主程序。如图 4.33（a）所示，用 SM0.1 调用子程序 SBR_0，完成 HSC1 的初始化。

（2）初始化子程序 SBR_0。如图 4.33（b）所示，在初始化子程序中，设置 HSC1 的控制字节 SMB47=16#F8（允许计数，允许更新当前值和预设值，正交计数设为 4×方式，复位和启动信号设为高电平有效），定义 HSC1 的工作模式为模式 11（两路脉冲输入、双相正交计数，具有复位和启动控制功能，允许更新当前值和预设值），将 HSC1 的当前值 SMD48 清零，预设值 SMD52 设为 50，最后通过执行 HSC 指令启动高速计数器开始工作。

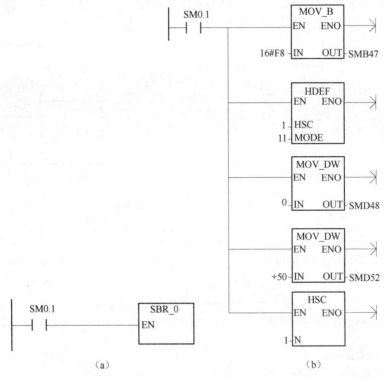

图 4.33　例 4–11 程序

（a）主程序；（b）初始化子程序 SBR_0

7. S7–200 PLC 的比较触点指令

比较触点指令是将两个操作数按指定的条件比较，比较条件成立时，触点就闭合，否则触点断开。操作数可以是字节型整数、字型有符号整数、双字型有符号整数、实数或字符串，两个操作数必须具有相同的数据类型。其指令格式及功能如表 4.26 所示，表中指令有关参数和符号说明如下：

xx：表示比较条件，= =（等于，在 STL 中为=）、<（小于）、>（大于）、≤（小于等于）、≥（大于等于）、<>（不等于）。两个字符串比较时，比较条件只有"等于"或"不等于"。在比较两个操作数是否满足比较条件时，总是 IN1 在前，IN2 在后。

□：表示操作数 IN1、IN2 的数据类型。B 为字节型整数比较（无符号整数），I（在 STL 中为 W）为字型有符号整数比较，D 为双字型有符号整数比较，R 为实数比较，S 为字符串比较。

表 4.26 比较触点指令格式及功能

指令名称	指令格式		梯形图指令功能说明	操作数范围
	梯形图	语句表		
比较触点直接接左母线	─┤ IN1 　 xx□ 　 IN2 ├─	LD□xx　IN1, IN2	用于与左母线连接的比较触点。当 IN1、IN2 两个操作数满足比较条件时,触点闭合;否则触点断开	IN1、IN2:字节型整数、字型有符号整数、双字型有符号整数、实数、字符串,IN1、IN2 数据类型必须相同
比较触点的"与"	─┤ IN1 　 xx□ 　 IN2 ├─	A□xx　IN1, IN2	用于单个比较触点的串联连接。当 IN1、IN2 两个操作数满足比较条件时,触点闭合;否则触点断开	
比较触点的"或"	─┤ IN1 　 xx□ 　 IN2 ├─	O□xx　IN1, IN2	用于单个比较触点的并联连接。当 IN1、IN2 两个操作数满足比较条件时,触点闭合;否则触点断开	

【例 4–12】用 VW0 给 I0.0 和 I0.1 两个数字量输入点输入的脉冲进行计数。当 I0.0 有上升沿脉冲时,VW0 中的值加 1;当 I0.1 有上升沿脉冲时,VW0 中的值减 1;若 VW0 中的值大于等于 20,则使 Q0.0 接的指示灯亮,否则 Q0.0 接的指示灯灭。

分析:VW0 中的值加 1、减 1 可用数学运算指令的 INC 和 DEC 指令实现,VW0 中的值与 20 比较可使用比较触点指令。程序如图 4.34 所示。

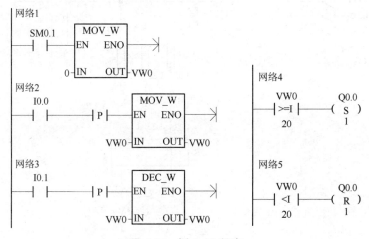

图 4.34　例 4–12 程序

4.2.4　任务实施

1. 控制要求

(1) 按下启动按钮,电动机单向连续运行;按下停止按钮,电动机停止运行。

(2) 测量电动机的转速,并用三个七段共阴极 LED 数码管实时显示转速。

2. I/O 分配表

本控制系统转速显示所用的三个 LED 数码管全部接到 PLC 的数字量输出点上,每个 LED 数码管需要 8 个输出点,电动机单向运行需要 1 个输出点,共需 25 个输出点。选用 CPU 224 DC/DC/DC,外加 EM222 8×24 V DC 数字量输出扩展模块 2 个。电动机运行控制及转速测量 PLC I/O 分配表如表 4.27 所示。

表 4.27 电动机运行控制及转速测量 PLC I/O 分配表

输入			输出		
设 备		输入点	设 备		输出点
启动按钮	SB1	I0.2	主接触器控制继电器	KA	Q1.0
停止按钮	SB2	I0.1	七段 LED 数码管 1	abcdefg	Q0.0~Q0.6
热继电器	FR	I0.3	七段 LED 数码管 2	abcdefg	Q2.0~Q2.6
A 相脉冲	编码器	I0.0	七段 LED 数码管 3	abcdefg	Q3.0~Q3.6

3. 主电路原理图与 PLC 接线图

三相交流异步电动机运行控制及转速测量主电路图如图 4.35 所示,PLC 接线图如图 4.36 所示。通过高速计数器 HSC0 工作于模式 1 对编码器产生的单相高速脉冲进行加计数,电动机的启动信号兼做 HSC0 的复位信号。

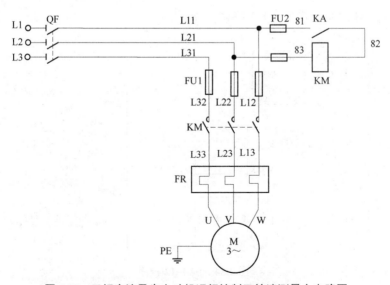

图 4.35 三相交流异步电动机运行控制及转速测量主电路图

因为 CPU 的数字量输出为直流输出,不能直接驱动电动机主接触器 KM 的线圈(线圈工作电压为交流 380 V),所以通过输出点 Q1.0 先接一个中间继电器 KA(线圈工作电压为直流 24 V),再通过 KA 的常开触点驱动 KM 的线圈。将热继电器 FR 的常闭触点与

KA 的线圈串联,实现了电动机的过载保护,同时将 FR 的常开触点接到 PLC 的数字量输入点 I0.3 上,通过程序处理,一旦电动机过载即停止输出点 Q1.0 的输出,进一步增强了系统安全性。

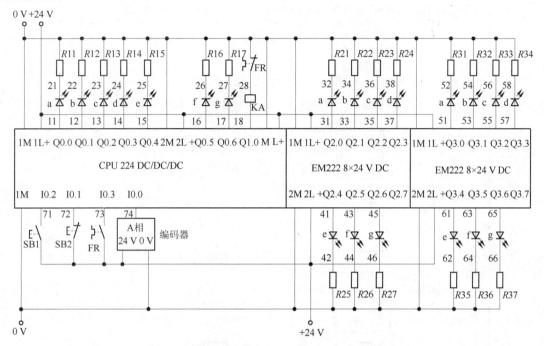

图 4.36 电动机运行控制及转速测量 PLC 接线图

电动机转速采用三个七段 LED 数码管显示,Q0.0~Q0.6 接的七段 LED 数码管显示转速的百位,Q2.0~Q2.6 接的七段 LED 数码管显示转速的十位,Q3.0~Q3.6 接的七段 LED 数码管显示转速的个位。数码管的每个段上串联一个 2 kΩ 的限流电阻。

电动机转速最高为 960 r/min,也即 16 r/s,可以选用 1 000 p/r 的编码器,此时编码器输出的最高脉冲频率为 16×1 000=16 000 Hz,低于 S7–200 PLC 高速计数器的最高计数频率。本任务选用欧姆龙公司的 E2B2–CWZ6C 型增量式光电编码器,该编码器工作电压为 5~24 V,每转脉冲数为 1 000 p/r,有两相(A、B 相)脉冲输出带一转脉冲(Z 相)。本任务中只用到 A 相脉冲,没有用到 Z 相和 B 相脉冲。

4. 控制程序

控制程序如图 4.37 所示,由主程序、高速计数器 HSC0 当前值等于预设值中断处理程序 INT_0 及定时器 T32 定时 1 s 中断处理程序 INT_1 组成。

主程序主要完成高速计数器、中断等的初始化,电动机的启停控制及 T32 定时器的定时等,并通过电动机的启动信号将定时器 T32 复位,将 AC0 和 AC1 重新清零,为测量转速做好准备。

一旦 HSC0 计数到最大值 2 147 483 647,则通过 HSC0 的当前值等于预设值中断处理程序 INT_0 重新设置其当前值为 0,使 HSC0 从 0 开始重新计数,并设置计数到最大值标志位为 1,以便计算转速时使用(HSC0 计数到最大值和没有计数到最大值,计算转速方法不同)。

通过定时器 T32 定时 1 s 的中断处理程序 INT_1,实现每 1 s 对电动机的转速重新进行计算和显示。为了计算转速，使用 AC0 和 AC1 分别存放 1 s 到时 HSC0 的计数值和上个 1 s 到时 HSC0 的计数值。

网络1　初始化。设置HSC0控制字，定义HSC0工作于模式0，当前值设为0，预设值设为最大计数值 2 147 483 647，开放HSC0的当前值等于预设值中断，开放T32定时器中断，用于1 s计算一次转速。AC0用于存放1 s到时高速计数器的计数值，AC1用于存放上1 s到时高速计数器的计数值M0.2为计数到最大值标志位

```
SM0.1       MOV_B              HDEF
──┤├────────┤EN  ENO├──────────┤EN  ENO├──
      16#E8─┤IN  OUT├─SMB37   0─┤HSC
                               0─┤MODE

            MOV_DW             MOV_DW
            ┤EN  ENO├          ┤EN  ENO├
         0──┤IN  OUT├─SMD38  2147483647─┤IN  OUT├─SMD42

            HSC                ATCH
            ┤EN  ENO├          ┤EN  ENO├
         0──┤N                INT_0─┤IN
                                  12─┤EVNT

            ATCH
            ┤EN  ENO├────────( ENI )
      INT_1─┤IN
          21─┤EVNT

            MOV_DW             MOV_DW
            ┤EN  ENO├          ┤EN  ENO├
         0──┤IN  OUT├─AC0   0──┤IN  OUT├─AC1
```

网络2　电动机启停控制
```
 I0.2     I0.1    I0.3      Q1.0
──┤├──┬───┤├─────┤/├────────( )──
      │
 Q1.0 │
──┤├──┘
```

网络3　电动机启动，复位T32，并将AC0和AC1重新清零
```
 I0.2                MOV_DW             MOV_DW
──┤P├──┬─────────────┤EN  ENO├──────────┤EN  ENO├──
       │          0──┤IN  OUT├─AC0   0──┤IN  OUT├─AC1
       │
       │    T32
       └──( R )
             1
```

网络4　T32一直定时，1 s产生一次中断
```
 SM0.0          T32
──┤├──────────┤IN  TON
        1000──┤PT  1 ms
```

(a)

图 4.37　电动机运行控制及转速测量显示程序
(a) 主程序

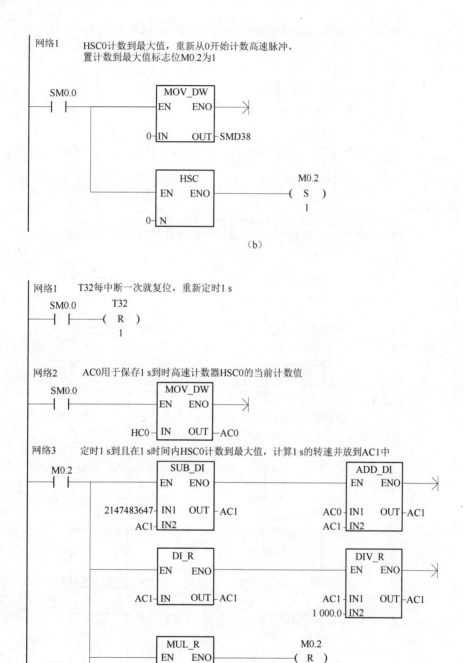

图 4.37 电动机运行控制及转速测量显示程序（续）

(b) INT_0 中断处理程序（HSC0 当前值等于预设值中断处理程序）；

(c) INT_1 中断处理程序（定时器 T32 定时 1 s 中断处理程序）

网络4　定时1 s到且在1 s时间内HSC0没有计数到最大值,计算1 s的转速并放到AC1中

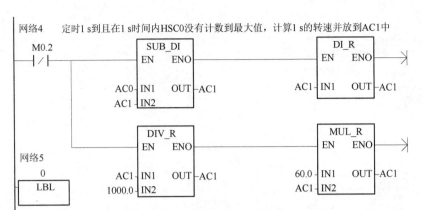

网络5

网络6　显示转速。先将计算的小数形式的转速转成字型整数存到VW0中,再将本次1 s到时HSC0的计数值存到AC1中以便用于下个1 s计算转速。最后计算出的转速百位存在VW6中,十位存在VW10中,个位存在VW8中

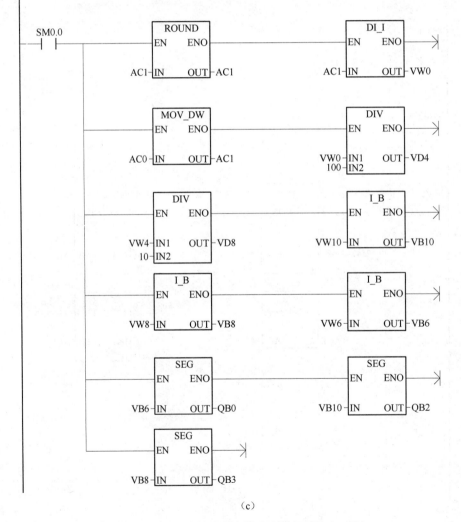

(c)

图 4.37　电动机运行控制及转速测量显示程序（续）
(c) INT_1 中断处理程序（定时器 T32 定时 1 s 中断处理程序）

5. 系统安装调试

（1）按照图 4.34 和图 4.35 所示分别完成主电路和 PLC 的接线并确认接线正确。

（2）打开 STEP 7–Micro/WIN 软件，新建项目并输入程序。

（3）编译通过后，先断开主电路电源，只接通 PLC 电源，下载程序到 PLC 中。监控程序运行状态，分析程序运行结果。

（4）程序符合控制要求后再接通主电路电源，进行系统调试，直至满足控制要求。

思考与练习

（1）编程实现下列功能：从 S7–200 的 Q0.0 输出 1 000 个周期为 50 ms 的高速 PTO 脉冲。要求按下 I0.0 上的启动按钮即开始输出脉冲，按下 I0.1 上的停止按钮即停止输出脉冲。

（2）利用 S7–200 的单段 PTO 脉冲序列的排队功能编程完成如下任务：从 S7–200 的 Q0.1 连续输出周期为 20 ms，占空比为 50%的脉冲，要求按下接在 I0.0 上的启动按钮即开始输出脉冲，按下接在 I0.1 上的停止按钮即停止输出脉冲。

（3）利用 S7–200 的多段 PTO 功能编程完成如下任务：从 S7–200 的 Q0.0 输出 2 段 PTO 脉冲，第一段脉冲输出 500 个，频率从 20 Hz 均匀增加到 100 Hz；第二段脉冲输出 1 000 个，频率从 100 Hz 均匀减小到 20 Hz。要求按下接在 I0.0 上的启动按钮即开始输出脉冲，按下接在 I0.1 上的停止按钮即停止输出脉冲。

（4）编程实现下列功能：在 S7–200 的 Q0.1 上输出周期为 200 ms，占空比为 70%的脉冲。要求按下接在 I0.0 上的启动按钮即开始输出，按下接在 I0.1 上的停止按钮即停止输出。

（5）编程实现下列功能：Q0.0 接一 LED 指示灯，且假设灯的亮度与其导通时间成正比。初始时灯是灭的，按下接在 I0.0 上的按钮，灯为最亮亮度的 25%；按下接在 I0.1 上的按钮，灯为最亮亮度的 50%；按下接在 I0.2 上的按钮，灯为最亮亮度的 75%；按下接在 I0.3 上的按钮，灯最亮；按下接在 I0.4 上的按钮，灯灭。为了保证灯不闪烁，控制灯亮度的脉冲周期应不大于 20 ms。

（6）编程控制 VB0 中的数值变化并将 VB0 中低四位二进制数所对应的十六进制数显示在一共阴极七段 LED 数码管上（Q0.0～Q0.6 分别接数码管的 abcdefg 段）。控制要求如下：VB0 的初始值为 0，I0.0 接通一次，VB0 的值加 1；I0.1 接通一次，VB0 的值减 1；I0.2 接通一次，VB0 的值清零。

（7）编程实现厘米和英寸之间的相互转换（1 英寸=2.54 厘米）。厘米值（整数）存在 VB0 中，转换的英寸值（小数）存在 AC0 中；英寸值（整数）存在 VB1 中，转换的厘米值（小数）存在 AC1 中。

（8）用算术运算指令编程完成下列运算，并将结果分别存到 VD0、VD4、VD8 和 VD12 中。
① 5^3；② $\sqrt[3]{200}$；③ $\cos 30°$；④ $\log_{10}^{2\,345}$。

（9）设圆的半径为整数，存在 VW10 中，取圆周率 π 为 3.14，计算圆的周长和面积。运算结果四舍五入转换为双字长整数，并分别存放在 VD20 和 VD24 中。

（10）将例 4–7 所示的四路抢答器扩充为八路抢答器。

（11）利用定时中断 0 在 Q0.0 上输出周期为 2 s 的方波脉冲信号。要求按下接在 I0.0 上的启动按钮即开始输出脉冲,按下接在 I0.1 上的停止按钮即停止输出脉冲。

(12)利用定时器 T96 中断在 Q0.0 上输出周期为 1 s 的方波脉冲信号。要求按下接在 I0.0 上的启动按钮即开始输出脉冲,按下接在 I0.1 上的停止按钮即停止输出脉冲。

(13)设计一定时器中断程序,只要 S7–200 运行,则每隔 1 s 读取一次输入端口 IB0 的数据,并送到输出端口 QB0。

(14)利用 S7–200 的高速计数器实时计算钢丝绳的拉出长度(单位 mm,每秒计算 1 次)并以整数形式存到 VD0 中。钢丝绳由电动机旋转带动拉出,电动机每转一转,钢丝绳被拉出 30 mm,电动机转轴与增量式光电编码器相连,编码器参数为 1 000 p/r。

项目 5

模拟量系统的 PLC 控制

 引言

过程控制系统是以表征生产过程的参量为被控制量,使之接近给定值或保持在给定范围内的自动控制系统。这里的"过程"是指在生产装置或设备中进行的物质和能量的相互作用和转换过程。表征过程的主要参量有温度、压力、流量、液位、成分、浓度等模拟量。通过对这些模拟量构成的过程参量的控制,可使生产过程中产品的产量增加、质量提高、能耗减少。一般的过程控制系统通常采用具有反馈的闭环控制系统,它们在石油化工、冶金、食品、药品、污水处理、恒压供水等工农业生产和日常生活中有着广泛的应用,图5.1所示为石油化工生产过程控制,即典型的以模拟量参量为主的控制系统。所以学会模拟量系统的 PLC 控制具有十分重要的意义。

图 5.1 石油化工生产过程控制

任务 5.1　锅炉温度的 PLC 控制

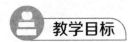

1. 知识目标

掌握 S7–200 PLC 的模拟量输入/输出类型及地址分配，掌握 S7–200 PLC 的 PID 指令及编程方法。

2. 能力目标

能进行简单模拟量控制系统的设计、安装和调试。

5.1.1　任务引入

某供热锅炉采用三相电加热器加热，具有位式控制和 PID 控制两种工作方式。在位式控制方式下，当水温低于 70 ℃时自动启动加热器加热，水温高于 90 ℃时自动停止加热器加热。在 PID 控制方式下，通过固态调压器控制加热器加热功率，使水温自动维持在 80 ℃左右。锅炉温度控制系统示意图如图 5.2 所示。

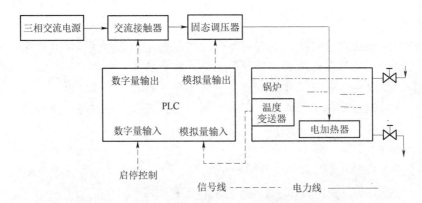

图 5.2　锅炉温度控制系统示意图

在位式控制方式下，直接由 PLC 根据锅炉温度和设定温度范围控制交流接触器的通断和固态调压器是否工作，从而控制加热器是否加热。在 PID 控制方式下，交流接触器接通，由 PLC 根据锅炉温度和设定温度 80 ℃之间的差值通过 PID 运算结果控制模拟量输出，再由输出的模拟电压或电流信号控制固态调压器的输出电压，从而控制加热器的加热功率，完成水温自动维持在 80 ℃左右这一控制要求。

5.1.2　任务分析

在实际生产中，经常需要对温度、压力、流量、液位、成分、浓度等进行控制，但它们都是连续变化的模拟量，对于 PLC 等计算机系统是无法直接测量的，必须先通过传感器将其转换成对应的电流或电压等电量信号，再通过模数转换将其转换成对应的数字量信号，才能由计算机系统进行检测和识别，进而进行控制。同理，计算机系统只能输出数字量信号，不能直接驱动由模拟电压或电流信号驱动的执行器（如电动调节阀、固态调压器等），而是必须通过数模转换将数字量转换成对应的电流或电压等电量信号才能驱动执行器工作。在PLC中，由模拟量输入完成模数转换功能，由模拟量输出完成数模转换功能。其示意图如图5.3所示。

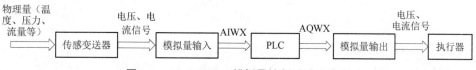

图5.3 S7–200 PLC模拟量控制系统示意图

5.1.3 相关知识

1. S7–200 PLC的模拟量输入/输出及地址分配

1）概述

S7–200 PLC的系列CPU中，只有CPU 224 XP和CPU 224 XPsi具有2路模拟量输入和1路模拟量输出，其他型号的CPU均未提供模拟量输入/输出功能。但S7–200 PLC提供了模拟量扩展模块以适应模拟量输入/输出。S7–200系列PLC的模拟量扩展模块主要有模拟量输入扩展模块、模拟量输出扩展模块以及模拟量输入/输出扩展模块，如表5.1所示。

表5.1 S7–200模拟量扩展模块

模块类型	模块名称	输入数量	输出数量	功耗/W	需要+5 V DC电源电流/mA	需要+24 V DC电源电流/mA
模拟量输入	EM231，4输入	4	—	2	20	60
	EM231，8输入	8	—	2	20	60
	EM231，4热电偶输入	4热电偶	—	1.8	87	60
	EM231，8热电偶输入	8热电偶	—	1.8	87	60
	EM231，2热电阻输入	2热电阻	—	1.8	87	60
	EM231，4热电阻输入	4热电阻	—	1.8	87	60
模拟量输出	EM232，2输出	—	2	2	20	70
	EM232，4输出	—	4	2	20	100
模拟量输入输出	EM235，4输入/1输出	4	1	2	30	60

模拟量输入电路一般由滤波、模/数（A/D）转换、光电耦合器等部分组成，如图5.4（a）所示。对于多通道的模拟量输入，通常设置多路转换开关进行通道的切换。模拟量输出电路一般由光电耦合器、数/模（D/A）转换器和信号驱动等部分组成，如图5.4（b）所示。PLC输出的数字量信号由内部电路送至光电耦合器的输入端，再经数/模（D/A）转换器转换成模拟电压或电流信号，经放大后输出。

图 5.4　S7–200 模拟量输入/输出电路结构示意图
(a) S7–200 模拟量输入电路结构；(b) S7–200 模拟量输出电路结构

2）CPU 224 XP 和 CPU 224 XPsi 上的模拟量输入/输出

CPU 224 XP 和 CPU 224 XPsi 上有 2 路模拟量输入和 1 路模拟量输出，模拟量输入技术规范如表 5.2 所示，模拟量输出技术规范如表 5.3 所示，接线如图 5.5 所示。

表 5.2　CPU 224 XP 和 CPU 224 XPsi 模拟量输入技术规范

项　目	技　术　规　范
输入模拟量信号类型及范围	双极性电压信号，−10～+10 V
输出数字量信号范围	−32 000～+32 000
直流输入阻抗	≥100 kΩ
最大输入电压	30 VDC
分辨率	12 位
输入分辨率	4.88 mV
精度	最差情况，0 ℃～55 ℃：±2.5%满量程；典型情况，25 ℃：±1.0%满量程
重复性	±0.05%满量程
转换时间	125 ms

表 5.3　CPU 224 XP 和 CPU 224 XPsi 模拟量输出技术规范

项　目	技　术　规　范
输入数字量信号范围	输出为单极性电压信号：0～+32 000；输出为电流信号：0～+32 000
输出模拟量信号类型及范围	单极性电压信号：0～+10 V；电流信号：0～20 mA
分辨率	12 位
输出分辨率	电压：2.44 mV；电流：4.88 μA
精度	最差情况，0 ℃～55 ℃ 电压输出：±2%满量程； 电流输出：±3%满量程； 典型情况，25 ℃ 电压输出：±1%满量程 电流输出：±1%满量程
转换时间	电压输出：＜50 μs；电流输出：＜100 μs

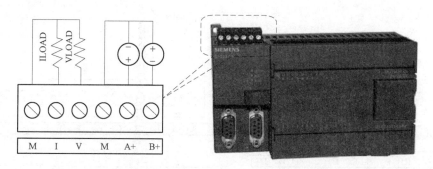

图 5.5　CPU 224 XP 和 CPU 224 XPsi 模拟量输入/输出接线图

图 5.5 中，I 为模拟量输出的电流输出端，V 为模拟量输出的电压输出端，A+、B+ 分别为第 1 路和第 2 路模拟量输入的接线端子，M 为公共端。

3）扩展模块上的模拟量输入

含有模拟量输入的扩展模块包括 EM231 和 EM235，下面分别加以说明。

（1）技术规范和接线。

EM231（4 或 8 模拟量输入）和 EM235 扩展模块上的模拟量输入技术规范如表 5.4 所示。接线分别如图 5.6～图 5.8 所示。为了达到表 5.4 中所列技术参数，应在系统块中启用模拟量输入滤波器，选择 64 次或更多次的采样次数进行平均值滤波。

表 5.4　EM231（4 或 8 模拟量输入）和 EM235 模拟量输入技术规范

项　目	技　术　规　范	
	EM231 4 模拟量输入/ EM235	EM231 8 模拟量输入
输入模拟量信号类型及范围	电压信号：可选，EM231 见表 5.5，EM235 见表 5.7； 电流信号：0～20 mA	电压信号：通道 0～7，可选，见表 5.6； 电流信号：仅最后两通道（通道 6 和 7），0～20 mA
输出数字量信号范围	输入为双极性电压信号：−32 000～+32 000； 输入为单极性电压信号或电流信号：0～+32 000	
直流输入阻抗	电压输入：≥2 MΩ；电流输入：250 Ω	
最大输入电压	30 V DC	
最大输入电流	32 mA	
分辨率	12 位	
输入分辨率	EM231 见表 5.5，EM235 见表 5.7	见表 5.6
转换时间	<250 ms	

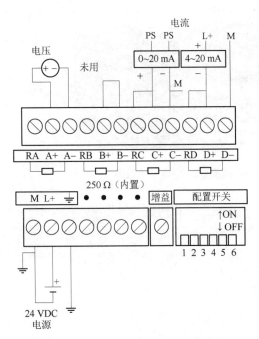

图 5.6 EM231 4 模拟量输入接线图

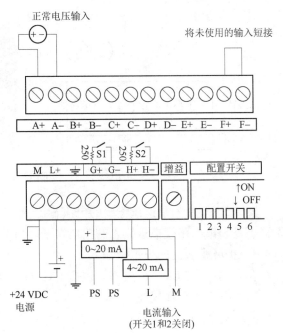

图 5.7 EM231 8 模拟量输入接线图

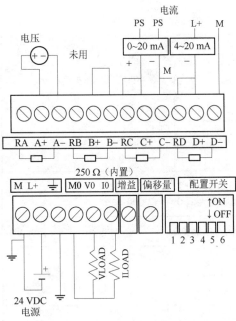

图 5.8 EM235 接线图

在图 5.6 和图 5.8 中，模块上部共有 12 个端子，每 3 个端子（如 RA、A+、A−）为一路模拟量输入，共 4 组。如果输入为电压信号，则只用其中的 2 个端子，如 A+、A−；如果输入为电流信号，则需要用 3 个端子，如 RA、A+、A−，且 RA 与 A+端子短接。对于未用的模拟量输入通道应短接（如 B+、B−），以提高抗干扰能力。图 5.7 中，模块上部是 12 个电压输入通道的接线端子，每 2 个端子（如 A+、A−）为一路模拟量输入，共 6 组；下部中间位置是 4 个电压或电流输入通道的接线端子，内部开关 S1、S2 接通选择电流输入，S1、S2 断开选择电压输入，开关 S1、S2 的通断受 DIP 配置开关 SW1、SW2 的控制。

上述扩展模块需要 DC 24 V 电源，模块下部左端的 M、L+两端应接入 DC 24 V 电源的负极和正极，右端分别是校准电位器（EM231 只有增益调节电位器，EM235 还有偏移量调节电位器）和输入类型配置 DIP 开关，其设定方式详见表 5.5～表 5.7。

通过接线图可以看出，对于电流输入，其实是先通过每通道内置的 250 Ω 精密电阻将输入的 0～20 mA 或 4～20 mA 电流信号转换成了 0～5 V 或 2～5 V 的电压信号，然后再由模拟量输入电路进行模数转换。

（2）输入类型配置。

EM231 和 EM235 都有多种类型的模拟量信号输入类型可选择，需要通过其模块右下部的 DIP 配置开关进行配置才能使用，配置表分别如表 5.5、表 5.6 和表 5.7 所示。

表 5.5　EM231 4 模拟量输入配置表

信号类型	SW1	SW2	SW3	输入信号范围	输入分辨率
单极性电压信号或电流信号	ON	OFF	ON	0～5 V	1.22 mV
	ON	ON	OFF	0～10 V	2.44 mV
	ON	ON	OFF	0～20 mA	4.88 μA
双极性电压信号	OFF	OFF	ON	−2.5～+2.5 V	1.22 mV
	OFF	OFF	OFF	−5～+5 V	2.44 mV

表 5.6　EM231 8 模拟量输入配置表

信号类型	SW3	SW4	SW5	输入信号范围	输入分辨率
单极性电压信号或电流信号	ON	OFF	ON	0～5 V	1.22 mV
	ON	ON	OFF	0～10 V	2.44 mV
	ON	ON	OFF	0～20 mA	4.88 μA
双极性电压信号	OFF	OFF	ON	−2.5～+2.5 V	1.22 mV
	OFF	OFF	OFF	−5～+5 V	2.44 mV

说明：对于 EM231 8 模拟量输入模块，其 6、7 两个通道的模拟量输入可以选电压输入或电流输入。配置开关 SW1 为 ON，选择通道 6 为电流输入，OFF 选择通道 6 为电压输入；配置开关 SW2 为 ON，选择通道 7 为电流输入，OFF 选择通道 7 为电压输入。电压或电流输入范围由 SW3、SW4 和 SW5 的位置决定，如表 5.6 所示。

表 5.7　EM235 模拟量输入配置表

| 信号类型 | 开关位置 | | | | | | 输入信号范围 | 输入分辨率 |
	SW1	SW2	SW3	SW4	SW5	SW6		
单极性电压信号或电流信号	ON	OFF	OFF	ON	OFF	ON	0～50 mV	12.2 μV
	OFF	ON	OFF	ON	OFF	ON	0～100 mV	24.4 μV
	ON	OFF	OFF	OFF	ON	ON	0～500 mV	122 μV
	OFF	ON	OFF	OFF	ON	ON	0～1 V	244 μV
	ON	OFF	OFF	OFF	OFF	ON	0～5 V	1.22 mV
	ON	OFF	OFF	OFF	OFF	ON	0～20 mA	4.88 μA
	OFF	ON	OFF	OFF	OFF	ON	0～10 V	2.44 mV
双极性电压信号	ON	OFF	OFF	OFF	ON	OFF	−25～+25 mV	12.2 μV
	OFF	ON	OFF	ON	OFF	OFF	−50～+50 mV	24.4 μV

续表

信号类型	开关位置						输入信号范围	输入分辨率
	SW1	SW2	SW3	SW4	SW5	SW6		
双极性电压信号	OFF	OFF	ON	ON	ON	OFF	−100～+100 mV	48.8 μV
	ON	OFF	OFF	OFF	ON	OFF	−250～+250 mV	122 μV
	OFF	ON	OFF	OFF	ON	OFF	−500～+500 mV	244 μV
	OFF	OFF	ON	OFF	OFF	OFF	−1～+1 V	488 μV
	ON	OFF	OFF	OFF	OFF	OFF	−2.5～+2.5 V	1.22 mV
	OFF	ON	OFF	OFF	OFF	OFF	−5～+5 V	2.44 mV
	OFF	OFF	ON	OFF	OFF	OFF	−10～+10 V	4.88 mV

（3）［扩展知识］EM231和EM235模块的模拟量输入校准。

使用增益调节电位器和偏移量调节电位器可以对EM231和EM235模块的模拟量输入进行校准，校准会影响模块上的所有输入。其步骤如下：

① 切断模块电源，选择需要的输入范围。
② 接通CPU和模块电源，使模块稳定15 min。
③ 用一个变送器、一个电压源或一个电流源，将零值信号加到一个输入端。
④ 读取该输入通道在CPU中的测量值。
⑤ 调节偏置电位器，直到读数为零或所需要的数字数据值。
⑥ 将一个满刻度值信号加到一个输入端。
⑦ 读取适当的输入通道在CPU中的测量值。
⑧ 调节增益电位器，直到读数为32 000或所需要的数字数据值。
⑨ 必要时，重复偏置和增益校准过程直至数据稳定。

需要注意的是，即使校准后，如果电路元件参数发生变化，则从不同通道读入同一输入信号，其信号值也会有微小的差别。

4）扩展模块上的模拟量输出

含有模拟量输出的扩展模块包括EM232（2或4模拟量输出）和EM235，其模拟量输出技术规范如表5.8所示。EM232 4模拟量输出和EM232 2模拟量输出接线图分别如图5.9和图5.10所示，EM235模拟量输出接线图如图5.8所示。

从接线图可以看出，每个模拟量输出通道包含电压和电流两种输出形式，V_i（i=0、1、2、3，下同）和I_i分别是电压和电流输出接线端子，M_i是公共端。模拟量输出扩展模块也需要DC 24 V电源，模块下部左端的M、L+两端应分别接入DC 24 V电源的负极和正极。

表5.8　EM232（2或4模拟量输出）和EM235模拟量输出技术规范

项　目	技　术　规　范
输入数字量信号范围	输出为双极性电压信号：−32 000～+32 000； 输出为电流信号：0～+32 000
输出模拟量信号类型及范围	双极性电压信号：−10 V～+10 V； 电流信号：0～20 mA

续表

项　　目	技　术　规　范
分辨率	电压：12 位； 电流：11 位
精度	最差情况，0 ℃～55 ℃； 电压输出：±2%满量程； 电流输出：±2%满量程； 典型情况，25 ℃； 电压输出：±0.5%满量程； 电流输出：±0.5%满量程
转换时间	电压输出：100 μs； 电流输出：2 ms

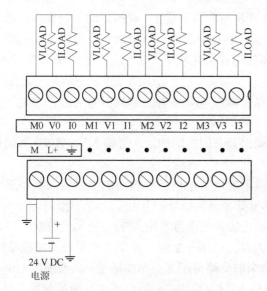

图 5.9　EM232 4 模拟量输出接线图

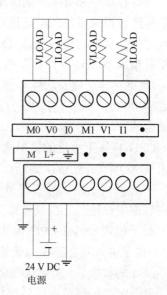

图 5.10　EM232 2 模拟量输出接线图

5）模拟量输入值和 A/D 转换值的转换

假设输入的模拟量的信号范围是 $A_0\sim A_m$（如：4～20 mA），A/D 转换后对应的数字量数值范围为 $D_0\sim D_m$（如：6 400～32 000）。若某时刻模拟量输入信号大小为 A，A/D 转换后对应的数值为 D，由于 A/D 转换前的模拟量和 A/D 转换后的数字量呈线性关系，所以函数关系 $A=f(D)$ 可以表示为数学方程：

$$A=(D-D_0)\times(A_m-A_0)/(D_m-D_0)+A_0 \qquad (5-1)$$

根据方程式（5-1），可以方便地根据 D 值计算出 A 值。

将方程式（5-1）进行逆变换，可以得出函数关系 $D=g(A)$，表示为数学方程如下：

$$D=(A-A_0)\times(D_m-D_0)/(A_m-A_0)+D_0 \qquad (5-2)$$

根据方程式（5-2），可以方便地根据 A 值计算出 D 值。

具体以 4～20 mA 电流输入为例加以说明。经 S7–200 PLC 的模拟量输入进行 A/D 转换后，我们得到的数字量数值范围是 6 400～32 000，即 A_0=4，A_m=20，D_0=6 400，D_m=32 000，代入公式（5–1），得出：

$$A=(D-6\ 400)\times(20-4)/(32\ 000-6\ 400)+4$$

假设该模拟量与 AIW0 对应，则当 AIW0 的值为 12 800 时，相应的模拟电信号是 6 400×16/25 600+4=8（mA）。

又如，某温度传感器，测量温度范围为–10 ℃～60 ℃，输出的电流信号范围为 4～20 mA，以 T 表示温度值，AIW0 为 S7–200 模拟量采样值，则直接代入式（5–1）得出：

$$T=[60-(-10)]\times(AIW0-6\ 400)/25\ 600-10$$

可以用得到的 T 直接显示温度值。

6）S7–200 PLC 模拟量输入/输出地址分配

在 S7–200 PLC 中，每路模拟量输入和模拟量输出分别在模拟量输入映像寄存器和模拟量输出映像寄存器中都有唯一的一个字与其对应。模拟量输入映像寄存器中的字存储了模拟量输入信号经过模拟量输入电路进行 A/D 转换后的数字量值；模拟量输出映像寄存器中的字存储了经过模拟量输出电路进行 D/A 转换前的数字量值，该值决定了模拟量输出信号的大小。模拟量输入/输出映像寄存器的大小和使用说明详见项目 2 "2.1.3 相关知识"中的"三、S7–200 的数据存储区域及功能"部分。

对 S7–200 PLC 来说，其上的每路模拟量输入/输出在相应存储区域对应的字地址是按如下方式确定的：

（1）CPU 模块上提供的模拟量输入/输出具有固定的地址，且输入从 AIW0 开始依次编址，输出从 AQW0 开始依次编址。

（2）扩展模块上提供的模拟量输入/输出的地址根据扩展模块的类型及在扩展链中的位置依次向后递增编址，且模拟量输入和模拟量输出的编址相互独立，互不影响。

（3）每个模块（包括 CPU 模块和扩展模块）上模拟量输入/输出的地址分配是以 2 个字（即 2 路模拟量输入或 2 路模拟量输出）为单位递增分配的，即使有些模块的模拟量输入/输出数量不是 2 的整数倍，S7–200 也会给剩余的一路分配 2 个字的地址，后面那个未用到的字地址不能再分配给扩展链中的后续模拟量输入/输出模块，一般也不建议做其他用途使用。例如，一个 4 输入/1 输出的 EM 235 模块需要占用 4 路模拟量输入和 2 路模拟量输出的地址。

【例 5–1】某一控制系统选用 CPU 224 XP，系统所需的输入/输出各为：24 个直流数字量输入、20 个继电器数字量输出、6 路模拟量输入、2 路模拟量输出。请进行系统配置并写出各输入/输出的地址。

分析：本系统可有多种不同的配置组合，各模块在 I/O 链中的位置排列方式也可以有多种，图 5.11 所示为其中的一种配置形式。表 5.9 所示为该配置下各模块对应的 I/O 地址分配。

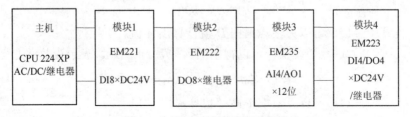

图 5.11 例 5–1 系统配置示意图

表 5.9 例 5–1 各模块 I/O 地址分配表

主机 CPU 224 XP		模块 1 EM221	模块 2 EM222	模块 3 EM235		模块 4 EM223	
I0.0	Q0.0	I2.0	Q2.0	AIW4	AQW4	I3.0	Q3.0
I0.1	Q0.1	I2.1	Q2.1	AIW6		I3.1	Q3.1
I0.2	Q0.2	I2.2	Q2.2	AIW8		I3.2	Q3.2
I0.3	Q0.3	I2.3	Q2.3	AIW10		I3.3	Q3.3
I0.4	Q0.4	I2.4	Q2.4				
I0.5	Q0.5	I2.5	Q2.5				
I0.6	Q0.6	I2.6	Q2.6				
I0.7	Q0.7	I2.7	Q2.7				
I1.0	Q1.0						
I1.1	Q1.1						
I1.2	AQW0						
I1.3							
I1.4							
I1.5							
AIW0							
AIW2							

2. ［扩展知识］S7–200 PLC 模拟量输入/输出数据字格式

1）S7–200 PLC 模拟量输入数据字格式

模拟量输入模块的分辨率通常以 A/D 转换后对应的数字量的二进制数位数来表示，在 S7–200 中，模拟量输入信号经模拟量输入电路进行 A/D 转换后的数字量是 12 位二进制数。数据值的 12 位在 PLC 内部占两个字节，以补码形式存放，其存放格式如图 5.12 所示。最高有效位是符号位：0 表示正值数据，1 表示负值数据。

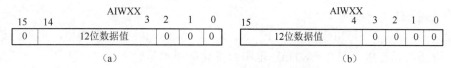

图 5.12 S7–200 模拟量输入数据格式
（a）单极性数据格式；（b）双极性数据格式

（1）单极性数据格式。

单极性数据对应电流输入或单极性电压输入信号。单极性数据存储单元的低 3 位为 0，数据值的 12 位存放在第 3～14 位，最高位为 0，数据范围为 0～32 000。由于第 15 位为 0，表示是正值数据。

（2）双极性数据格式。

双极性数据对应双极性电压输入信号。双极性数据存储单元的低 4 位均为 0，数据值的 12 位存放在第 4～15 位，最高位为符号位，数据范围为–32 000～+32 000。

2）S7–200 模拟量输出数据字格式

模拟量输出的分辨率通常以 D/A 转换前待转换的二进制数字量的位数表示，PLC 运算处理后的 16 位二进制数在 PLC 内部存放格式如图 5.13 所示。模拟量输出只取输出字的高 12 位进行 D/A 转换，低 4 位的值对输出没有影响。

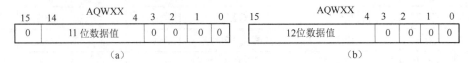

(a)　　　　　　　　　　　　　　　　(b)

图 5.13　S7–200 模拟量输出数据格式
（a）电流输出数据格式；（b）电压输出数据格式

（1）电流输出数据格式。

对于电流输出，其字型存储单元的低 4 位均为 0，数据值的 11 位存放在第 4~14 位区域，第 15 位为 0，表示是正值。电流输出时，输入的数据范围为 0~+32 000。

（2）电压输出数据格式。

对于电压输出，其字型存储单元的低 4 位均为 0，数据值的 12 位存放在第 4~15 位区域。电压输出时，输入的数据范围为 –32 000~+32 000。

3. ［扩展知识］EM231 热电偶、热电阻测温扩展模块

EM231 热电偶（EM231 TC，有 4 输入和 8 输入两种），热电阻（EM231 RTD，有 2 输入和 4 输入两种）扩展模块是 S7–200 PLC 专门为温度测量而设计的模拟量扩展模块。

1）EM231 热电偶扩展模块

EM231 热电偶模块有两种：4 路或 8 路热电偶温度测量通道。每种模块都具有专门的冷端补偿电路，该电路在模块连接器处测量温度，并对测量值做必要的修正，以补偿基准温度与模块处温度之间的温度差。EM231 4 路热电偶接线如图 5.14 所示。模块上部有 12 个端子，左端起每 2 个端子组成 1 组，作为 1 路热电偶输入，共 4 组。第一组 A+接热电偶正端，A–接热电偶负端，如果热电偶通过屏蔽电缆与 PLC 连接，则屏蔽电缆的屏蔽层应接右端的地上。其余组的接法与第一组相同。对于模块上未使用的通道应当短接或者并联到旁边的实际接线通道上，以抑制噪声。该模块需要用户提供 DC 24 V 电源，模块左下部 M、L+两端接入 DC 24 V 供电电源的负极和正极。

EM231 热电偶模块可用于 J、K、E、N、S、T 和 R 七种热电偶类型，另外，该模块上的每个通道还可以连接范围在 ±80 mV 范围内变化的模拟量输入信号（主要用于其他非标准热电偶），用户必须用 DIP 配置开关（如图 5.14 右侧所示）来选择热电偶的类型、温标类型、断线检测和冷端补偿等。DIP 开关 SW4 为保留，设在 0 位置，其他 DIP 开关设定如表 5.10 所示。DIP 开关设置后，需要给模块 DC 24 V 重新加电才能起作用。使用热电偶必须进行冷端补偿，否则会出现错误的结果，且连到同一模块上的热电偶必须是相同型号。如果选择测量信号为 ±80 mV，将自动禁用冷端补偿。

EM231 热电偶模块上每个通道进行 A/D 转换后的数字量值占一个字，以 2 进制的补码形式存储，此值乘以 0.1 即为现场温度值。例如，如果数字量的值为 1 002，则表示测量的现场温度为 100.2 ℃。如果测量的是 ±80 mV 的电压输入信号，则对应的数字量值的范围为 –27 648~27 648。

热电偶模块需要安装在环境温度稳定的地方，否则可能会引起附加的测量误差。

使用热电偶模块时，应在系统块的"输入滤波器"设置中禁止启用模拟量滤波功能。

EM231 4 路热电偶模块的所有通道每 405 ms 更新一次 A/D 转换值，EM231 8 路热电偶模块的所有通道每 810 ms 更新一次 A/D 转换值。如果在一个更新周期内，PLC 没有及时读取 A/D 转换后的数据，则 A/D 转换值会保持不变，直至 PLC 读取数据后的下一个更新周期才会变化。所以，为了保证 A/D 转换值总是保持为当前值，建议 PLC 读取 A/D 转换值的周期不要大于更新周期。

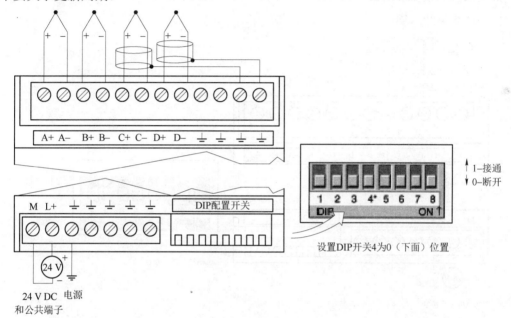

图 5.14　EM231 4 热电偶模块接线图及配置开关

表 5.10　EM231 热电偶模块 DIP 开关配置

热电偶类型	SW1	SW2	SW3	SW5	SW6	SW7	SW8
J（默认）	0	0	0	断线故障或超范围设定： 0：正向标定。断线故障或超出范围标定值（+3 276.7 度） 1：负向标定。断线故障或超出范围标定值（−3 276.8 度）	断线检测： 0：使能断线检测； 1：禁止断线检测	温标选择： 0：摄氏度 1：华氏度	冷端补偿使能： 0：使能冷端补偿； 1：禁止冷端补偿
K	0	0	1				
T	0	1	0				
E	0	1	1				
R	1	0	0				
S	1	0	1				
N	1	1	0				
+/− 80 mV	1	1	1				

2）EM231 热电阻扩展模块

EM231 热电阻模块也有两种：2 路或 4 路热电阻（RTD）温度测量通道。EM231 2 路热电阻模块接线如图 5.15 左侧所示。模块上部有 12 个端子，左端起每 4 个端子为 1 组，作为

1路热电阻输入,共2组,使用时直接将热电阻接到模块上即可,可以测量铂(Pt)、铜(Cu)、镍(Ni)热电阻或电阻。使用屏蔽线可达到最好的抗噪性,此时,应将屏蔽线接到对应的接地点上,接地点与电源共地。如果某热电阻输入通道没有使用,应在该通道上接一个和RTD标称值相同的电阻(例如Pt100 RTD需使用100 Ω的电阻),以防止因为断线检测而引起系统SF LED灯闪烁。可按图5.16所示的三种方式将热电阻接到模块上,精度最高的是4线,精度最低的是2线。

热电阻扩展模块也需要提供DC 24 V电源,在模块左下部M、L+两端分别接入DC 24 V供电电源的负极和正极。

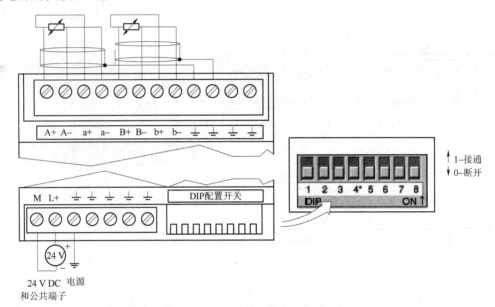

图 5.15　EM231 2 热电阻模块接线图及配置开关

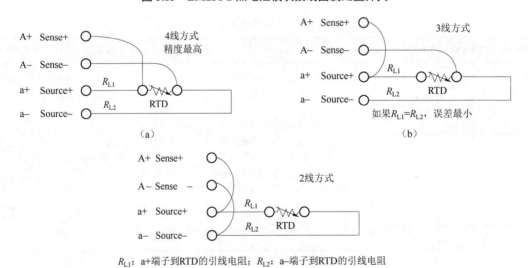

图 5.16　热电阻的三种接线方式示意图
(a) 4线方式；(b) 3线方式；(c) 2线方式

EM231 热电阻模块可选用多种类型的热电阻，用户必须使用 DIP 配置开关（如图 5.15 右侧所示）来选择热电阻的类型、接线方式、温标类型和断线检测等。EM231 2 路热电阻模块可选的热电阻类型与 DIP 配置开关 SW1、SW2、SW3、SW4、SW5 的关系如表 5.11 所示，接线方式、温标类型和断线检测等设置与 DIP 配置开关 SW6、SW7、SW8 的关系如表 5.12 所示。与 EM231 热电偶模块一样，DIP 开关设置后，要使其起作用，需要给模块 DC 24 V 电源重新加电，且连到同一模块上的热电阻必须是相同型号。

表 5.11　EM 231 2 路热电阻模块热电阻类型选择 DIP 开关配置

热电阻类型	SW1	SW2	SW3	SW4	SW5
100 Ω Pt 0.003850（缺省）	0	0	0	0	0
200 Ω Pt 0.003 850	0	0	01	0	1
500 Ω Pt 0.003 850	0	0	0	1	0
1 000 Ω Pt 0.003 850	0	0	0	1	1
100 Ω Pt 0.003 920	0	0	1	0	0
200 Ω Pt 0.003 920	0	0	1	0	1
500 Ω Pt 0.003 920	0	0	1	1	0
1 000 Ω Pt 0.003 920	0	0	1	1	1
100 Ω Pt 0.003 850 55	0	1	0	0	0
200 Ω Pt 0.003 850 55	0	1	0	0	1
500 Ω Pt 0.003 850 55	0	1	0	1	0
1 000 Ω Pt 0.003 850 55	0	1	0	1	1
100 Ω Pt 0.003 916	0	1	1	0	0
200 Ω Pt 0.003 916	0	1	1	0	1
500 Ω Pt 0.003 916	0	1	1	1	0
1 000 Ω Pt 0.003 916	0	1	1	1	1
100 Ω Pt 0.003 902	1	0	0	0	0
200 Ω Pt 0.003 902	1	0	0	0	1
500 Ω Pt 0.003 902	1	0	0	1	0
1 000 Ω Pt 0.003 902	1	0	0	1	1
备用	1	0	1	0	0
100 Ω Ni 0.006 72	1	0	1	0	1
120 Ω Ni 0.006 72	1	0	1	1	0
1 000 Ω Ni 0.006 72	1	0	1	1	1
100 Ω Ni 0.006 178	1	1	0	0	0
120 Ω Ni 0.006 178	1	1	0	0	0
1 000 Ω Ni 0.006 178	1	1	0	1	0

续表

热电阻类型	SW1	SW2	SW3	SW4	SW5
10 000 Ω Pt 0.003 850	1	1	0	1	1
10 Ω Cu 0.004 270	1	1	1	0	0
150 Ω FS 电阻	1	1	1	0	1
300 Ω FS 电阻	1	1	1	1	0
600 Ω FS 电阻	1	1	1	1	1

表 5.12　EM 231 热电阻模块 DIP 开关配置

SW6（仅 2 路热电阻模块）	SW7	SW8
断线故障或超范围标定： 0：正向标定。断线故障或超出范围标定值（+3 276.7 度） 1：负向标定。断线故障标定值（−3 276.8 度）	温标选择： 0：摄氏度 1：华氏度	0：3 线接线方式 1：2 线或 4 线接线方式

EM231 热电阻模块上每个通道 A/D 转换后的数字量值占一个字，以 2 进制的补码形式存储，此值乘以 0.1 即为现场温度值。例如，如果数字量的值为 1 002，则表示测量的现场温度为 100.2 度。如果配置开关设置成测量量程为 150 Ω、300 Ω 或 600 Ω 的电阻传感器，则当电阻传感器的阻值为 150 Ω、300 Ω 或 600 Ω 时，A/D 转换后的数字量值为 27 648。例如，若配置开关设置成测量量程电阻为 300 Ω 的电阻传感器，当前测量值为 20 736，则实际电阻值为 20 736/27 648×300=225（Ω）。

热电阻模块需要安装在环境温度稳定的地方，否则可能会引起附加的测量误差。

使用热电阻模块时，应在系统块的"输入滤波器"设置中禁止启用模拟量滤波功能。

EM231 2 路热电阻模块的所有通道每 405 ms 更新一次 A/D 转换值，EM231 4 路热电阻模块的所有通道每 810 ms 更新一次 A/D 转换值。如果在一个更新周期内，PLC 没有读取 A/D 转换后的数据，则 A/D 转换值会保持不变，直至 PLC 读取数据后的下一个更新周期才会变化。所以，为了保证 A/D 转换值总是保持为当前值，建议 PLC 读取 A/D 转换值的周期不要大于更新周期。

4．S7–200 PLC 的 PID 回路控制指令

1）PID 控制算法

在工农业生产中，常需要使用闭环控制方式实现温度、压力、流量等连续变化模拟量的控制。无论使用模拟控制器的模拟控制系统，还是使用计算机（包括 PLC）控制的数字控制系统，PID 控制算法都得到了广泛的应用。

典型的 PID 算法包括三项：比例项（Proportion）、积分项（Integral）和微分项（Derivative）。即，输出=比例项+积分项+微分项。计算机在周期性地对输入进行采样并离散化后进行 PID 运算，算法如下：

$$M_n = K_c * (SP_n - PV_n) + K_c * (T_s/T_i) * (SP_n - PV_n) + M_x + K_c * (T_d/T_s) * (PV_{n-1} - PV_n)$$

其中各参数的含义见表 5.14 中的描述。

比例项 $K_c*(SP_n-PV_n)$：能及时地产生与偏差（SP_n-PV_n）成正比的调节作用，比例系数

K_c 越大，比例调节作用越强，系统的稳态精度越高，但 K_c 过大会使系统的输出量振荡加剧，稳定性降低。

积分项 $K_c*(T_s/T_i)*(SP_n-PV_n)+M_x$：与偏差有关，只要偏差不为 0，PID 控制的输出就会因积分作用而不断变化，直到偏差消失，所以积分的作用是消除稳态误差，提高控制精度。但积分动作缓慢，给系统的动态稳定带来不良影响，很少单独使用。从式中可以看出：积分时间常数增大，积分作用减弱，消除稳态误差的速度减慢。

微分项 $K_c*(T_d/T_s)*(PV_{n-1}-PV_n)$：根据误差变化的速度（即误差的微分）进行调节，具有超前和预测的特点。微分时间常数 T_d 增大时，超调量减少，动态性能得到改善，但如果 T_d 过大，系统输出量在接近稳态时可能上升缓慢。

2）S7-200 PLC 的 PID 回路控制指令

（1）S7-200 PLC 的 PID 回路控制指令及回路参数表。

S7-200 PLC 设计有专门的 PID 回路控制指令用于进行 PID 运算，实际应用中可以通过两种方式使用 PID 指令：一是设置回路参数表后，直接在程序中调用 PID 指令；二是通过 STEP 7- Micro/WIN 的指令向导使用 PID 指令。本书重点介绍前一种方法。

PID 指令格式如表 5.13 所示。使能输入有效时，根据回路参数表（TBL）中的输入测量值、控制设定值及相关 PID 参数进行 PID 运算，并输出运算结果。

表 5.13　PID 指令格式

梯形图	语句表	说　明
PID EN　ENO TBL LOOP	PID TBL, LOOP	EN：输入使能端，必须通过触点接左母线； TBL：参数表在变量存储区的起始地址，数据类型：字节，如 VB100； LOOP：回路号，数据类型：常量 0～7

说明：使 ENO=0 的错误条件：0006（间接地址），SM1.1（溢出，参数表起始地址或指令中指定的 PID 回路号码超出范围）。

在一个 STEP 7-Micro/WIN 项目中，最多可以同时运行 8 个 PID 控制回路（编号为 0～7）。在运行 PID 回路控制指令时，S7-200 将根据回路参数表中的输入测量值、控制设定值及其他 PID 参数进行 PID 运算，求得输出控制值。S7-200 的 PID 回路参数表起初的长度为 36 个字节，后来因为增加了 PID 自动调节功能，此表现已扩展到 80 个字节。36 字节的回路参数表如表 5.14 所示，该表中有 9 个参数，全部为实数，占用 36 个字节。

表 5.14　PID 回路参数表

地址偏移量	参　数	数据格式	参数类型	说　明
0	过程变量当前值 PV_n	双字，实数	输入	必须在 0.0～1.0 范围内
4	给定值 SP_n	双字，实数	输入	必须在 0.0～1.0 范围内
8	输出值 M_n	双字，实数	输入/输出	在 0.0～1.0 范围内
12	增益 K_c	双字，实数	输入	比例常量，可为正数或负数

续表

地址偏移量	参 数	数据格式	参数类型	说 明
16	采样时间 T_s	双字，实数	输入	以秒为单位，必须为正数
20	积分时间 T_i	双字，实数	输入	以分钟为单位，必须为正数
24	微分时间 T_d	双字，实数	输入	以分钟为单位，必须为正数
28	上一次积分值 M_x	双字，实数	输入/输出	0.0～1.0 范围内（根据 PID 运算结果更新）
32	上一次过程变量值 PV_{n-1}	双字，实数	输入/输出	最近一次 PID 运算值，必须在 0.0～1.0 范围内

说明：

① S7-200 可同时对多个（最多 8 个）生产过程（回路）进行闭环控制。由于每个生产过程的具体情况不同，PID 算法的参数亦不同。因此，需要为每个控制过程建立相应的回路参数表，以用于存放控制算法所需的参数和其他数据。当需要执行 PID 运算时，从回路参数表中把有关过程数据送至 PID 指令进行运算，运算完毕，再将有关数据结果送回至参数表。

② 表中过程变量当前值 PV_n 和给定值 SP_n 为 PID 算法的输入，只可由 PID 指令读取且不可更改。通常过程变量当前值来自模拟量输入模块，并需要做归一化处理；给定值一般来自人机对话设备，如 TD200、触摸屏、组态软件等，也需要做归一化处理。

③ 表中回路输出值 M_n 由 PID 指令计算得出，仅当 PID 指令完全执行完毕才予以更新。该值还需要用户按照工程量标定通过计算转换为 16 位数字量（方法详见后面"（3）PID 回路输出量的处理"），送往 PLC 的模拟量输出。

④ 表中增益 K_c、采样时间 T_s、积分时间 T_i、微分时间 T_d 是由用户通过事先整定试验后得出并写入的值，通常也可通过人机对话设备输入。

⑤ 表中上一次积分值 M_x 由 PID 运算结果更新，且此更新值用作下一次 PID 运算的输入值。积分和的调整值必须是 0.0～1.0 的实数。

⑥ PID 指令不对回路参数表的输入值进行范围检查。在每次执行 PID 指令前，必须保证过程变量当前值、给定值、上一次积分值和上一次过程变量值在 0.0～1.0。

（2）PID 回路输入量的归一化处理。

每个 PID 回路的给定值和过程变量当前值都是实际数值，其大小、范围和工程单位可能不同。在 S7-200 进行 PID 运算之前，必须将其转换成归一化的 0.0～1.0 的浮点数。步骤如下：

① 将过程变量当前值（假设过程变量当前值取自模拟量输入 AIW0）经过 A/D 转换后的 16 位整数转换成 32 位实数。参考程序如下：

```
XORD AC0,AC0      //将 AC0 清零
ITD  AIW0,AC0     //将模拟量输入数值转换成双字,以 AIW0 为例
DTR  AC0,AC0      //将 32 位整数转换成实数
```

② 将实数转换成 0.0 至 1.0 之间的归一化实数。用下式：

实际数值的归一化数值=实际数值/取值范围+偏移量

其中，取值范围=最大可能数值−最小可能数值=32 000（单极性数值）或 64 000（双极性数值）

偏移量：对单极性数值取 0.0，对双极性数值取 0.5

如将上述 AC0 中的双极性数值进行归一化，参考程序如下：

```
/R  64 000.0,AC0     //使累加器中的数值标准化
+R  0.5,AC0          //加偏移量 0.5
```

```
    MOVR    AC0,VD100     //将归一化数值写入PID回路参数表中。
```
(3) PID 回路输出量的处理。

程序执行后，PID 回路输出一个 0.0～1.0 之间的归一化实数，必须被转换为成比例的 16 位整数数值，才能给 S7-200 的模拟量输出电路进行 D/A 转换，从而驱动模拟量设备工作。将 PID 回路输出的 0.0～1.0 的归一化实数转换为成比例的实数值使用下式进行：

PID 回路输出成比例实数数值=（PID 回路输出归一化实数值−偏移量）*取值范围

其中的偏移量和取值范围含义与"(2) PID 回路输入量的归一化处理"相同。

假设 PID 回路输出用于驱动模拟量输出 AQW0（输出双极性电压信号），参考程序如下：

```
    MOVR    VD108,AC0      //将PID回路输出值送入AC0
    -R      0.5,AC0        //双极性数值减偏移量0.5
    *R      64 000.0,AC0   //AC0的值乘以取值范围,变为成比例实数数值
    ROUND   AC0,AC0        //将实数四舍五入取整,变为32位整数
    DTI     AC0,AC0        //32位整数转换为16位整数
    MOVW    AC0,AQW0       //16位整数写入模拟量输出,以AQW0为例
```

(4) PID 回路控制选项。

在很多控制系统中，有时只采用一种或两种控制回路。例如，可能只要求比例控制回路或比例和积分控制回路，S7-200 的 PID 运算通过设置常量参数值来选择所需的控制回路。

① 如果不需要积分回路（即在 PID 计算中无"I"），则应将积分时间 T_i 设为无限大。由于积分项 M_x 的初始值，虽然没有积分运算，积分项的数值也可能不为零。

② 如果不需要微分运算（即在 PID 计算中无"D"），则应将微分时间 T_d 设定为 0.0。

③ 如果不需要比例运算（即在 PID 计算中无"P"），但需要 I 或 ID 控制，则应将比例增益值 K_c 指定为 0.0。因为 K_c 同时也是计算积分和微分项公式中的系数，将比例增益值设为 0.0 会导致在积分和微分项计算中使用的比例增益值 K_c 为 1.0。

3) PID 指令向导

STEP 7-Micro/WIN 提供了 PID 指令向导，用户只需在 PID 向导的指导下填写相应的参数，就可以方便快捷地完成一个闭环控制过程的 PID 自动编程，然后在应用程序中使用 SM0.0 调用 PID 向导生成的子程序，即可完成 PID 控制任务。

PID 向导已经把外围实际的物理量与 PID 功能块需要的输入/输出数据之间进行了转换，不再需要用户自己编程就可以进行输入/输出的转换与标准化处理。

利用 PID 向导，既可以生成支持模拟量输出的 PID 控制，也可以生成支持开关量输出的 PID 控制；既支持连续自动调节，也支持手动调节，并能实现手动到自动之间的无扰切换；此外，还支持 PID 反作用调节。

5.1.4　任务实施

1. 设备选型

根据控制要求，系统选用 S7-200 CPU 222 AC/DC/继电器作为主控制器，使用 EM235 扩展模块进行温度检测和固态调压器控制。锅炉温度检测采用满量程范围为 0 ℃～100 ℃、输出为 4～20 mA 电流的温度变送器。加热器采用额定电压为 380 V 的三相加热器，固态调压器选用控制电压为 0～10 V 的三相固态调压器。

2. I/O 分配表

根据系统要求和设备选型，列出 S7-200 PLC I/O 分配表如表 5.15 所示。

表 5.15 锅炉温度控制 PLC I/O 分配表

输入			输出		
设备		输入点	设备		输出点
启动按钮	SB1	I0.0	电源接触器	KM	Q0.0
停止按钮	SB2	I0.1	固态调压器	SSR	AQW0
控制方式选择开关	SA	I0.2			
温度变送器	BT	AIW0			

3. 主电路原理图和 PLC 接线图

主电路原理图和 PLC 接线图如图 5.17 所示。温度变送器的输出接到 EM235 的第一路模拟量输入,A/D 转换后对应的数字量值存在 AIW0 中。加热器的加热功率由固态调压器的输出电压控制,而固态调压器的输出电压又是通过 EM235 上的模拟量输出通道输出的电压来控制的。

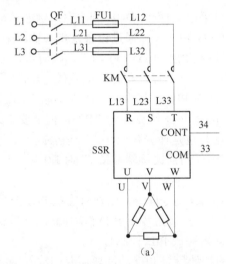

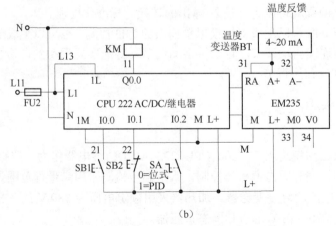

图 5.17 锅炉温度控制主电路原理图和 PLC 接线图

(a) 主电路原理图;(b) PLC 输入/输出接线图

4. 控制程序

控制程序包括主程序和定时器 T32 中断处理程序两部分。

主程序如图 5.18（a）所示，主要完成 PID 回路参数表的初始化、加热器启停控制及锅炉温度的位式控制。位式控制程序主要是读取 AIW0 中存储的锅炉温度 A/D 转换后的数值，

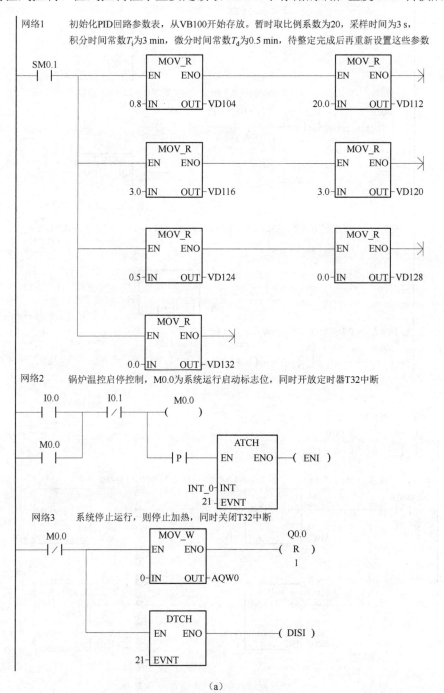

图 5.18 锅炉温度控制程序
（a）主程序

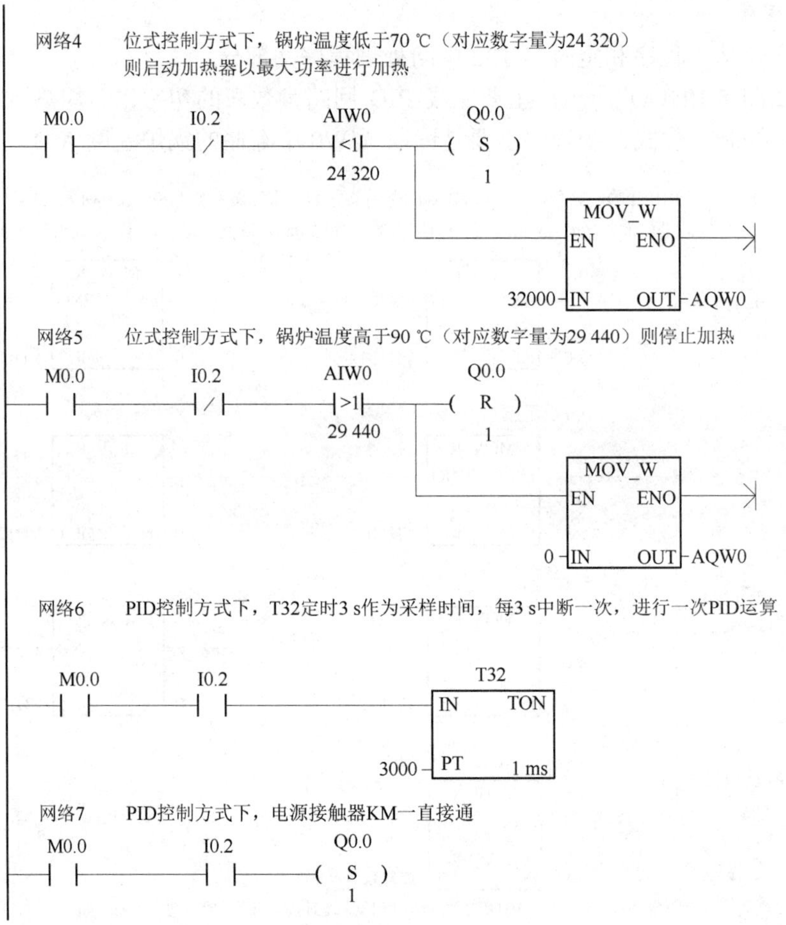

网络4　位式控制方式下，锅炉温度低于70 ℃（对应数字量为24 320）
　　　　则启动加热器以最大功率进行加热

```
 M0.0      I0.2       AIW0         Q0.0
──┤├──────┤/├───────┤<I├────────( S )
                    24 320          1
                                          ┌─────────┐
                                          │ MOV_W   │
                                          │ EN   ENO│──
                                  32000 ──┤IN   OUT ├── AQW0
                                          └─────────┘
```

网络5　位式控制方式下，锅炉温度高于90 ℃（对应数字量为29 440）则停止加热

```
 M0.0      I0.2       AIW0         Q0.0
──┤├──────┤/├───────┤>I├────────( R )
                    29 440          1
                                          ┌─────────┐
                                          │ MOV_W   │
                                          │ EN   ENO│──
                                      0 ──┤IN   OUT ├── AQW0
                                          └─────────┘
```

网络6　PID控制方式下，T32定时3 s作为采样时间，每3 s中断一次，进行一次PID运算

```
 M0.0      I0.2                     T32
──┤├──────┤├──────────────────────┤IN  TON├
                                3000┤PT  1 ms├
```

网络7　PID控制方式下，电源接触器KM一直接通

```
 M0.0      I0.2       Q0.0
──┤├──────┤├────────( S )
                      1
```

（a）

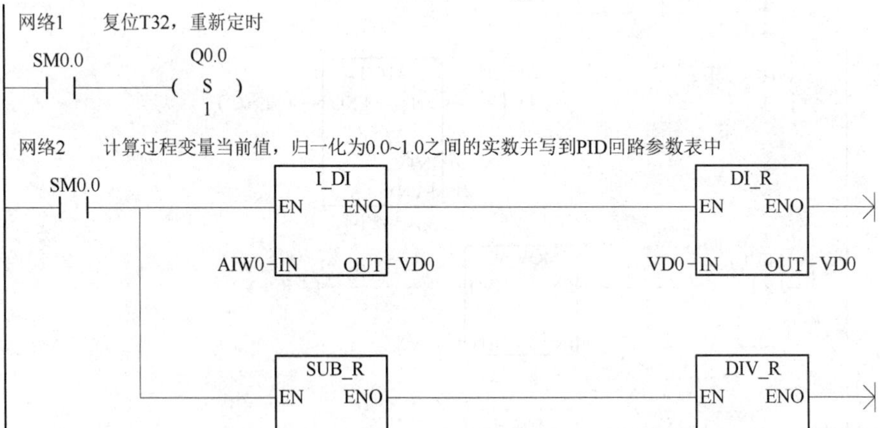

网络1　复位T32，重新定时

```
 SM0.0     Q0.0
──┤├─────( S )
            1
```

网络2　计算过程变量当前值，归一化为0.0~1.0之间的实数并写到PID回路参数表中

```
 SM0.0        ┌─────────┐                    ┌─────────┐
──┤├──────────┤ I_DI    │                    │ DI_R    │
              │ EN   ENO│────────────────────┤ EN   ENO│──
          AIW0┤IN   OUT ├─VD0            VD0─┤IN   OUT ├─VD0
              └─────────┘                    └─────────┘

              ┌─────────┐                    ┌─────────┐
              │ SUB_R   │                    │ DIV_R   │
              │ EN   ENO│────────────────────┤ EN   ENO│──
           VD0┤IN1  OUT ├─VD0            VD0─┤IN1  OUT ├─VD0
        6400.0┤IN2      │             25 600.0┤IN2      │
              └─────────┘                    └─────────┘
```

（b）

图 5.18　锅炉温度控制程序（续）
（a）主程序；（b）定时器 T32 中断处理程序

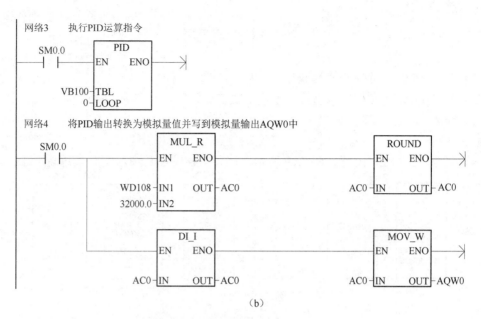

图 5.18 锅炉温度控制程序（续）
(b) 定时器 T32 中断处理程序

然后通过比较触点指令将此数值与设定的上、下限温度对应的数字量值进行比较［利用式（5-1）可以算出，当锅炉温度为下限 70 ℃和上限 90 ℃时，对应的数字量分别为 24 320 和 29 440］，当锅炉温度低于下限 70 ℃时，使接触器 KM 接通，加热器工作；当锅炉温度高于上限 90 ℃时，使接触器 KM 断开，加热器停止工作。在位式控制方式下，加热器工作时 PLC 的模拟量输出通道总是输出最大值，使加热器按最大功率加热。

定时器 T32 中断处理程序 INT_0 如图 5.18（b）所示，主要用于锅炉温度的 PID 控制。定时器 T32 定时时间 3 s，每隔 3 s 执行一次定时器中断处理程序，运行 PID 指令进行 PID 运算，再由 PID 运算的输出控制加热器加热功率。在 PID 控制时，接触器 KM 始终是接通的。

5. 系统调试

（1）按照 PLC 接线图完成接线并确认接线正确。

（2）打开 STEP 7-Micro/WIN 软件，新建项目并输入程序，编译通过后，下载程序到 PLC 中，进行系统调式。

（3）没有一个 PID 控制系统的参数不需要整定而能直接运行，因此需要在实际运行前通过调试整定 PID 参数。进行系统调试时，将比例系数、积分时间常数、微分时间常数放在状态表中，即可在监控模式下在线修改这些 PID 参数，而不必停机再次做组态。通过设置参数的不同值，监控系统运行状态，分析运行结果，直至满足系统控制要求。必要时也可以通过修改定时器 T32 的定时时间和 VD116 中的值而改变采样时间。

（4）程序符合控制要求后再将整定后的参数写入 PID 回路参数表中，重新下载程序即可。

思考与练习

（1）简述 PLC 中模拟量输入/输出的作用。

（2）S7–200 系列 PLC 模拟量接口模块主要有哪些？各有多少个通道？

（3）简述 S7–200 PLC 模拟量输入/输出映像寄存器的大小及对模拟量输入/输出进行地址分配的规则。

（4）某 S7–200 PLC 配置如图 5.19 所示，请写出各模块上输入/输出的地址分配。

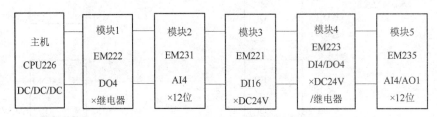

图 5.19　第 4 题图

（5）某系统拟用 S7–200 进行控制。经估算需要数字量输入点 37 个，数字量输出点 30 个，模拟量输入通道 6 个，模拟量输出通道 2 个。请对系统进行配置，对各模块上的输入、输出进行编址，并对 CPU DC +5 V 电源进行校验。

（6）某管道水的压力为 0～1 MPa，通过压力变送器转换为 4～20 mA 的电流接入 S7–200 PLC 的第一路模拟量输入（AIW0）。编程实现当管道水的压力大于 0.9 MPa 时，压力超上限报警指示灯亮；小于 0.4 MPa 时，压力超下限报警指示灯亮；大于等于 0.4 MPa，小于 0.9 MPa 时，压力正常指示灯亮。自定义输入输出分配表。

（7）用 S7–200 PLC 第一路模拟量输出（AQW0）控制某变频器的频率，当 PLC 输出 4～20 mA 电流时，变频器对应的输出频率为 0～50 Hz。编程实现如下控制要求：当 I0.0 接的按钮按下时，变频器输出频率为 20 Hz；当 I0.1 接的按钮按下时，变频器输出频率为 35 Hz。假设变频器已设置完毕，只要改变 PLC 的输出电流即可改变变频器的输出频率。

（8）某压力控制系统，压力变化范围为 0～2 MPa，由 S7–200 PLC 采用 PID 算法进行控制。压力传感器满量程测量范围为 0～2 MPa，输出 0～5 V 单极性电压信号，从 AIW0 采集到 S7–200 中，通过 PID 运算后，计算结果从 AQW0 输出到控制对象，输出信号为双极性电压信号。PID 回路参数表起始地址为 VB200，比例系数为 30，采样周期为 200 ms，积分时间 T_i 为 1.5 min，没有微分项，欲将压力值控制在 1.4 MPa，编写控制程序。

项目 6

基于网络通信的 PLC 控制

 引言

随着网络应用的迅猛发展和自动化技术的不断提高,对控制系统中的各种设备提出了可相互连接,构成网络并进行通信的要求。PLC 与 PLC、PLC 与 PC 机以及 PLC 与其他控制设备之间迅速、准确地进行通信已成为自动控制领域的发展方向。将传统的单机集中自动控制系统发展为分级分布式控制系统,能降低系统成本,分散系统风险,增强系统可靠性和灵活性。

现代大型企业中,一般采用多级网络的结构形式。国际标准化组织(ISO)对企业自动化系统建立了如图 6.1 所示的金字塔模型。这种金字塔结构模型的优点是:上层负责生产管理,中间层负责生产过程的监控与优化,下层负责现场的监测与控制。

在企业自动化系统中,不同厂家对于网络结构的层数及各层功能分布要求有所差别。实际企业一般采用 2~4 级子网构成复合型结构,而不一定包括全部 6 级。

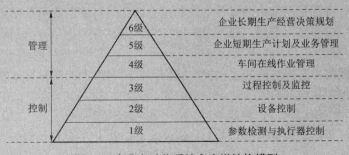

图 6.1 企业自动化系统金字塔结构模型

任务 6.1 基于网络通信的电动机 PLC 远程控制

1. 知识目标

了解 S7-200 系列 PLC 的网络通信部件、网络协议和网络种类，掌握 S7-200 系列 PLC 的网络通信编程方法。

2. 能力目标

能进行简单的基于网络通信的 PLC 控制系统的设计、安装和调试。

6.1.1 任务引入

拟选用两台 S7-200 PLC 分别控制两台三相交流异步电动机的正反转运行，且两台 PLC 通过通信网络相互连接。每台 PLC 都可在本地控制相应电动机的正反转并能显示电动机的运行状态，同时控制电动机 1 的 S7-200 PLC 可以通过网络控制电动机 2 的正反转并能显示其运行状态。

6.1.2 任务分析

要实现控制电动机 1 的 S7-200 也能远程控制电动机 2 的运行并显示其运行状态，则两台 S7-200 需要通过通信网络相互连接并进行信息交换，从而完成远程控制功能。

基于网络通信的
电动机 plc 远程控制

6.1.3 相关知识

1. S7-200 的通信与网络概述

S7-200 提供了方便、开放的通信功能，能满足多种不同网络的通信需求，利用 S7-200 既可组成简单的通信网络也能组成复杂的通信网络。

1）主站和从站

在一个通信网络中，如 PPI 网络、MPI 网络、PROFIBUS 网络等，上位机、编程器、HMI（人机界面）、PLC 等都是网络中的成员，或者说它们都是网络上的一个站点或节点。根据这些设备在网络中所起的作用不同，分为主站设备和从站设备。

（1）主站。

主站设备在网络中掌握通信的主动权，它们可以向网络上的其他设备发出通信请求，也可以对网络上其他主站设备的通信请求做出响应。例如，S7-200 与装有 STEP 7-Micro/WIN 的 PC 机组成的通信网络中，PC 机是主站。

典型的主站设备除了装有 STEP 7-Micro/WIN 的 PC 机外，还可以包括 S7-300 PLC、S7-400 PLC 和 HMI 产品（如 TD200、TP 或 OP 等）。

（2）从站。

从站设备只能对网络上的主站设备发出的通信请求做出响应，自己不能主动发出通信请求。这类设备在通信网络中是被动的。

在通信网络中，S7-200 PLC 一般都被配置为从站，用于响应来自网络主站设备（如 STEP 7-Micro/WIN 或 HMI 等）的通信请求。但在 PROFIBUS 网络中，S7-200 也可以充当主站，但只能向其他 S7-200 发出通信请求以获得信息。

（3）单主站与多主站。

单主站是指网络中只有一个主站，一个或多个从站的网络结构，如图 6.2 所示。多主站是指网络中有两个或两个以上主站，一个或多个从站的网络结构，如图 6.3 所示。

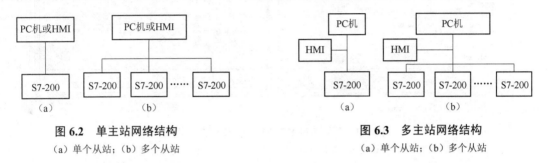

图 6.2　单主站网络结构　　　　　　　图 6.3　多主站网络结构
（a）单个从站；（b）多个从站　　　　　（a）单个从站；（b）多个从站

2）通信速率和站地址

（1）通信速率。

所谓通信速率是指数据通过网络传输的速度，单位为 b/s（每秒传送的比特数），即每秒钟传送的二进制位数。其他常用单位还有 Kb/s 和 Mb/s。

在同一个网络中所有通信设备必须被配置成相同的通信速率。一个网络的最高通信速率取决于连接在该网络上的速率最低的设备。S7-200 不同网络器件支持的通信速率范围不同，如标准网络可支持的通信速率范围为 9.6～187.5 Kb/s，而使用自由口通信的网络只能支持 1.2～115.2 Kb/s。

（2）站地址。

在网络中的每个站点都必须被指定一个唯一的地址以便标识和区别其他站点，这个唯一的站地址可以确保数据在站点设备之间的正确传输。S7-200 PLC 支持的站点地址范围为 0～126。在网络中，运行 STEP 7-Micro/WIN 的计算机，HMI（人机界面，如 TD200、TP、OP 等）和 PLC 的缺省站地址分别为 0、1 和 2。用户在使用到这些设备时，可以不必修改它们的站地址，但如果一个网络中有多个同类设备，则必须予以修改，赋予不同的地址。

（3）配置通信速率和站地址。

在使用网络之前，必须正确配置设备的通信速率和站地址，此处以使用 PPI 协议，通过 PC/PPI 电缆连接 STEP 7-Micro/WIN 和 S7-200 CPU 为例加以说明。

① 配置 STEP 7-Micro/WIN 通信参数。

装有 STEP 7-Micro/WIN 的 PC 机或笔记本电脑必须通过一定的接口连到 S7-200 上才能对 S7-200 进行编程和控制，而且其站地址必须唯一。

配置 STEP 7-Micro/WIN 通信参数的界面如图 6.4 所示。首先在导航栏中单击"通信"图标，打开"设置 PG/PC 接口"对话框。然后在弹出的"设置 PG/PC 接口"对话框中选择使用的通信部件。下面以最常用的"PC/PPI cable（PPI）"为例加以说明。单击选中"PC/PPI cable（PPI）"，然后再单击"属性"按钮，如图 6.4（a）所示；在 PC/PPI 属性对话框中为 STEP

7–Micro/WIN 选择站地址和通信速率，如图 6.4（b）所示。

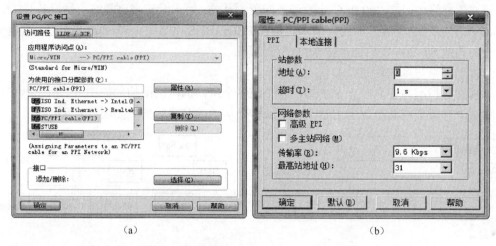

（a）　　　　　　　　　　　　　　　（b）

图 6.4　配置 STEP 7–Micro/WIN 通信参数
（a）设置 PG/PC 接口对话框；（b）PC/PPI 属性设置对话框

② 配置 S7–200 CPU 通信参数。

在使用 S7–200 CPU 前，需要在系统块中为其通信口配置通信速率和站地址，配置完毕后，还需要将系统块下载到 S7–200 CPU 中。如果不下载系统块则使用缺省值，通信口的缺省通信速率为 9.6 Kb/s，缺省站地址为 2。

用户可以在 STEP 7–Micro/WIN 编程工具中为 S7–200 CPU 设置通信速率和站地址。在导航栏中单击"系统块"图标，或者选择菜单"查看→组件→系统块"命令，然后单击"通信端口"为 S7–200 CPU 选择站地址和通信速率，如图 6.5 所示。

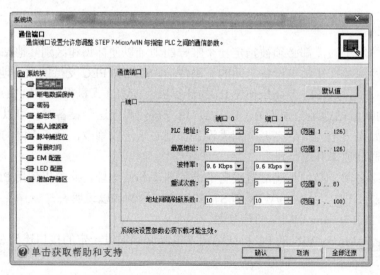

图 6.5　配置 S7–200 CPU 通信参数

用户如果改变了 S7–200 CPU 通信口的通信速率，必须重新下载系统块才能起作用。在下载系统块时，STEP 7–Micro/WIN 会验证用户所选的通信速率，如果该通信速率妨碍了 STEP

7-Micro/WIN 与其他 S7-200 CPU 的通信,将会拒绝下载。

2. S7-200 的通信协议

S7-200 支持多种通信协议,如点对点接口协议 PPI,多点接口协议 MPI,PROFIBUS 协议,AS-I 协议,自由口通信(即自定义通信协议,如 STEP 7-Micro/WIN 中的指令库 USS 和 MODBUS 就是使用自由口通信编程实现的)以及 TCP/IP 协议等。其中 PPI、MPI、PROFIBUS、自由口通信是 S7-200 CPU 所支持的通信协议,其他通信协议需要有专门的 CP 模块或 EM 模块支持。如带有 CP243-1 和 CP243-1 IT 扩展模块的 S7-200 PLC 能运行在以太网上。

PPI 协议、MPI 协议和 PROFIBUS 协议的物理层均为 RS-485,通过一个令牌环网来实现通信。它们都是基于字符的异步通信协议,每个字符由起始位、数据位、校验位和停止位组成,通信帧由起始字符、结束字符、源和目的站地址、帧长度及数据完整性校验组成。如果通信速率相同,这三种协议可以在一个 RS-485 网络中同时运行而不会相互干扰。一个网络中可以有 127 个站(站地址编号为 0~126),最多有 32 个主站,网络中各设备的地址不能相同。表 6.1 所示为 S7-200 支持的通信协议。

表 6.1 S7-200 支持的通信协议

协议类型	S7-200 需要的硬件	物理接口形式	通信速率	备注
PPI	EM241	RJ11(模拟电话线)	33.6 Kb/s	
	CPU 端口 0 或端口 1	RS-485(DB-9 针)	9.6 Kb/s,19.2 Kb/s,187.5 Kb/s	主站或从站
MPI		RS-485(DB-9 针)	19.2 Kb/s,187.5 Kb/s	仅作从站
PROFIBUS_DP	EM277	RS-485(DB-9 针)	19.2 Kb/s~12 Mb/s	仅作从站,通信速率自适应
			9.6 Kb/s~12 Mb/s	
S7	CP243-1/CP243-1IT	RJ45(以太网)	10 Mb/s 或 100 Mb/s	通信速率自适应
AS-i	CP243-2	接线端子(AS-i 网络)	循环周期 5 ms/10 ms	主站
USS	CPU 端口 0 或端口 1,Modbus 从站协议只能用于端口 0	RS-485(DB-9 针)	1 200 b/s~115.2 Kb/s	主站,自由端口库指令
Modbus RTU				主站/从站,自由端口库指令
自由口通信	EM241	RJ11(模拟电话线)	33.6 Kb/s	
	CPU 端口 0 或端口 1	RS-485(DB-9 针)	1 200 b/s~115.2 Kb/s	

1)PPI 协议

PPI 是一个主-从协议,主站向从站发出请求;从站做出应答。从站不主动发出信息,而是等候主站向其发出请求或查询,并对请求或查询做出响应。

主站利用一个 PPI 协议管理的共享连接来与从站通信,PPI 不限制与任何一台从站通信的主站数目,但是一个网络中最多不能超过 32 个主站。如果在用户程序中使能 S7-200 为 PPI 主站模式[需要使用特殊存储器字节 SMB30(端口 0)或 SMB130(端口 1)进行设置],则

225

作为主站的 S7–200 可以使用网络读写指令读写另外一个 S7–200 CPU 中的数据。当 S7–200 作 PPI 主站时，它仍然可以作为从站响应其他主站的请求。

图 6.6（a）所示为一个单主站单从站 PPI 网络的例子；图 6.6（b）所示为一个单主站多从站 PPI 网络的例子；图 6.6（c）所示为一个多主站单从站 PPI 网络的例子；图 6.6（d）所示为一个多主站多从站 PPI 网络的例子。在网络（b）和（d）中的 S7–200 也可以是主站，作为主站时，可以通过网络读写指令与其他从站交换数据。

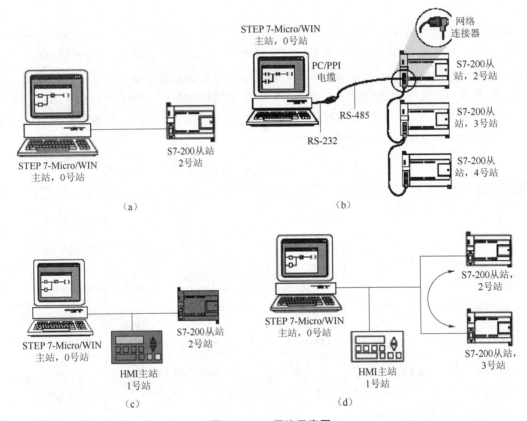

图 6.6　PPI 网络示意图

（a）单主站单从站 PPI 网络；（b）单主站多从站 PPI 网络；（c）多主站单从站 PPI 网络；（d）多主站多从站 PPI 网络

用户可以在 STEP 7–Micro/WIN 软件中配置 PPI 参数，步骤如下：

（1）在如图 6.7 所示的 PC/PPI 电缆属性对话框中，为 STEP 7–Micro/WIN 配置站地址，系统默认地址为 0。网络上第一台 PLC 的默认站地址是 2，其他设备（HMI、PLC 等）也都有一个唯一的站地址。

（2）在"超时"下拉框中选择一个数值。该数值代表用户希望通信驱动程序尝试建立连接花费的时间，默认缺省值为 1 s。

（3）如果用户希望将 STEP 7–Micro/WIN 用在配有多台主站的网络上，需要选中"多主站网络"复选框。在与 S7–200 CPU 通信时，STEP 7–Micro/WIN 默认为多主站 PPI 协议，该协议允许 STEP 7–Micro/WIN 与其他主站（如 TD200 文本显示器和操作面板等）同时在网络中存在。在使用单主站协议时，STEP 7-Micro/WIN 假设自身是 PPI 网络上的唯一主站，不与其他主站共享网络。用调制解调器或噪声很高的网络传输时，应当使用单主站协议。可取消"多主站网络"复选框内的选中符号，从而改成单主站模式。

（4）设置 STEP 7-Micro/WIN 的通信速率。PPI 电缆支持 9.6 Kb/s、19.2 Kb/s 和 187.5 Kb/s，该速率要与"系统块"的"通信端口"中设置的 CPU 端口的通信速率相同。

（5）单击"本地连接"标签，选择 STEP 7-Micro/WIN 连接到 PPI 网络所使用的计算机的 COM 端口。如果用户需要使用调制解调器，还需要选中"调制解调器连接"复选框，如图 6.8 所示。

（6）单击"确定"按钮，退出设置 PG/PC 接口对话框。

图 6.7 PPI 设置对话框

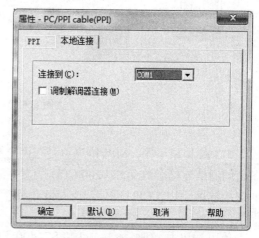

图 6.8 本地连接设置对话框

如果在图 6.7 中选择"高级 PPI"，则允许网络在设备与设备之间建立逻辑连接。但使用 PPI 高级协议时，每台设备可提供的连接数目是有限制的。所有的 S7-200 CPU 都支持 PPI 和 PPI 高级协议，而 EM277 模块仅支持 PPI 高级协议。

表 6.2 所示为 S7-200 使用不同硬件时提供的连接数目。

表 6.2 S7-200 使用不同硬件时提供的连接数目

模块	通信率	连接	协议
CPU 端口 0	9.6 Kb/s、19.2 Kb/s 或 187.5 Kb/s	4 个	PPI、PPI 高级、MPI
CPU 端口 1	9.6 Kb/s、19.2 Kb/s 或 187.5 Kb/s	4 个	PPI、PPI 高级、MPI
EM 277 PROFIBUS 模块	9.6 Kb/s～12 Mb/s	每模块 6 个	PPI 高级、MPI 和 PROFIBUS
CP243-1 以太网模块	9.6 Kb/s～12 Mb/s	每模块 8 个	TCP/IP 以太网

说明：如果计算机使用 CP 卡通过 CPU 的端口 0 或端口 1 连接 STEP 7-Micro/WIN 和 S7-200 CPU，则只有在 S7-200 作为从站时，才可以选用 MPI 协议或 PROFIBUS 协议。

2）MPI 协议

MPI 协议支持主–主通信和主–从通信。使用 MPI 协议时，S7–200 CPU 只能作为从站，即 S7–200 CPU 之间不能通过 MPI 网络相互通信，但可以通过 PPI、MODBUS 或自由口通信方式互相通信。图 6.9（a）所示为多主站单从站 MPI 网络，图 6.9（b）所示为多主站多从站 MPI 网络。

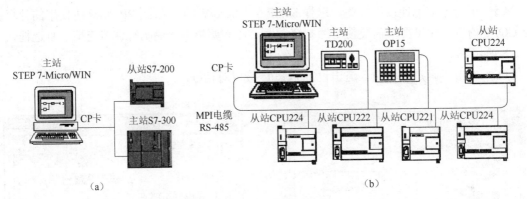

图 6.9 MPI 网络示意图
(a) 多主站单从站 MPI 网络；(b) 多主站多从站 MPI 网络

与 PPI 协议不同，MPI 协议总是在两个相互通信的设备之间建立非共享的专用连接，设备之间通信连接个数受 S7–200 CPU 所支持的连接数目的限制，可参阅表 6.2 中 S7–200 支持的连接数目。每个 CPU 通信口支持 4 个连接，保留 2 个连接，一个给编程器，另一个给 HMI 设备。

使用 MPI 协议时，S7–300 和 S7–400 PLC 可以使用 XGET 和 XPUT 指令（有关这些指令的信息，请参阅 S7–300 或 S7–400 编程手册）读写 S7–200 PLC 中的数据。

3）PROFIBUS 协议

PROFIBUS 协议主要用于实现与分布式 I/O（远程 I/O）设备进行高速通信。各制造商提供多种 PROFIBUS 设备，如简单的输入/输出模块、电动机控制器等。协议支持的通信速率为 9 600 Kb/s～12 Mb/s。

在 S7–200 系列 PLC 中，CPU 222 以上的 CPU 都可以通过增加 EM277 PROFIBUS–DP 扩展模块连接到 PROFIBUS 网络，且 S7–200 只能作 PROFIBUS 网络上的从站。

PROFIBUS 网络通常有一个主站和几个 I/O 从站，如图 6.10 所示。主站设备通过配置，可获得连接的 I/O 从站的类型以及连接的地址，而且主站通过初始化网络使网络上的从站设备与配置相匹配。主站不断将输出数据写入从站，并从从站读取输入数据。当一台 PROFIBUS–DP 主站成功配置了一台 DP 从站后，该主站就拥有了这个从站设备。如果网络上还有第二台主站，那么它对第一台主站拥有的从站的访问将会受到限制。

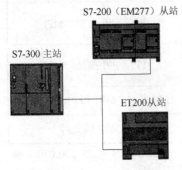

图 6.10 PROFIBUS 网络

说明：网络设备之间通过连接来实现通信，通信协议不同，连接的实现方式也会不同。PPI 单主站和多主站协议中，所有网络设备之间的通信共享一个连接；而 PPI 高级、MPI 和

PROFIBUS 协议中，任何两个设备间的通信均使用不同的连接，如图 6.11 所示。在使用 PPI 高级、MPI 或 PROFIBUS 时，已经建立连接的主站与从站之间不能再加入第二个主站。S7–200 CPU 和 EM 277 总是为 STEP 7–Micro/WIN 和 HMI 设备各保留一个连接，其他主站设备不能使用这些被保留的连接，这就保证了当 S7–200 正在使用诸如 PPI 高级这样的协议连接其他主站设备的同时，至少可以连接一个编程站和 HMI 设备。

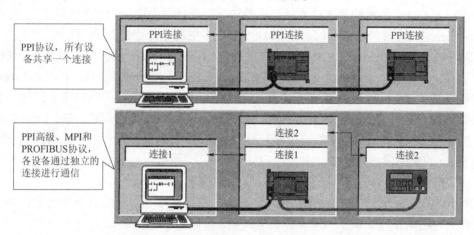

图 6.11　PPI 协议和 PPI 高级、MPI、PROFIBUS 协议的连接

4）用户自定义协议（自由口通信模式）

S7–200 PLC 还允许用户在自由口通信模式下自定义通信协议。用户自定义协议是指用户通过应用程序来控制 S7–200 CPU 的通信口，并且自己定义通信协议（如 ASCII 协议和二进制协议）。通过在自由口模式下应用自定义协议，S7–200 PLC 可以与具有串口的使用任何通信协议的智能设备和控制器进行通信，当然也可以用于两个 CPU 之间的简单数据交换。

要使用自定义协议，需要在程序中对特殊存储器 SMB30（端口 0）或 SMB130（端口 1）进行设置，允许 CPU 使用自由口通信模式。这样，用户程序就可以使用发送中断、接收中断、发送指令 XMT 和接收指令 RCV 对通信口进行操作。自由口通信只能在 S7–200 处于 RUN 模式时才能被激活，此时编程器无法与 S7–200 进行通信。当 S7–200 处于 STOP 模式时，所有的自由口通信都将停止，而且通信口会按照 S7–200 系统块中的配置自动转换到 PPI 协议。

3. STEP 7–Micro/WIN 支持的通信硬件及协议

STEP 7–Micro/WIN 支持多种 CP 卡以及 RS–232/PPI 多主站电缆或 USB/PPI 多主站电缆，并允许编程站（计算机或 SIMATIC 编程器）作为网络的主站。当通信速率不大于 187.5 Kb/s 时，PPI 多主站电缆能以最简单和经济的方式将 STEP 7–Micro/WIN 连接到 S7–200 CPU 或 S7–200 网络。PPI 多主站电缆有 RS–232/PPI 多主站电缆和 USB/PPI 多主站电缆两种类型。

1）RS–232/PPI 多主站电缆和 USB/PPI 多主站电缆

RS–232/PPI 多主站电缆提供 PC 和 S7–200 网络之间的隔离，有 8 个 DIP 开关：其中 5、6 两个开关用于组态电缆，以便可以使用 STEP 7–Micro/WIN。如果需要将电缆连到 PC 上，则需选择 PPI 模式（开关 5=1）和本地操作（开关 6=0），如果需要将电缆连在调制解调器上，则需选用 PPI 模式（开关 5=1）和远程操作（开关 6=1）。使用 RS–232/PPI 多主站电缆连接 PC 机和 S7–200 时，在图 6.4（a）所示的"设置 PG/PC 接口"对话框中选择"PC/PPI cable

(PPI)"作为接口,并在图 6.4(b)所示的"本地连接"标签中将"连接到"选项设置为适当的 COM 通信端口。然后在 PPI 标签下,选定网络地址和通信速率即可。

USB/PPI 多主站电缆是一种即插即用设备,可用于支持 USB V1.1 的 PC 机,提供 PC 机和 S7–200 网络之间的隔离,且无须设置开关。使用 USB/PPI 多主站电缆连接 PC 机和 S7–200 时,在图 6.4(a)所示的"设置 PG/PC 接口"对话框中选择"PC/PPI cable(PPI)"作为接口,并在图 6.4(b)所示的"本地连接"标签中将"连接到"选项设置为"USB"。但在使用 STEP 7–Micro/WIN 时,不能同时将多根 USB/PPI 多主站电缆连接到 PC 机上。

USB/PPI 多主站电缆和 RS–232/PPI 多主站电缆都带有 LED 指示灯,用来指示 PC 机和网络是否在进行通信。Tx LED 用来指示电缆是否在将信息传送给 PC 机;Rx LED 用来指示电缆是否在接收 PC 机传来的信息;而 PPI LED 则用来指示电缆是否在网络上传输信息。由于多主站电缆是令牌持有方,因此,当 STEP 7–Micro/WIN 发起通信时,PPI LED 会保持点亮。而当与 STEP 7–Micro/WIN 的连接断开时,PPI LED 会熄灭。在等待加入网络时,PPI LED 也会以 1 Hz 的频率闪烁。

2)CP 卡

CP 卡为编程站管理多主站网络提供了硬件,并且支持不同通信速率下的多种协议,每一块 CP 卡为网络连接提供了一个单独的 RS–485 接口。

如果通过 CP 卡建立 PPI 通信,则 STEP 7–Micro/WIN 无法支持在同一块 CP 卡上同时运行两个以上的应用,所以在通过 CP 卡将 STEP 7–Micro/WIN 连接到网络之前,必须关掉另外一个应用。如果使用的是 MPI 或 PROFIBUS 通信协议,则允许多个 STEP 7–Micro/WIN 应用在网络上同时进行通信。表 6.3 所示为 STEP 7–Micro/WIN 支持的 CP 卡和协议。

表 6.3 STEP 7–Micro/WIN 支持的 CP 卡和协议

组　态	通信速率	支持协议
RS–232/PPI 多主站电缆或 USB/PPI 多主站电缆连接到编程站的一个端口	9.6~187.5 Kb/s	PPI
PC 适配器 USB,V1.1 或更高版本	9.6~187.5 Kb/s	PPI、MPI 和 PROFIBUS
CP5512 类型 Ⅱ,PCMCIA 卡(笔记本电脑)	9.6 Kb/s~12 Mb/s	PPI、MPI 和 PROFIBUS
CP5611(版本 3 以上),PCI 卡(PC 机)	9.6 Kb/s~12 Mb/s	PPI、MPI 和 PROFIBUS
CP1613、S7–1613,PCI 卡(PC 机)	10 Mb/s 或 100 Mb/s	TCP/IP
CP1612、SoftNet–S7,PCI 卡(PC 机)	10 Mb/s 或 100 Mb/s	TCP/IP
CP1512、SoftNet–S7,PCMCIA 卡(笔记本电脑)	10 Mb/s 或 100 Mb/s	TCP/IP

4. S7–200 PLC 的通信距离和网络连接器件

1)S7–200 PLC 的通信距离

S7–200 CPU 通信口是 DB–9 针 RS–485 通信口,最高通信速率为 187.5 Kb/s,通信距离可达 50 m,其引脚分配如表 6.4 所示。EM277 通信口的通信速率在 187.5 Kb/s 时,通信距离可达 1 000 m。二者都可以通过增加 RS–485 中继器以获得更长的通信距离,如图 6.12 所示。

光纤通信速率高,通信距离远,抗干扰能力强。S7–200 不能直接支持光纤通信,但 CPU

和 EM277 模块上的 RS–485 通信口可以通过连接 RS–485/光纤转换器将 RS–485 信号转换为光信号进行通信。通过以太网模块 CP243–1（IT）和相应的设备，可以将 S7–200 连接到以太网。通过企业内部网或互联网，S7–200 可以进行距离非常远的通信，理论上可以通达全球。

此外，S7–200 还可以通过无线电台、移动通信网络、红外设备等进行通信。

2）RS–485 中继器

RS–485 中继器用来隔离不同的网段，将网络分段，以增加接入网络的设备数量（一个网络段最多可有 32 个设备），延长网络的通信距离，如图 6.12 所示。向网络中增加一台中继器可将网络再扩展 50 m，如果两台相邻的中继器之间没有其他节点，通信速率为 9 600 b/s 时，一个网络段的最长距离可达 1 000 m，如表 6.5 所示。

一个网络最多可以串联 9 个中继器，但是网络总长度不能超过 9 600 m。中继器为网络提供偏置和终端匹配电阻。

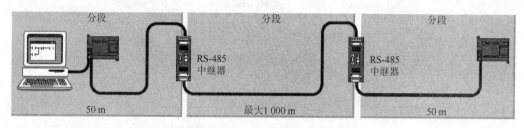

图 6.12 带 RS–485 中继器的 PPI 网络

表 6.4 S7–200 CPU 通信口引脚分配

引脚	PROFIBUS 名称	端口 0/端口 1
1	屏蔽	机壳地
2	24 V 返回	逻辑地
3	RS–485 信号 B	RS–485 信号 B
4	发送申请	RTS（TTL）
5	5 V 返回	逻辑地
6	+5 V	+5 V，100 Ω 串联电阻
7	+24 V	+24 V
8	RS–485 信号 A	RS–485 信号 A
9	不用	10 位协议选择（输入）
连接器外壳	屏蔽	机壳接地

表 6.5 网络电缆的最大长度

通信速率	非隔离的 CPU 端口	有中继器的 CPU 端口或 EM277
9.6～187.5 Kb/s	50 m	1 000 m
500 Kb/s	不支持	400 m
1～1.5 Mb/s	不支持	200 m
3～12 Mb/s	不支持	100 m

3）网络连接器和终端电阻

西门子的网络连接器用于把多个设备连接到网络中，有两种类型，如图 6.13 所示。图 6.13 右边所示的两个连接器仅提供到 CPU 连接的端口，图 6.13 左边所示的连接器增加了一个编程器连接端口，可以通过该端口很方便地将编程计算机或操作面板等 HMI 设备连接到网络中，而不用改动现有的网络连接。两种连接器都有两组螺钉端子，用来连接网络的输入线和输出线。

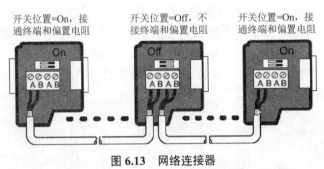

图 6.13　网络连接器

两种网络连接器都有网络偏置和终端电阻选择开关。该开关在 On 位置时，内部接线如图 6.14（a）所示，在 Off 位置时，内部接线如图 6.14（b）所示。接在网络终端处的连接器上的开关应放在 On 位置，如图 6.13 所示最左边和最右边的网络连接器；而接在网络中间的连接器上的开关应放在 Off 位置，如图 6.13 所示中间位置的网络连接器。

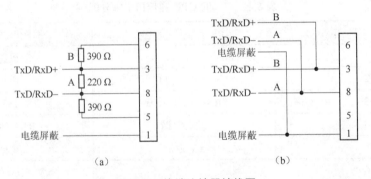

图 6.14　终端连接器接线图

(a) 开关位置=On，接通终端和偏置电阻；(b) 开关位置=Off，不接终端和偏置电阻

5. S7–200 PLC 的通信指令

S7–200 PLC 提供的与通信有关的指令主要有：用于 PPI 通信的网络读指令与网络写指令、用于自由口通信的发送指令与接收指令、获取通信口地址指令与设置通信口地址指令。此外，S7–200 PLC 还提供了与西门子系列变频器通信用的 USS 指令库和 MODBUS 通信用的 MODBUS 指令库。此处主要介绍网络读/写指令，在后一个任务中将介绍 USS 指令。

1）网络读/写指令工作条件

在 PPI 网络通信中，S7–200 所使用的通信协议类型是由 S7–200 的特殊功能存储器 SMB30 和 SMB130 的低 2 位决定的，SMB30 控制端口 0 的通信方式，SMB130 控制端口 1 的通信方式，具体见表 6.6。此时必须在用户程序中将发起网络读/写指令的 S7–200 PLC 设置为 PPI 主站模式，这样作为主站的 S7–200 PLC 才可以通过网络读/写指令读写其他 S7–200 PLC 的数据。

表 6.6 PPI 网络通信协议类型选择

SMB30.1/SMB130.1	SMB30.0/SMB130.0	协议类型（端口 0/端口 1）
0	0	PPI 从站模式（缺省设置）
0	1	自由口协议
1	0	PPI 主站模式
1	1	保留

在多台 S7–200 PLC 通过网络读/写指令进行通信时，只有主站需要调用 NETW/NETR 指令，应将主站的通信口设置为 PPI 主站模式。这样，主站 S7–200 就可以读写网络中其他 S7–200 从站的数据，此时主站 S7–200 仍然可以作为从站响应其他主站的通信请求。

2）网络读/写指令格式

网络读/写指令（NETR/NETW）格式如图 6.15 所示。二者在梯形图中均以指令盒的形式出现。

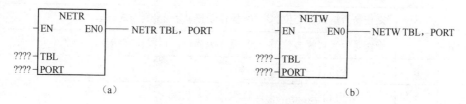

图 6.15 网络读/写指令格式
（a）读指令；（b）写指令

其中，EN 为输入使能端，通过触点接左母线；TBL 为数据缓冲区首地址，操作数可以为 VB、MB、*VD、*LD 或*AC，数据类型为字节；PORT 是操作端口，0 用于 CPU 221/222/224，0 或 1 用于 CPU 224 XP/CPU 224 XPsi/CPU 226，数据类型为字节型常数。网络读/写指令有效的读写区域为 V、I、Q 或 M。

对于网络读指令 NETR，当输入使能端 EN 有效时，通过指令指定的端口 PORT，从远程设备上读取数据，并将读取的数据存储在指定的数据表 TBL 中。

对于网络写指令 NETW，当输入使能端 EN 有效时，通过指令指定的端口 PORT，将数据表 TBL 中的数据发送到远程设备。

NETR/NETW 指令一次可从远程站最多读取/写入 16 个字节的数据。在程序中，可以使用任意数目的 NETR/NETW 指令，但在同一时间最多只能有 8 条 NETR/NETW 指令被激活。例如，某 S7–200 CPU 中，可以有 4 条 NETR 指令和 4 条 NETW 指令，或 2 条 NETR 指令和 6 条 NETW 指令在同一时间被激活。

3）网络读/写指令的 TBL 参数

在执行网络读/写指令时，PPI 主站与从站间传送数据的数据表 TBL 格式如表 6.7 所示，其中字节 0（状态字节）的各位及错误码的含义见表 6.8。

表 6.7　网络读/写指令数据表 TBL 格式

地址	字节名称	功能描述						
字节 0	状态字节	反映网络读/写指令的执行状态及错误码						
		D	A	E	0	E1	E2	E3	E4
字节 1	远程站地址	远程站地址（被访问的 PLC 地址）						
字节 2～字节 5	远程站的数据区指针	指向被访问的远程站的数据区指针，指针可以指向远程站的 I、Q、M 或 V 存储区						
字节 6	数据长度	数据长度 1～16（远程站点被访问数据的字节数）						
字节 7～字节 22	数据字节 0～数据字节 15	接收或发送数据缓冲区，1～16 个字节，其长度在字节 6 中定义。用于存放执行 NETR 后从远程站读到的数据或执行 NETW 前需要发送到远程站的数据						

表 6.8　TBL 中字节 0（状态字节）的各位及错误码含义

标志位		定义	说　　明
D		操作是否完成标志位	0=操作未完成，1=操作已完成
A		操作是否排队标志位	0=操作未排队，1=操作在排队
E		操作是否错误标志位	0=操作无错误，1=操作有错误
错误码 E1E2E3E4	0	无错误	
	1	超时错误	远程站点无响应
	2	接收错误	接收到的数据出现奇偶校验错误或帧校验和错误
	3	离线错误	相同的站地址或无效硬件引发冲突
	4	队列溢出错误	激活超过了 8 个 NETR/NETW 指令
	5	违反通信协议	没有在 SMB30 或 SMB130 中允许 PPI，就试图执行 NETR/NETW 指令
	6	非法参数	NETR/NETW 表中包含非法或无效的参数值
	7	没有资源	远程站点正忙，如正在上载或下载程序处理中
	8	第 7 层错误	违反应用层协议
	9	消息错误	错误的数据地址或不正确的数据长度
	A～F	未用	为将来应用保留

4）网络读/写指令的编程

网络读/写指令有两种编程方式：一是首先利用程序或数据块设定好 TBL 表中各参数的值，然后再调用网络读/写指令 NETR/NETW；二是使用 STEP 7–Micro/WIN 中的网络读/写指令向导生成网络读/写程序，这样比直接调用网络读/写指令 NETR/NETW 更为简单方便，向导允许用户最多配置 24 个网络读/写操作。

6.1.4 任务实施

1. 控制方案确定

根据控制要求，本任务可选用两台 S7–200 CPU 224 AC/DC/RLY 作为控制器。两台 S7–200 CPU 的通信口通过 PPI 网络连接，由控制电动机 1 的 CPU（主站，2 号站）通过网络读/写指令读写控制电动机 2 的 CPU（从站，3 号站）中的数据，从而完成 2 号站的 CPU 对电动机 2 的远程控制。由于两台 S7–200 相距较远，可能需要使用若干个 RS–485 中继器扩展网络距离，具体见"6.1.3　相关知识"中的"S7–200 的通信距离和网络连接器件"，但两个 CPU 之间的距离不能大于 9 600 m。其网络结构如图 6.16 所示。

图 6.16　网络结构

2. I/O 分配表

控制电动机 1 的主站 PLC I/O 分配表如表 6.9 所示，控制电动机 2 的从站 PLC I/O 分配表如表 6.10 所示。

表 6.9　控制电动机 1 的主站（2 号站）PLC I/O 分配表

输入			输出		
设　备	输入点		设　备		输出点
电动机 1 正转启动按钮	SB1	I0.0	电动机 1 正转接触器	KM1	Q0.0
电动机 1 反转启动按钮	SB2	I0.1	电动机 1 反转接触器	KM2	Q0.1
电动机 1 停止按钮	SB3	I0.2	电动机 1 正转指示灯	HL1	Q0.2
电动机 2 正转启动按钮	SB4	I0.3	电动机 1 反转指示灯	HL2	Q0.3
电动机 2 反转启动按钮	SB5	I0.4	电动机 2 正转指示灯	HL3	Q0.4
电动机 2 停止按钮	SB6	I0.5	电动机 2 反转指示灯	HL4	Q0.5
热继电器	FR	I0.6			

表 6.10　控制电动机 2 的从站（3 号站）PLC I/O 分配表

输入			输出		
设　备	输入点		设　备		输出点
电动机 2 正转启动按钮	SB1	I0.0	电动机 2 正转接触器	KM1	Q0.0
电动机 2 反转启动按钮	SB2	I0.1	电动机 2 反转接触器	KM2	Q0.1
电动机 2 停止按钮	SB3	I0.2	电动机 2 正转指示灯	HL1	Q0.2
热继电器	FR	I0.3	电动机 2 反转指示灯	HL2	Q0.3

3. PLC 接线图

电动机正反转主电路图如图 2.2 所示,在此不再赘述。两台 S7-200 PLC 的输入/输出接线图分别如图 6.17 和图 6.18 所示。

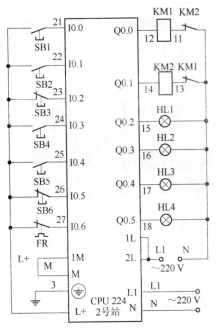
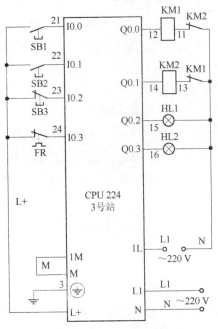

图 6.17 主站 PLC(控制电动机 1)接线图　　图 6.18 从站 PLC(控制电动机 2)接线图

4. 控制程序设计

两台 PLC 之间通过 PPI 网络互连,控制电动机 1 的 PLC 作为主站(2 号站),通过网络读/写指令读写控制电动机 2 的从站 PLC(3 号站)中的数据。NETW 指令主要是将 2 号站控制电动机 2 的启停信号(I0.3、I0.4、I0.5)发送到 3 号站的 VB0 字节对应的位上,NETR 指令主要是将 3 号站中有关电动机 2 的运行状态数据(Q0.0、Q0.1)读回 2 号站并放在 VB0 字节对应的位上。

在主站 S7-200 上采用指令向导对网络读/写进行编程,网络读/写指令(NETR/NETW)向导会自动将该 CPU 设置为主站模式,用户不必另行编程设置,只需为主站编写通信程序,从站直接使用通信缓冲区中的数据,或将数据整理到通信缓冲区即可。

1) NETR/NETW 指令向导配置步骤

使用向导前最好先对项目进行编译,确保编译正确后再进行指令向导的配置。

(1) 在 STEP 7-Micro/WIN 中,单击菜单"工具"→"指令向导",出现如图 6.19 所示的"指令向导"选择对话框。选择第二项"NETR/NETW",单击"下一步"按钮,则 STEP 7-Micro/WIN 会对项目进行编译,编译通过后,进入图 6.20 所示的"网络读/写操作数目配置"对话框。

(2) 在图 6.20 所示的"网络读/写操作数目配置"对话框中可以选择配置多少个网络读/写操作。向导中最多可以配置 24 个网络读/写操作,对于更多的操作,可利用网络读/写指令编程实现,本任务中将建立 2 个网络读/写操作。配置好网络读/写操作数目后,单击"下一步"按钮,进入图 6.21 所示的"通信端口号选择和子程序命名"对话框。

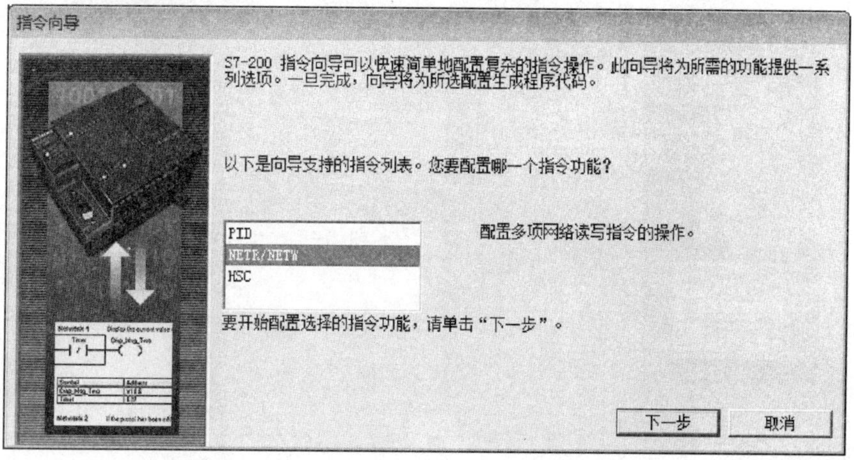

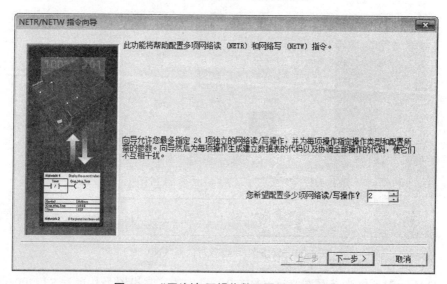

图 6.19 "指令向导"选择对话框

图 6.20 "网络读/写操作数目配置"对话框

(3) 在图 6.21 所示的"通信端口号选择和子程序命名"对话框中可以为 PPI 通信的主站选择通信端口,并为向导自动建立的通信子程序进行命名。选择好通信端口(此处选择 0 号通信端口),并为子程序命名后(可以使用向导推荐的缺省命名),单击"下一步"按钮,进入图 6.22 所示的"网络读/写组态"对话框。

(4) 在图 6.22 所示的"网络读/写组态"对话框中可以对网络读/写指令所要读写的数据区进行设置和组态。图 6.22 中"1."处用于选择网络操作是一个网络读(NETR)还是一个网络写(NETW)操作。"2."处用于设置从远程 S7–200 读取(NETR)或者写到远程 S7–200 (NETW)多少个字节的数据,每条网络读/写指令最多可以读取或发送 16 个字节的数据。"3."处用于设置想要通信的远程 S7–200 的站地址。"4."处用于定义读取或写入的数据应该存在本地 S7–200 的哪个地址区,并且将被写入或被读取的数据定义在远程 S7–200 的哪个地址区。

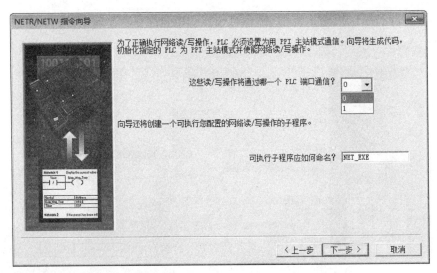

图 6.21 "通信端口号选择和子程序命名"对话框

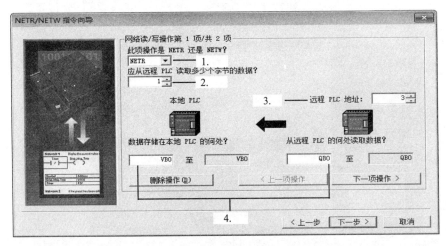

图 6.22 网络读/写组态对话框（NETR）

图 6.22 所示对话框为针对网络读（NETR）操作的，其设置为从远程 S7-200（3 号站）读取 QB0 字节中的数据放到本地 S7-200（2 号站）的 VB0 字节中。网络读组态完成后，单击"下一项操作＞"按钮，进入图 6.23 所示的针对网络写（NETW）操作的"网络读/写组态"对话框，图示对话框的设置为将本地 S7-200（2 号站）IB0 字节中的数据写入远程 S7-200（3 号站）的 VB0 字节中。网络写操作组态完成后，单击"下一步"按钮，进入图 6.24 所示的"为配置分配存储区"对话框。

（5）在图 6.24 所示的"为配置分配存储区"对话框中可以为向导自动生成的网络读/写指令所需要的 TBL 数据表分配存储区。一般情况下使用缺省地址或通过单击"建议地址"按钮选择合适的存储区，如图 6.24 中的 VB670～VB688。也可以通过手动方式输入存储区。建议将存储区的起始地址设置得大一些，以避免和程序中已经使用的 V 存储区地址有重叠。为网络读/写指令分配好存储区后，用户应该记下该存储区域，不能再做其他用途。单击"下一步"按钮，进入图 6.25 所示的"网络读/写指令子程序及符号表生成"对话框。

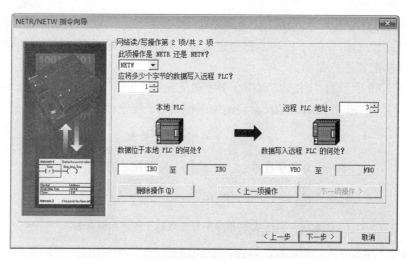

图 6.23 "网络读/写组态"对话框（NETW）

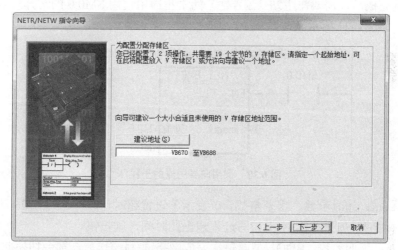

图 6.24 "为配置分配存储区"对话框

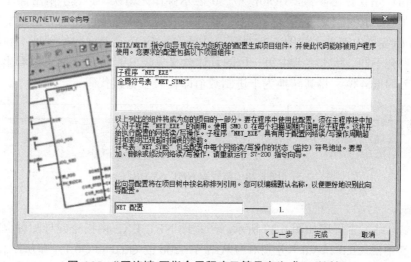

图 6.25 "网络读/写指令子程序及符号表生成"对话框

（6）在图 6.25 所示的"网络读/写指令子程序及符号表生成"对话框中显示了指令向导自动生成的网络读/写指令的子程序及符号表名称。同时在该对话框中的"1."处还可以为该指令向导生成的配置进行命名。

（7）在图 6.25 所示的"网络读/写指令子程序及符号表生成"对话框中单击"完成"按钮即可完成指令向导。STEP 7–Micro/WIN 会自动生成相应的子程序和符号表，如图 6.26 所示。

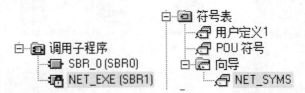

图 6.26　网络读/写指令向导生成的子程序和符号表

2）调用 NETR/NETW 指令向导生成的子程序

向导配置完成后，需要在主站（2 号站）的主程序中使用 SM0.0 的常开触点调用向导生成的子程序，如图 6.27 所示。

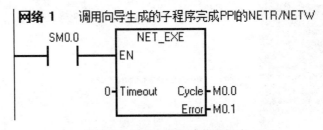

图 6.27　调用向导生成的子程序

（1）Timeout：超时参数，字型整数。0 表示不设置超时计时；1～32 726 表示以秒为单位的超时计时时间，如果一次网络读/写过程超出此时间，则报错。

（2）Cycle：周期参数，BOOL 型。每次完成网络读/写操作后，都会切换此变量的状态。

（3）Error：错误标志参数，BOOL 型。0 表示操作无错误，1 表示网络操作有错误。错误代码保存在 NETR/NETW 的状态字节中，状态字节的具体地址可在向导自动生成的符号表 NET_SYMS 标签栏中查看，如图 6.28 所示。由于分配的 V 存储区起始地址不同，得到的状态字节地址也会不同。状态字节中每一位的具体含义见表 6.9。从表 6.9 可以看出，错误代码只占状态字节的低 4 位，将其转换为十进制数值即代表了错误代码。

			符号	地址	注释
1			Timeout_Err	V670.3	0 = 无超时错误，1 = 超时错误
2			NETW2_Status	VB681	操作 2 的状态字节：NETW.
3			NETR1_Status	VB673	操作 1 的状态字节：NETR.

图 6.28　符号表 NET_SYMS

3）主站（2 号站）主程序

主站（2 号站）主程序如图 6.29 所示。子程序 NET_EXE 由指令向导配置自动生成。网络 4 和网络 5 中的 V0.0 和 V0.1 分别对应从站 S7–200 的 Q0.0 和 Q0.1，即从站 S7–200 控制电动机 2 的正转接触器和反转接触器的输出点。

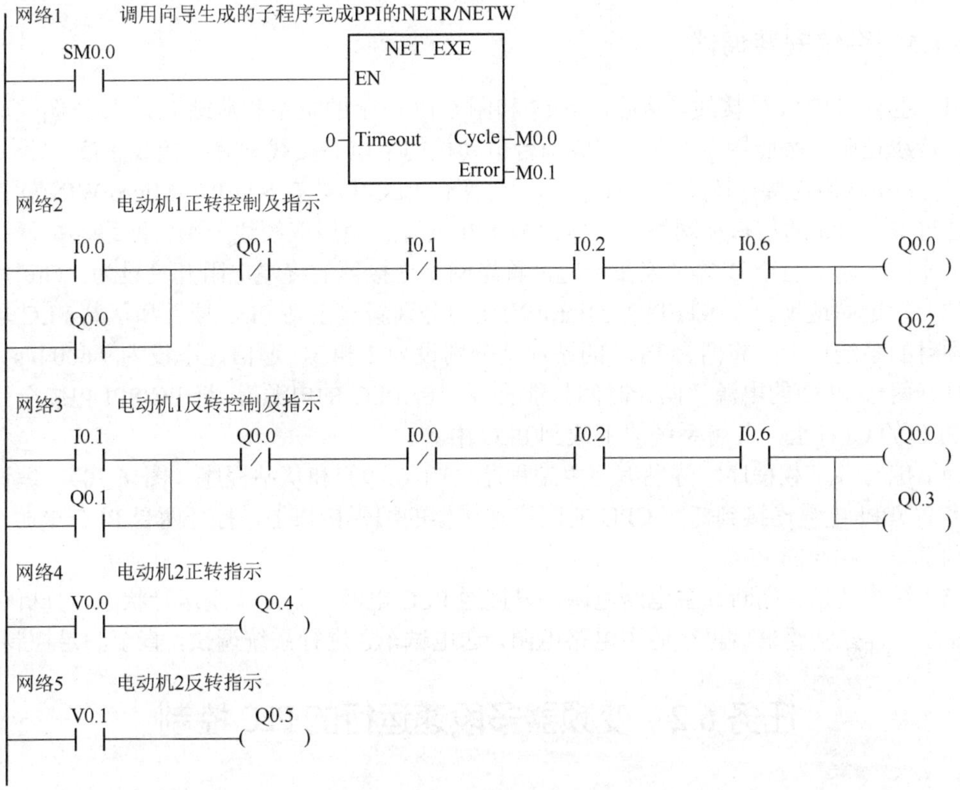

```
网络1    调用向导生成的子程序完成PPI的NETR/NETW
         SM0.0              NET_EXE
         ─┤├─────────────────┤EN
                             
                          0 ─┤Timeout   Cycle├─ M0.0
                                        Error├─ M0.1

网络2    电动机1正转控制及指示
         I0.0    Q0.1    I0.1    I0.2    I0.6         Q0.0
         ─┤├──┬──┤/├─────┤/├─────┤├──────┤├───────────( )
              │                                        
         Q0.0 │                                        Q0.2
         ─┤├──┘                                       ─( )

网络3    电动机1反转控制及指示
         I0.1    Q0.0    I0.0    I0.2    I0.6         Q0.0
         ─┤├──┬──┤/├─────┤/├─────┤├──────┤├───────────( )
              │
         Q0.1 │                                        Q0.3
         ─┤├──┘                                       ─( )

网络4    电动机2正转指示
         V0.0         Q0.4
         ─┤├──────────( )

网络5    电动机2反转指示
         V0.1         Q0.5
         ─┤├──────────( )
```

图 6.29 主站（2 号站）主程序

4）从站（3 号站）主程序

从站（3 号站）主程序如图 6.30 所示。其中的 V0.3、V0.4 和 V0.5 分别对应主站 S7–200 的 I0.3、I0.4、I0.5，即主站用于控制电动机 2 的正转启动、反转启动和停止的输入点。

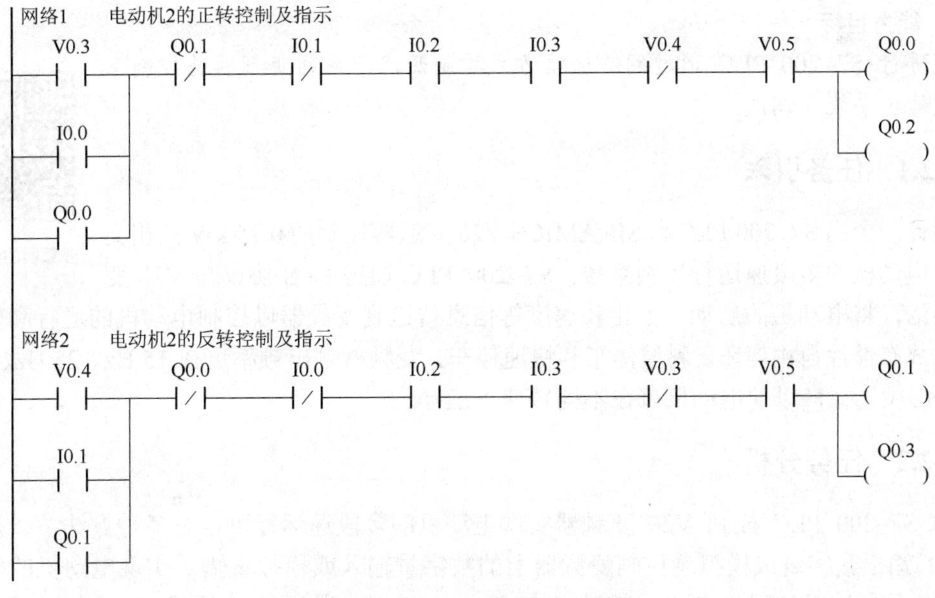

```
网络1    电动机2的正转控制及指示
         V0.3    Q0.1    I0.1    I0.2    I0.3    V0.4    V0.5    Q0.0
         ─┤├──┬──┤/├─────┤/├─────┤├──────┤├──────┤├──────┤/├─────( )
              │                                                   
         I0.0 │                                                   Q0.2
         ─┤├──┤                                                  ─( )
              │
         Q0.0 │
         ─┤├──┘

网络2    电动机2的反转控制及指示
         V0.4    Q0.0    I0.0    I0.2    I0.3    V0.3    V0.5    Q0.1
         ─┤├──┬──┤/├─────┤/├─────┤├──────┤├──────┤/├─────┤/├─────( )
              │                                                   
         I0.1 │                                                   Q0.3
         ─┤├──┤                                                  ─( )
              │
         Q0.1 │
         ─┤├──┘
```

图 6.30 从站（3 号站）主程序

6.1.5 系统安装调试

（1）主电路和 PLC 接线。按照图 6.17 和图 6.18 所示的主站和从站 PLC 接线图完成接线并确认接线正确。按照图 2.2 所示完成两台电动机的主电路接线并确认接线正确。

（2）PPI 网络连接。按照图 6.16 所示，将两台 PLC 与装有 STEP 7–Micro/WIN 软件的计算机通过 RS–485 通信口和网络连接器组成 PPI 网路。使用双绞线分别将网络连接器的两个 A 端子连在一起，两个 B 端子连在一起，首尾网络连接器的终端电阻开关设为"On"。

（3）设定站地址。在 STEP 7–Micro/WIN 中分别新建主站 PLC 项目和从站 PLC 项目，并在项目的系统块中，将两台 PLC 的站地址分别设为 2 和 3，通信速率设为 9 600 b/s。然后依次打开两台 PLC 的电源（同一时间只能打开一台 PLC 的电源），将 PC/PPI 电缆分别连到两台 PLC 的 CPU 上，并将系统块下载到 PLC 中。

（4）编写并下载程序。分别编写主站程序（图 6.29）和从站程序（图 6.30）。编译通过后，将 PC/PPI 电缆连接到任一 CPU 的网络连接器的编程接口上，打开两台 PLC 电源，将程序分别下载到相应的 PLC 中。

（5）系统调试。先断开主电路电源，只接通 PLC 电源。监控系统运行状态，分析运行结果。程序符合控制要求后再接通主电路电源，通电试车，进行系统调试，直至满足控制要求。

任务 6.2　变频器多段速运行的 PLC 控制

教学目标

1. 知识目标

掌握 S7–200 系列 PLC 的 USS 通信协议及编程方法，掌握西门子系列变频器和 S7–200 通过 USS 指令通信的连接和设置方法。

2. 能力目标

能进行 S7–200 PLC 通过网络通信方式控制西门子系列变频器的控制系统的设计、安装和调试。

6.2.1 任务引入

设计一个由 S7–200 PLC 和 SINAMICS V20 变频器控制的 0.75 kW 三相交流异步电动机的多段速运行控制系统。S7–200 PLC 通过 USS 协议与 V20 变频器通信，将电动机的启动、停止和速度等信息传送到变频器以控制电动机的运行和转速，停车方式有惯性自由停车、斜坡停车和快速停车，变频器输出频率可在 15 Hz、25 Hz、35 Hz 和 50 Hz 中选择，以便电动机可在不同转速下运行。

变频器的通讯控制

6.2.2 任务分析

用 S7–200 PLC 控制 V20 变频器实现电动机的多段速运行可以有多种方法，一是通过 S7–200 输出数字量或模拟量控制变频器上的数字量输入或模拟量输入实现电动机的多段速运行，二是通过通信网络将 S7–200 与 V20 连接，S7–200 以 USS 协议或 MODBUS 协议控制变频器的启动、停止及运行频率等，从而实现电动机的多段速运行。本任务拟采用 USS 协议通信的方式实现，这样可以使系统设计更为灵活。

6.2.3 相关知识

1. 西门子 V20 系列变频器及简单设置

西门子的基本型变频器 SINAMICS V20 具有功能强大、稳定可靠、经济高效、易于操作和调试等特点，输出功率可从 0.12 kW 到 15 kW，具有 PID 参数自整定功能。V20 可以通过 RS-485 通信端口，使用 USS 协议、MODBUS 协议与西门子 PLC 通信。

V20 可以采用多种控制方式，并能通过参数来设置接线端子的功能，有的端子可设置的功能多达 20 余种。初学者面对变频器的数百个参数，往往会感到很茫然。为了简化变频器的使用，V20 变频器将常用的控制方式归纳为 12 种连接宏和 5 种应用宏。通过使用连接宏和应用宏，使用者无须面对冗长复杂的参数设置，可以有效避免因参数设置不当而引起的错误，极大地方便了变频器的使用。

连接宏类似于配方，针对变频器的不同控制方式给出了完整的解决方案。V20 操作说明中提供了每种连接宏的外部接线图及大部分需要设置的参数和设置值。选中某种连接宏后，有关的参数被自动设置为该连接宏的设置值，用户只需要按照自己的要求修改少量的参数值即可。

应用宏针对某种特定应用提供一组相应的参数设置。选择了一个应用宏后，变频器会自动应用该应用宏的参数设置，从而简化使用过程。默认的应用宏为 AP000（采用出厂时默认的全部参数设置）。此外，还有水泵、风机、压缩机和传送带这 4 个应用宏。用户可以根据应用场合选择与其控制要求最为接近的应用宏，然后根据需要进一步更改相关参数即可。

2. S7-200 USS 指令及编程

USS 通信协议是 SIEMENS 公司传动产品的通用通信协议，是一种基于串行总线的主/从结构的协议，该协议规定在 USS 总线上可以有一个主站（如 S7-200）和最多 31 个从站。总线上的每个从站都有一个唯一的站地址（在从站参数中设定），主站依靠它识别每个从站；每个从站只对主站发来的消息做出响应并回送消息，从站之间不能直接进行数据通信。另外，USS 协议还有一种广播通信方式，主站可以同时给所有从站发送消息，从站在接收到消息并做出相应的响应后可不回送消息。在和西门子系列变频器使用 USS 协议通信时，S7-200 作主站，变频器作从站。

1）USS 指令库

在安装了 STEP 7-Micro/WIN V4.0 SP9 后，在指令树的"库"文件夹中可以看到用于 USS 协议通信的两个文件夹"USS Protocol Port 0 [V2.3]"和"USS Protocol Port 1 [V2.3]"，它们分别用于 S7-200 CPU 的 RS-485 端口 0 和 CPU 224 XP（si）、CPU 226 的 RS-485 端口 1 进行 USS 通信。USS 指令库包括预先组态好的子程序和中断程序，当选择一个 USS 指令时，系统会自动增加一个或多个相关的子程序或中断程序。

（1）STEP 7-Micro/WIN 的 USS 指令库提供 14 个子程序、3 个中断程序和 8 条指令支持 USS 协议。

（2）使用 USS_INIT 指令为 Port 0 选择 USS 或 PPI 协议，也可以使用 USS_INIT_Pl 将 Port 1 分配给 USS 通信。在选择使用 USS 协议与变频器等通信后，Port 0/1 不能够再用作其他用途，包括与 STEP 7–Micro/WIN 通信。

（3）USS 指令影响所有与 Port 0/1 的自由口通信相关的 SM 区。

（4）USS 指令使用户程序对存储空间的需求最多可增加 3 150 字节。根据所使用的 USS 指令不同，控制程序对存储空间的需求增加 2 150～3 150 字节。

（5）USS 指令的变量需要 400 字节的 V 存储区。该区域的起始地址由用户指定并保留给 USS 变量。

（6）有一些 USS 指令还要求 16 字节的通信缓存区。作为指令的一个参数，要为该缓存区提供一个 V 存储区的起始地址。建议为每一条 USS 指令指定一个单独的缓存区。

（7）在执行计算时，USS 指令使用累加器 AC0 至 AC3。在程序的其他指令中仍然可以使用这些累加器，但累加器中的数值会被 USS 指令改变，所以要注意及时保存。

（8）USS 指令不能用在中断程序中。

（9）USS 协议的通信字符格式为 1 位起始位、8 位数据位、1 位偶校验位和 1 位停止位。USS 通信的刷新周期与 PLC 的扫描周期是不同步的，一般完成一次 USS 通信需要几个 PLC 扫描周期，通信时间和 USS 总线上连接的驱动器数量、通信速率和扫描周期有关。在使用 USS 指令将 Port0/1 指定为 USS 协议后，S7–200 会以表 6.11 中的时间间隔轮询所有激活的驱动器。

表 6.11　S7–200 轮询驱动器时间间隔

通信速率/ (b·s^{-1})	对激活的驱动器进行轮询的间隔/ ms	通信速率/ (b·s^{-1})	对激活的驱动器进行轮询的间隔/ ms
1 200	240（最大）×驱动器的数量	19 200	35（最大）×驱动器的数量
2 400	130（最大）×驱动器的数量	38 400	30（最大）×驱动器的数量
4 800	75（最大）×驱动器的数量	57 600	25（最大）×驱动器的数量
9 600	50（最大）×驱动器的数量	115 200	25（最大）×驱动器的数量

2）USS_INIT 指令

USS_INIT 指令（图 6.31）用来启用、初始化或禁用与驱动器的通信。USS_INIT 指令必须无错误地执行后，才能够执行其他的 USS 指令。该指令执行完后 Done 位立即置位，然后才可继续执行下一条指令。端口 1 的 USS_INIT 指令形式为 USS_INIT_P1。

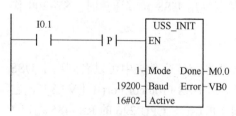

图 6.31　USS_INIT 指令

参数 EN：输入使能端，通过触点接左母线。因为在每一次通信状态改变时只需执行一次 USS_INIT 指令即可，所以为防止多次执行 USS_INIT 指令，应使用边沿脉冲指令使 EN 输入以脉冲方式接通。如果需要改变通信参数，需再执行一次 USS_INIT 指令。

位参数 Mode：用于选择通信协议。输入值为 1，指定端口为 USS 协议并使用该协议；输入值为 0，指定端口为 PPI 协议并禁用 USS 协议。

双字参数 Baud：用于设置通信速率。通信速率可为 1 200 b/s、2 400 b/s、4 800 b/s、9 600 b/s、19 200 b/s、38 400 b/s、57 600 b/s 或 115 200 b/s，应与驱动器设置的通信速率相同。

双字参数 Active：用于设置要激活的驱动器。图 6.32 所示为参数 Active 的格式和描述。参数 Active 共有 32 个二进制位，每一位对应一台驱动器。位为 1，对应的驱动器被激活；位为 0，对应的驱动器未激活。所有激活的驱动器都会在后台被自动轮询。图 6.31 所示为 Active 数值仅激活了 1 号驱动器。

| D31 | D30 | D29 | …… | D2 | D1 | D0 |

图 6.32 Active 参数的格式

D_N（N：0～31）：驱动器 N 激活位；0—未激活；1—激活

字节参数 Error：为字节型存储单元，USS 协议执行的错误代码，字节型整数。表 6.12 所示为 USS 协议执行错误代码及含义。

表 6.12 USS 协议执行错误代码及含义

错误代码	描 述	错误代码	描 述
0	没有错误	12	驱动器应答的字符长度不被 USS 指令所支持
1	驱动器没有应答	13	错误的驱动器应答
2	来自驱动器的应答中检测到校验和错误	14	参数读/写指令中提供的 DB_Ptr 地址不正确
3	来自驱动器的应答中检测到偶校验错误	15	提供的参数号不正确
4	由来自用户程序的干扰引起的错误	16	选择了无效协议
5	尝试非法命令	17	USS 激活；不允许改动
6	提供非法驱动器地址	18	指定的波特率非法
7	通信口未设为 USS 协议	19	没有通信：驱动器未设为激活
8	通信口正忙于处理指令	20	驱动器应答中的参数或数值不正确或包含错误代码
9	驱动器速度输入超限	21	请求一个字类型的数值却返回一个双字类型值
10	驱动器应答的数据长度不正确	22	请求一个双字类型的数值却返回一个字类型值
11	驱动器应答的第一个字符不正确		

3）USS_CTRL 指令

USS_CTRL 指令（图 6.33）用于控制激活的驱动器。USS_CTRL 指令将命令参数存放在

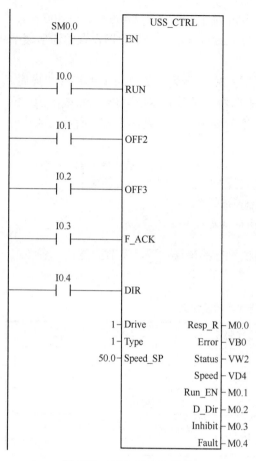

图 6.33 USS_CTRL 指令

一个通信缓冲区中,然后发送到所寻址的驱动器中,该驱动器应已在 USS_INIT 指令中的参数 Active 中激活。对于每一个驱动器只能使用一个 USS_CTRL 指令。

位参数 EN:输入使能端,必须使用 SM0.0 的常开触点连接到左母线,以便一直保持 USS_CRTL 指令的使能状态。

位参数 RUN:该位用于驱动器和电动机的启停控制。当 RUN 位接通时,驱动器接收命令,控制电动机以指定的速度和方向运行。为使驱动器运行,必须满足以下条件:该驱动器必须在 USS_INIT 中激活;OFF2 和 OFF3 必须断开;Fault 和 Inhibit 位必须为 0。当 RUN 位断开时,驱动器控制电动机斜坡减速直至停止。

位参数 OFF2:该位用于控制电动机按惯性自然停车。在驱动器运行时,该位接通(脉冲形式即可),电动机按惯性自然停车。

位参数 OFF3:该位用于控制电动机快速停车。在驱动器运行时,该位接通(脉冲形式即可),电动机快速停车。

说明:参数 OFF2 和 OFF3 发出的脉冲信号使电动机停车后,需要将参数 RUN 由 ON 变为 OFF,然后再变为 ON,才能再次启动电动机运行。

位参数 F_ACK:该位用于清除驱动器的故障位 Fault。当 F_ACK 从断开变为接通时,驱动器清除故障位 Fault。

位参数 DIR:该位用于控制电动机的运动方向。电动机运行时,DIR 接通,电动机减速后反向旋转;DIR 断开,电动机减速后返回最初的旋转方向。

双字参数 Drive:用于设置接收 USS_CTRL 命令的驱动器地址,有效地址为 0~31。

字节参数 Type:用于设置驱动器类型。对于 3 系列(或更早)的 MicroMaster 变频器为 0;对于 4 系列的 MicroMaster 变频器和 SINAMIC 系列变频器为 1。

实数参数 Speed_SP:用于控制驱动器的输出频率,以驱动器中设置的基准频率的百分比表示,范围为−200.0%~200.0%。Speed_SP 为负值使电动机反向旋转。

位参数 Resp_R:该位用于应答来自驱动器的响应。S7-200 主站从 USS 从站收到有效的数据后,Resp_R 位会接通一个扫描周期并且刷新以下数据,使以下所有数据都是最新的。

字节参数 Error:错误字节,包含最近一次向驱动器发出的通信请求的执行结果。错误代码含义见表 6.13。

字参数 Status:驱动器返回的状态字。

实数参数 Speed:驱动器返回的实际速度,用设置的基准频率的百分比表示。

表 6.13 电动机多段速运行控制输入/输出分配表

输　　入			输　　出		
设　　备	输入点		设　　备		输出点
变频器启动	SB3	I0.0	运行指示灯	HL1	Q0.0
电动机斜坡停车	SB4	I0.1	正转指示灯	HL2	Q0.1
电动机惯性停车	SB5	I0.2	变频器加电接触器	KM1	Q0.2
电动机正转	SB6	I0.3	变频器故障指示灯	HL3	Q0.3
变频器运行在 15 Hz	SB7	I0.4	变频器禁止指示灯	HL4	Q0.4
变频器运行在 25 Hz	SB8	I0.5			
变频器运行在 35 Hz	SB9	I0.6			
变频器运行在 50 Hz	SB10	I0.7			
电动机快速停车	SB11	I1.0			
电动机反转	SB12	I1.1			
变频器故障复位	SB13	I1.2			
变频器加电	SB1	I1.3			
变频器断电	SB2	I1.4			

位参数 Run_EN：用于指示驱动器的工作状态。1：运行状态，0：停止状态。

位参数 D_Dir：用于指示电动机的转动方向。

位参数 Inhibit：该位为 ON 表示驱动器已被禁止。要清除 Inhibit 位，Fault（故障）位必须为 0，而且 RUN、OFF2 和 OFF3 输入必须断开。

位参数 Fault：用于指示驱动器是否有故障（0—无故障，1—有故障）。要清除 Fault，必须排除故障并接通 F-ACK。

4）USS_RPM_x 指令和 USS_WPM_x 指令

除上述介绍的 USS_INIT 指令和 USS_CTRL 指令外，USS 协议库还有 6 条读写驱动器参数的指令，分别用来读写驱动器的无符号字、无符号双字和实数（即浮点数）类参数。在同一个用户程序中可以使用多条驱动器参数读/写指令，但在同一时间只能允许有一条读或写指令激活。另外，需要注意的是，不能在驱动器运行时改写其参数。

（1）USS_RPM_x 指令。

USS_RPM_x 指令是 USS 协议的读指令，USS_RPM_x 有三种形式：

USS-RPM-W 指令（图 6.34）用于从驱动器读取一个无符号字类型的参数。

USS-RPM-D 指令用于从驱动器读取一个无符号双字类型的参数。

USS-RPM-R 指令用于从驱动器读取一个浮点数类型的参数。

当驱动器对接收的命令进行应答或报错后，USS_RPM_x 指令的处理结束，在这一等待应答的过程中，PLC 的循环扫描继续执行。

位参数 EN：输入使能端，通过触点接左母线。要使能对一个读参数请求的传送，EN 位必须接通并且保持为 1 直至 Done 位置 1。

位参数 XMT_REQ：通过触点接左母线。只要 XMT_REQ 接通，S7–200 会在每一循环扫描向驱动器传送一个 USS_RPM_x 请求。因此，应使用边沿脉冲指令作为 XMT_REQ 的输入，且它前面的触发条件必须与 EN 端的输入一致。

字节参数 Drive：驱动器地址。

字参数 Param：驱动器参数编号。

字参数 Index：参数索引值。有些参数由多个带下标的参数组成一个参数组，下标用来指出具体的某个参数。对于没有下标的参数，该项设为 0。

双字参数 DB_Ptr：设置 16 字节的缓存区在 V 存储区的起始地址。每条参数读/写指令需要一个 16 字节的缓存区，DB_Ptr 给出了缓存区在 V 存储区的起始地址。此缓存区与"库存储区"不同，是每个指令各自独立需要的，不能与其他数据区重叠，各指令之间的缓存区也不能冲突。

位参数 Done：读写完成标志位。当 USS_RPM_x 指令结束时，Done 位置为 1。只有在 Done 位为 1 后，后边 Error 和 Value 的值才有效。

字或双字参数 Value：返回的参数值。需要指定一个单独的数据存储单元。根据读指令的不同，所读参数的类型和长度亦会不同，对应 USS–RPM–W、USS–RPM–D 和 USS–RPM–R 指令，该参数分别是字型、双字型和实数型（也是双字）。

字节参数 Error：包含指令的执行结果是否有错及错误的编码，无错误为 0。

（2）USS_WPM_x 指令。

USS_WPM_x 指令是 USS 协议的写指令，USS_WPM_x 也有三种形式：

USS_WPM_W 指令（图 6.35）用于写入一个无符号字类型的参数。

USS_WPM_D 指令用于写入一个无符号双字类型的参数。

USS_WPM_R 指令用于写入一个浮点数类型的参数。

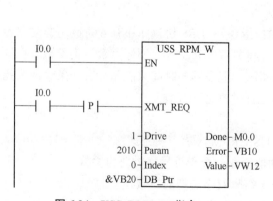

图 6.34 USS_RPM_W 指令

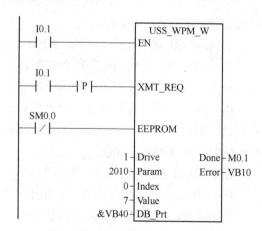

图 6.35 USS_WPM_W 指令

当驱动器对接收的命令进行应答或报错后，USS_WPM_x 指令的处理结束，在这一等待应答的过程中，PLC 的循环扫描继续执行。

参数 EN、XMT_REQ、Drive、Param、Index、Value、DB_Ptr、Done、Error 的功能与 USS_RPM_x 相同。

位参数 EEPROM：通过触点接左母线。对于写参数指令，Value 中的参数值在写到驱动器 RAM 中的同时，也可写到驱动器上的 EEPROM 中。当输入参数 EEPROM 接通时，参数值将被同时写入驱动器的 EEPROM 和 RAM；当输入参数 EEPROM 断开时，参数值只被写入 RAM，不写入 EEPROM，此时写入的参数是临时的，仅能在驱动器断电前使用。应尽可能地减少写 EEPROM 的次数，以延长 EEPROM 的寿命。

6.2.4 任务实施

1. 控制方案确定

根据控制要求，在本任务需要 5 个数字量输出点用于控制变频器供电接触器的线圈以及变频器运行的各种状态指示，13 个数字量输入点作为电动机的启停控制、转速控制等。综上所述，可选用一台 S7–200 CPU 224 XP AC/DC/继电器作为控制器。S7–200 CPU 的通信口 0 与 V20 变频器的 RS–485 通信口连接，二者通过 USS 协议进行通信，通信口 1 与编程器连接进行编程。其网络结构如图 6.36 所示。

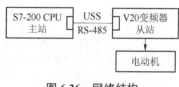

图 6.36　网络结构

2. I/O 分配表

电动机多段速运行输入/输出分配表如表 6.13 所示。

3. 电气原理图及 PLC 接线图

1）主电路原理图及 V20 变频器 RS–485 接线图

根据控制要求，设计主电路和 V20 变频器的 RS–485 接线图如图 6.37（a）所示。

（1）主电路中 QF 为系统总供电电源开关。

（2）接触器 KM1 控制变频器加电。

（3）FU2、FU3 完成 PLC 供电回路和输出回路的短路保护。

2）PLC 接线图及 PORT0 的 RS–485 接线图

根据 PLC 选型及控制要求，设计 PLC 及 PORT0 的 RS–485 接线图如图 6.37（b）所示。

（1）PLC 采用继电器输出，每个输出点额定控制容量为 AC 240 V，2 A。L38、N 作为 PLC 输出回路的电源，分别向输出回路的负载供电，输出回路所有 L 端短接后接入电源 L38 端。

（2）PLC 输入回路电源使用 PLC 本身的 DC 24 V 直流电源。

（3）S7–200 CPU 224 XP 通过 PORT0 口及 USS 协议与 V20 变频器通信，通过 PORT1 口与装有 STEP 7–Micro/WIN 的计算机通信。

4. 控制程序设计

PLC 控制程序主要是根据用户的选择，通过 USS 指令控制变频器的动作和输出频率，从而控制电动机的运行。根据输入/输出点的分配和控制要求，编写梯形图程序如图 6.38 所示。

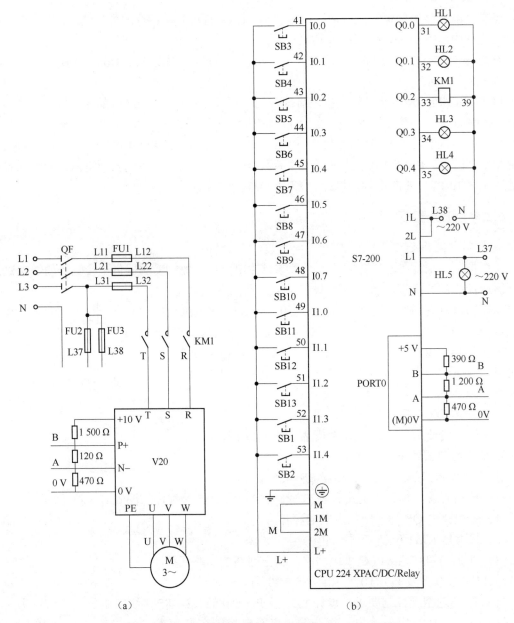

图 6.37 电气原理图、PLC 接线图及 RS-485 接线图
（a）主电路原理图及变频器 RS-485 接线图；（b）PLC 接线图及 PORT0 的 RS-485 接线图

5. 系统安装调试

1）硬件接线

按照图 6.37 所示电气原理图和 PLC 接线图完成接线，并确认接线正确。

PLC 的 PORT0 与 V20 的 RS-485 接线应满足下面的要求，否则可能会损坏通信端口。

（1）应确保与变频器连接的所有设备（如 S7-200 CPU）的信号公共点均用短粗电缆连接到变频器的接地点或星点。S7-200 侧的 RS-485 连接器的 5 脚（5 V 电压的公共端）必须与 V20 变频器模拟量的 0 V 端子相连，且两个 0 V 端子不能就近通过保护接地网络相连。

250

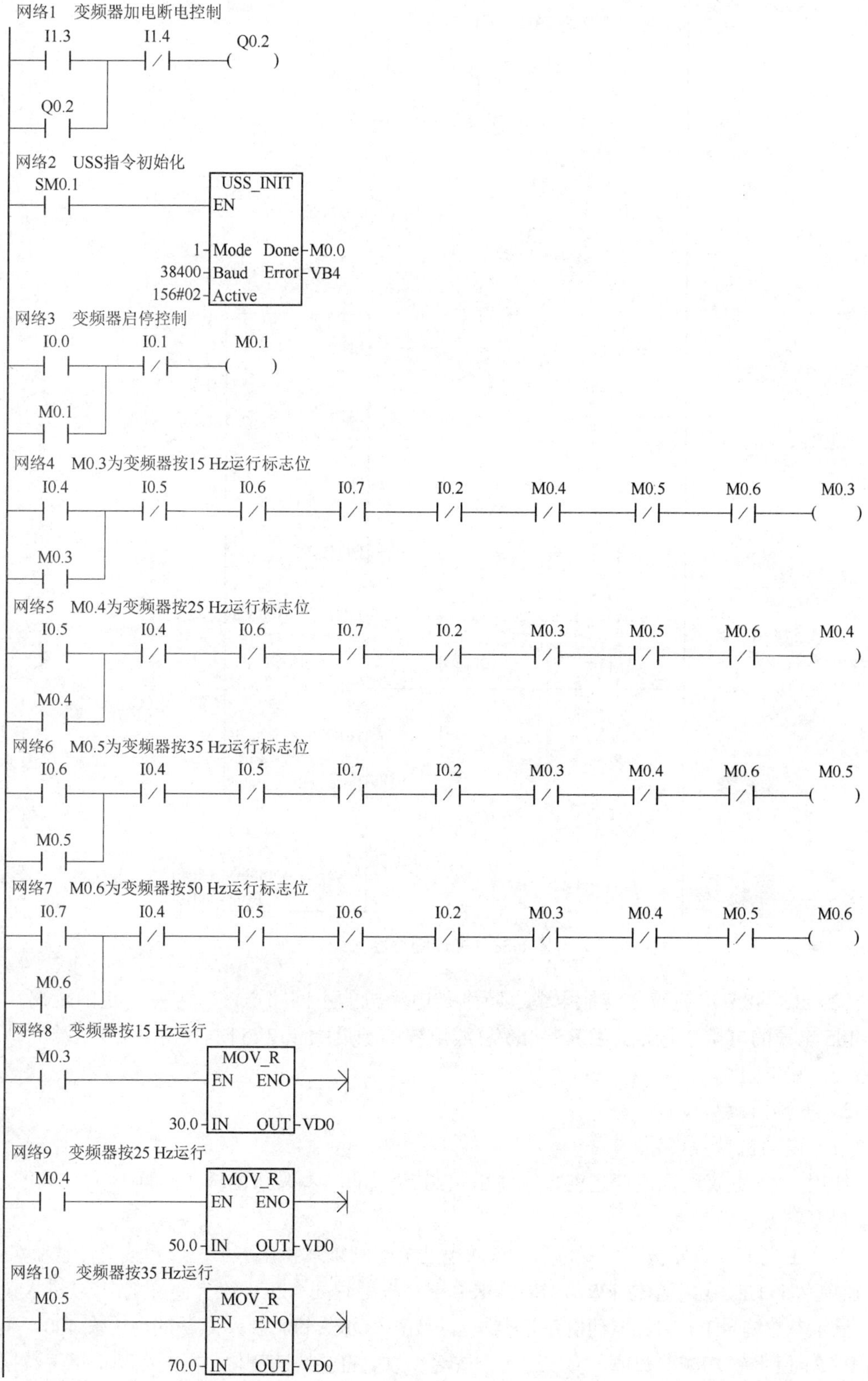

网络1 变频器加电断电控制
```
  I1.3      I1.4            Q0.2
───┤├──────┤/├──────────────( )
  Q0.2
───┤├──
```

网络2 USS指令初始化
```
  SM0.1         ┌─USS_INIT─┐
───┤├───────────┤EN        │
                │          │
           1 ──┤Mode  Done├─ M0.0
       38400 ──┤Baud  Error├─ VB4
      16#02 ──┤Active     │
                └──────────┘
```

网络3 变频器启停控制
```
  I0.0      I0.1            M0.1
───┤├──────┤/├──────────────( )
  M0.1
───┤├──
```

网络4 M0.3为变频器按15 Hz运行标志位
```
 I0.4  I0.5  I0.6  I0.7  I0.2  M0.4  M0.5  M0.6   M0.3
──┤├──┤/├──┤/├──┤/├──┤/├──┤/├──┤/├──┤/├────( )
 M0.3
──┤├──
```

网络5 M0.4为变频器按25 Hz运行标志位
```
 I0.5  I0.4  I0.6  I0.7  I0.2  M0.3  M0.5  M0.6   M0.4
──┤├──┤/├──┤/├──┤/├──┤/├──┤/├──┤/├──┤/├────( )
 M0.4
──┤├──
```

网络6 M0.5为变频器按35 Hz运行标志位
```
 I0.6  I0.4  I0.5  I0.7  I0.2  M0.3  M0.4  M0.6   M0.5
──┤├──┤/├──┤/├──┤/├──┤/├──┤/├──┤/├──┤/├────( )
 M0.5
──┤├──
```

网络7 M0.6为变频器按50 Hz运行标志位
```
 I0.7  I0.4  I0.5  I0.6  I0.2  M0.3  M0.4  M0.5   M0.6
──┤├──┤/├──┤/├──┤/├──┤/├──┤/├──┤/├──┤/├────( )
 M0.6
──┤├──
```

网络8 变频器按15 Hz运行
```
  M0.3      ┌─MOV_R─┐
───┤├──────┤EN  ENO├──
           │       │
      30.0─┤IN  OUT├─ VD0
           └───────┘
```

网络9 变频器按25 Hz运行
```
  M0.4      ┌─MOV_R─┐
───┤├──────┤EN  ENO├──
           │       │
      50.0─┤IN  OUT├─ VD0
           └───────┘
```

网络10 变频器按35 Hz运行
```
  M0.5      ┌─MOV_R─┐
───┤├──────┤EN  ENO├──
           │       │
      70.0─┤IN  OUT├─ VD0
           └───────┘
```

图6.38 梯形图程序

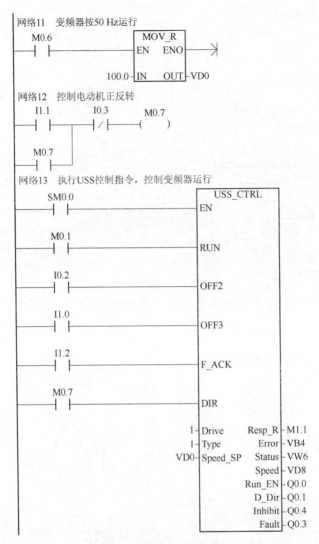

图 6.38 梯形图程序（续）

（2）RS-485 电缆应与其他电缆（特别是电动机的主回路电缆）保持一定的距离，并将 RS-485 电缆的屏蔽层接地。当 RS-485 总线电缆的长度大于 2 m 时，应在网络两端的站点设置总线终端电阻。

2）变频器参数设置

（1）电动机参数设置。

使用 USS 协议进行通信之前，应使用 V20 内置的基本操作面板（简称 BOP，见图 6.39）来设置变频器有关参数。

首次上电或变频器被工厂复位后，进入电动机基础频率和功率单位选择菜单，显示"50？"（基础频率 50 Hz，功率单位 kW），按"OK"键（按键时间<2 s，以下简称单击），进入设置菜单，显示参数编号 P0304（电动机额定电压）。单击"OK"键，显示默认的电压值 400，可以用"向下""向上"键增减参数值，长按这两个按键参数值将会快速变化。根据电动机铭牌数据选择合适的额定电压后，单击"OK"键确认参数值后返回参数编号显示，按功能键"M"取消参数

设置。按"向上"键显示下一个参数 P0305,按"向下"键显示上一个参数。根据电动机铭牌数据,用同样的方法分别设置 P0305 [0](电动机额定电流)、P0307 [0](电动机额定功率)、P0310 [0](电动机额定频率,此处设置为 50 Hz)和 P0311 [0](电动机额定转速)。

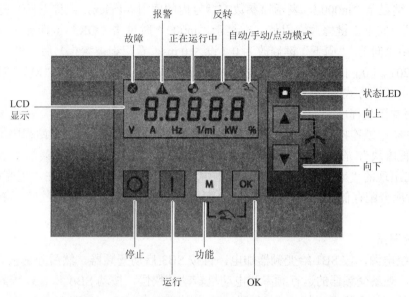

图 6.39 V20 变频器内置基本操作面板(BOP)示意图

(2)连接宏、应用宏和其他参数设置。

单击功能键"M",显示"_Cn000",按"向上"键,直至显示"Cn010"时按"OK"键确认,显示"_Cn010",表示选择了 USS 连接宏 Cn010。连接宏 Cn010 预设了 USS 通信的相关参数(表 6.14),使调试和使用过程更加便捷。单击"M"键显示"_AP000",采用默认的应用宏 AP000(出厂默认设置,不更改任何参数设置)。

在设置菜单方式下长按功能键"M"(按键时间>2 s)或下一次上电时,进入显示菜单方式,显示"0.0 Hz"。多次单击"OK"键,将循环显示输出频率(单位 Hz)、输出电压(单位 V)、电动机电流(单位 A)、直流母线电压(单位 V)和设定频率值(Hz)。

表 6.14 USS 通信参数设置

参数	描述	工厂缺省值	Cn010 默认值	实际设置值	备注
P0700 [0]	选择命令源	1	5	5	RS-485 为命令源
P1000 [0]	选择频率	1	5	5	RS-485 为速度设定值
P2023	RS-485 协议选择	1	1	1	USS 协议
P2010 [0]	USS/MODBUS 通信速率	8	8	8	通信速率为 38 400 b/s
P2011 [0]	USS 地址	0	1	1	变频器的 USS 地址
P2012 [0]	USS PZD 长度	2	2	2	PZD 部分的字数
P2013 [0]	USS PKW 长度	127	127	127	PKW 部分字数可变
P2014 [0]	USS/MODBUS 报文间断时间	2 000	500	0	接收数据时间(ms)。设为 0 看门狗被禁止

在显示菜单方式下单击"M"键，进入参数菜单方式，显示 P0003，令参数 P0003=3，允许读/写所有的参数。按表 6.14 的要求，用"OK"键和"向上""向下"键检查和修改表中各参数值。如为了设置参数 P2014[0]，用"向上""向下"键增减参数编号直至显示 P2014，单击"OK"键显示"in000"，表示该参数方括号内的索引（Index，或称下标）值为 0，此时可用"向上""向下"键修改索引值。在显示"in000"时单击"OK"键即显示 P2014[0]原有的值，用"向上""向下"键修改为 0（设为 0 ms，看门狗被禁止）后，单击"OK"键，即将参数 P2014[0]的值修改为 0 ms。参数修改完成后，长按功能键"M"（时间>2 s），即可进入显示菜单方式。

3）编写并下载程序

将 PC/PPI 电缆连接到 CPU 的 PORT1 口上，编写主站 PLC 程序。主站程序编写完成后，右键单击"程序块"，在右键快捷菜单中选择"库存储区"菜单，或选择菜单"文件"→"库存储区"，在出现的"库存储区分配"对话框中为 USS 库分配存储区。在本程序可从 VB100 开始为 USS 库分配存储区。USS 库存储区分配完成后进行编译，编译通过后，将程序下载到 S7–200 中。

4）系统调试

接通系统电源，按 SB1 给变频器加电，再按 SB3 启动变频器。然后分别按 SB7、SB8、SB9、SB10，观察变频器的运行频率和电动机转动的快慢，按动 SB6 和 SB12 查看电动机的正反转情况是否符合要求。在电动机转动时，分别按 SB4、SB5 和 SB11，观察电动机的停车方式应分别为斜坡停车、惯性停车和快速停车。

思考与练习

（1）现有 2 台 S7–200，I0.0～I0.7 分别接 8 个按钮，Q0.0～Q0.7 分别接 8 个 LED 指示灯。要求用 NETR/NETW 指令实现用一台 S7–200 上 I0.0～I0.7 所接的按钮分别控制另一台 S7–200 上 Q0.0～Q0.7 所接的指示灯，按钮按下，则对应的指示灯亮，按钮抬起则对应的指示灯灭。

（2）简述 S7–200 USS 通信协议库中的 USS_INIT 指令和 USS_CTRL 指令的作用。

（3）简述 S7–200 的 PORT0 或 PORT1 与变频器的 RS–485 口进行硬件接线时的注意事项。

（4）假设 USS 网络有 5 台变频器需要驱动，地址分别为 1～5，请确定 USS_INIT 指令中 Active 的参数值。

（5）简述 USS_CTRL 指令如何通过变频器控制电动机的启动、停车和旋转方向。

（6）用 S7–200 通过 USS 协议控制 V20 变频器和电动机的运行。假设变频器已选择使用连接宏 Cn010，基准频率设定为 50 Hz，其他参数也已按电动机铭牌数据设定完成，且变频器地址为 2。控制要求如下：变频器初始运行频率为 0 Hz；电动机转速增加按钮每按下一次，变频器输出频率增加 1 Hz，达到 50 Hz 不再增加；电动机转速减小按钮每按下一次，变频器输出频率减少 1 Hz，达到–50 Hz 不再减少。写出输入/输出分配表并编写控制程序。

附录 A

STEP 7–Micro/WIN 编程软件的使用

本书主要以 STEP 7–Micro/WIN V4.0 SP9 为例说明。

A.1　STEP 7–Micro/WIN 软件的安装

在 Windows 操作系统下，双击 STEP 7–Micro/WIN 安装目录中的 setup.exe，进入安装向导，按照安装向导即可完成软件的安装。安装结束后，会出现"Install Shield Wizard Complete"对话框，表示安装完成。去掉"Yes, I want to view the Read Me file now"复选框中的对钩，不阅读软件的自述文件，然后单击"Finish"按钮退出安装程序。

安装完成后，双击桌面上的"V4.0 STEP 7 MicroWIN"图标或选择命令"程序"→"Simatic"→"STEP 7–MicroWIN"，出现软件主界面，这时我们看到的是英文界面。执行菜单命令"Tools"→"Options"，出现"Options"对话框，单击对话框左栏中的"General"选项卡，在出现的"General"选项卡中，选择"Language"选项为"Chinese"，先后单击依次出现的对话框中的"确定"按钮和"否"按钮，退出 STEP 7–Micro/WIN。以后再进入该软件，界面和帮助文件均已变成中文，如图 A.1 所示。

A.2　STEP 7–Micro/WIN 软件的使用

1. STEP 7–Micro/WIN 窗口组件

STEP 7–Micro/WIN 是典型的 Windows 应用程序，其主界面如图 A.1 所示，主要分为以下几个部分：菜单栏、工具栏、浏览条、指令树、用户窗口、输出窗口和状态栏等。除菜单栏外，用户可以根据需要通过"查看"菜单和"窗口"菜单决定其他窗口的取舍和样式的设置。

1）菜单

主菜单包括：文件、编辑、查看、PLC、调试、工具、窗口、帮助 8 个主菜单项。各主菜单项的功能如下：

（1）文件。

文件菜单主要包括：新建（New）、打开（Open）、关闭（Close）、保存（Save）、另存为（Save As）、导入（Import）、导出（Export）、上载（Upload）、下载（Download）、新建库、添加/删除库、库存储区、页面设置（Page Setup）、打印预览（View）、打印（Print）、最近使用文件、退出等子菜单。

新建：用于新建一个 STEP 7–Micro/WIN 项目。

打开：用于打开一个已建的 STEP 7–Micro/WIN 项目。

导入：若从 STEP 7–Micro/WIN 编辑器之外导入程序，可使用"导入"命令导入 ASCII 文本文件（.AWL）。

导出：使用"导出"命令创建程序的 ASCII 文本文件（.AWL），并导出至 STEP 7–Micro/WIN 之外的编辑器。

上载：在运行 STEP 7–Micro/WIN 的个人计算机和 PLC 之间建立通信后，从 PLC 将程序上载至运行 STEP 7–Micro/WIN 的项目中。

下载：在运行 STEP 7–Micro/WIN 的个人计算机和 PLC 之间建立通信后，将程序下载至该 PLC。下载之前，PLC 应位于"停止"模式。

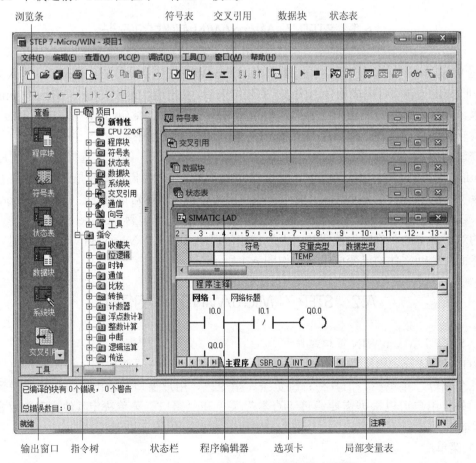

图 A.1 STEP 7–Micro/WIN 编程软件主界面

（2）编辑。

编辑菜单提供程序的编辑工具，主要包括：撤销（Undo）、剪切（Cut）、复制（Copy）、粘贴（Paste）、全选（Select All）、插入（Insert）、删除（Delete）、查找（Find）、替换（Replace）、转到（Go To）等子菜单。

剪切/复制/粘贴：可以在 STEP 7–Micro/WIN 项目中剪切下列条目：文本或数据栏，指令，单个网络，多个相邻的网络，POU 中的所有网络，状态图行、列或整个状态图，符号表的行、列或整个符号表，数据块等。不能同时选择多个不相邻的网络。不能从一个局部变量表成块剪切数据并粘贴至另一局部变量表中。

插入：在 LAD 编辑器中，可在光标上方插入行（在程序或局部变量表中），在光标下方插入行（在局部变量表中），在光标左侧插入列（在程序中），插入垂直接头（在程序中），在光标上方插入网络并为所有网络重新编号，在程序中插入新的中断程序，在程序中插入新的子程序等。

查找/替换/转到：可以在程序编辑器窗口、局部变量表、符号表、状态表、交叉引用和数据块中使用"查找""替换"和"转到"。

"查找"功能：查找指定的字符串，如操作数、网络标题或指令助记符等。"查找"不搜索网络注释，只能搜索网络标题。"查找"不搜索 LAD 和 FBD 中的网络符号信息表。

"替换"功能：替换指定的字符串。（"替换"对语句表指令不起作用。）

"转到"功能：通过指定网络数目的方式将光标快速移至另一个位置。

（3）查看。

在不同的窗口中，"查看"包含的子菜单会有所不同。

① 通过"查看"菜单可以选择使用不同的程序编辑器：LAD、STL、FBD。

② 通过"查看"菜单中的"组件"子菜单可以进行数据块（Data Block）、符号表（Symbol Table）、状态表（Chart Status）、系统块（System Block）、交叉引用（Cross Reference）、通信（Communications）参数的设置。

③ 通过"查看"菜单中的"工具栏"子菜单可以选择标准、调试、公用、指令工具栏的显示与否。

④ 在程序编辑器状态，可以通过"查看"菜单设置 POU 注释、网络注释、符号信息表、符号寻址的显示与否。

⑤ 通过"查看"菜单的"框架"子菜单可以选择浏览条（Navigation Bar）、指令树（Instruction Tree）及输出视窗（Output Window）的显示与否。

（4）PLC。

PLC 菜单主要用于与 PLC 联机时的操作。如用软件改变 PLC 的运行方式（运行、停止），对用户程序进行编译，清除 PLC 程序、上电复位、查看 PLC 的信息、时钟、存储卡的操作、程序比较、PLC 类型选择等操作。其中对用户程序进行编译可以离线进行。

联机方式（在线方式）：装有 STEP 7–Micro/WIN 编程软件的计算机与 PLC 连接，两者之间可以直接通信。

离线方式：装有 STEP 7–Micro/WIN 编程软件的计算机与 PLC 断开连接。此时可进行程序的编辑、编译操作。

联机方式和离线方式的主要区别是：联机方式可直接针对连接 PLC 进行操作，如上载、下载用户程序等。离线方式不直接与 PLC 联系，所有的程序和参数都暂时存放在磁盘上，等联机后再下载到 PLC 中。

PLC 有两种操作模式：STOP（停止）和 RUN（运行）模式。在 STOP（停止）模式下可以建立/编辑程序，在 RUN（运行）模式下可以建立、编辑、监控程序操作和数据，进行动态调试。

若使用 STEP 7–Micro/WIN 软件控制 S7–200 的 RUN/STOP（运行/停止）模式，必须在 STEP 7–Micro/WIN 和 PLC 之间建立通信，且 S7–200 的模式切换开关必须设为 TERM（终端）或 RUN（运行）。

编译：用来检查用户程序语法错误。用户程序编辑完成后通过编译在显示器下方的输出窗口显示编译结果，明确指出错误的网络段，可以根据错误提示对程序进行修改，然后再编译，直至无错误。

全部编译：编译全部项目元件（程序块、数据块和系统块）。

信息：可以查看 PLC 信息，如 PLC 型号和版本号、操作模式、扫描速率、I/O 模块配置以及 CPU 和 I/O 模块错误等。

上电复位：从 PLC 清除严重错误并返回 RUN（运行）模式。如果 PLC 存在严重错误，SF（系统错误）指示灯亮，程序停止执行，必须将 PLC 重设为 STOP（停止），然后再设置为 RUN（运行），才可能清除错误，或执行"PLC"→"上电复位"操作。

（5）调试。

调试菜单用于联机时的动态调试，有首次扫描（First Scan），多次扫描（Multiple Scans），开始/暂停程序状态监控，开始/暂停状态表监控，开始/暂停趋势图，用程序状态模拟运行条件（读取、强制、取消强制和全部取消强制）等功能。

调试时可以指定 PLC 对程序执行有限次数扫描（从 1 次扫描到 65 535 次扫描）。通过选择 PLC 运行的扫描次数，可以在程序过程变量改变时对其进行监控。

首次扫描：将可编程控制器从 STOP 方式进入 RUN 方式，执行一次扫描后，回到 STOP 方式，以便观察到首次扫描后的状态。PLC 必须位于 STOP（停止）模式，通过菜单"调试"→"首次扫描"执行本操作。

多次扫描：调试时可以指定 PLC 对程序执行有限次数扫描（从 1 次扫描到 65 535 次扫描）。通过选择 PLC 运行的扫描次数，可以在程序过程变量改变时对其进行监控。与"首次扫描"一样，执行"多次扫描"时，PLC 也必须位于 STOP（停止）模式时，通过菜单"调试"→"多次扫描"设置扫描次数，然后执行"多次扫描"。

（6）工具。

① 工具菜单提供指令向导（PID、HSC、NETR/NETW 指令），使复杂指令编程时的工作简化。

② 工具菜单提供文本显示器 TD200 设置向导。

③ 工具菜单的"自定义"子菜单可以更改 STEP 7–Micro/WIN 工具条的外观或内容，以及在"工具"菜单中增加常用工具。

④ 工具菜单的"选项"子菜单可以设置程序编辑器、符号表、状态表、数据块等的风格和样式，如字体、指令盒的大小、颜色等。其"选项"子菜单的"常规"选项卡还可以选择程序编辑器类型、编程模式、助记符集、界面语言等。

(7) 窗口。

窗口菜单可以设置窗口的排放形式，如层叠、水平、垂直。

(8) 帮助。

帮助菜单可以提供 S7-200 的指令系统及编程软件的所有信息，并提供在线帮助、网上查询等功能。

2) 工具栏

(1) 标准工具条，如图 A.2 所示。

图 A.2　标准工具条

各快捷按钮从左到右分别为：新建项目，打开现有项目，保存当前项目，打印，打印预览，剪切选项并复制至粘贴板，将选项复制至粘贴板，将粘贴板内容粘贴至光标位置，撤销最后一项操作，编译程序块或数据块或系统块（任意一个现用窗口），全部编译（程序块、数据块和系统块），将项目从 PLC 上载至 STEP 7-Micro/WIN，将项目从 STEP 7-Micro/WIN 下载至 PLC，符号表名称列按照 A～Z 从小至大排序，符号表名称列按照 Z～A 从大至小排序，选项（配置程序编辑器、符号表、状态表、数据块等窗口）。

(2) 调试工具条，如图 A.3 所示。

图 A.3　调试工具条

各快捷按钮从左到右分别为：将 PLC 设为运行模式，将 PLC 设为停止模式，打开程序状态监控，暂停程序状态监控，在打开/关闭状态表监控之间切换，单次读取状态表（如果已经启动状态表监控，则单次读取功能会被禁止），全部写入状态表，强制 PLC 数据，取消强制 PLC 数据，取消全部强制，读取全部强制。

(3) 公用工具条，如图 A.4 所示。

图 A.4　公用工具条

各快捷按钮从左到右分别为：

插入网络：单击该按钮，在 LAD 或 FBD 程序中插入一个空网络。

删除网络：单击该按钮，删除 LAD 或 FBD 程序中的整个网络。

切换 POU（程序组织单元）注释：单击该按钮，POU 注释在打开（显示）和关闭（隐藏）之间切换。每个 POU 注释可允许使用的最大字符数为 4 096 个。可视时，始终位于 POU 顶端，在第一个网络之前显示。如图 A.5 所示"程序注释"。

切换网络注释：单击该按钮，在光标所在的网络标号下方出现灰色方框中，输入网络注释。再单击该按钮，网络注释关闭，如图 A.6 所示。

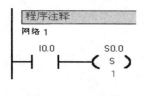
图A.5 POU注释

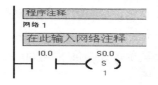
图A.6 网络注释

切换符号信息表：单击该按钮，网络的符号信息表在显示和隐藏之间切换，如图A.7所示。

切换书签：设置或移除书签，单击该按钮，在当前光标指定的程序网络设置或移除书签。在程序中设置书签，便于在较长程序指定的网络之间来回移动，如图A.8所示。

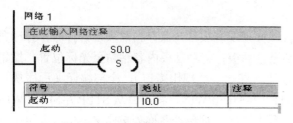
图A.7 网络的符号信息表

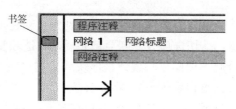
图A.8 设置网络书签

下一个书签：将程序滚动至下一个书签，单击该按钮，向下移至程序的下一个带书签的网络。

上一个书签：将程序滚动至前一个书签，单击该按钮，向上移至程序的前一个带书签的网络。

清除全部书签：单击该按钮，移除程序中的所有当前书签。

在项目中应用所有符号：单击该按钮，更新项目中的所有符号名。

建立未定义符号表：如果程序中使用了没有指定地址的符号名，则单击该按钮时，系统将会自动建立新的符号表，并将程序中没有指定地址的符号名传至新符号表中等待用户为其定义地址。

图A.9 LAD指令工具条

（4）LAD指令工具条，如图A.9所示。

在梯形图程序光标处插入相应的元素。各快捷按钮从左到右分别为：插入向下连线、插入向上连线、插入向左连线、插入向右连线、插入触点类指令、插入线圈类指令、插入指令盒类指令。

3）浏览条

浏览条可以实现相关应用和窗口的快速切换，包括"查看"和"工具"两个组。"查看"组主要包括程序块、符号表、状态表、数据块、系统块、交叉引用和通信，单击上述任意按钮，则主窗口切换成此按钮对应的窗口。"工具"组主要包括指令向导、文本显示向导、位置控制向导等各种向导。

（1）用菜单"查看"→"框架"中的命令，可使"浏览条""指令树""输出窗口"在打开（显示）和关闭（隐藏）之间切换。

（2）用菜单命令"工具"→"选项"，选择"浏览条"标签，可设置浏览条中显示的字号、字体、字形等。

浏览条中的操作可用"指令树"视窗完成，或通过"查看"→"组件"菜单来完成。

4）指令树

指令树以树形结构提供编程时用到的所有快捷操作命令和 PLC 指令，可分为项目分支和指令分支。

项目分支用于组织程序项目，主要包括程序块、符号表、状态表、数据块、系统块、交叉引用、通信、向导、工具。

（1）用鼠标右键单击"程序块"文件夹，可插入新子程序和中断程序。

（2）打开"程序块"文件夹，并用鼠标右键单击 POU 图标，在弹出的快捷菜单中可选择打开 POU、编辑 POU 属性、用密码保护 POU 或为子程序和中断程序重新命名等。

（3）用鼠标右键单击"符号表"或"状态表"文件夹，在弹出的快捷菜单中可选择插入新的符号表或状态表。

（4）在指令树中打开程序块、符号表、状态表、数据块、系统块等文件夹，用鼠标右键单击其中相应的项目，可在弹出的快捷菜单中执行打开、插入或删除等操作；双击其中相应的项目即可打开。

指令分支用于输入程序，打开指令文件夹并选择指令：

（1）拖放或双击指令，可在程序中插入指令。

（2）用鼠标右键单击指令，并从弹出菜单中选择"帮助"，获得有关该指令的帮助。

（3）若项目指定了 PLC 类型，指令树中用红色标记"×"的指令表示所选 CPU 不能用。

5）用户窗口

可同时或分别打开图 A.1 中的 5 个用户窗口，分别为：符号表、状态表、数据块、交叉引用、程序编辑器。

（1）符号表（Symbol Table）。

符号表是程序员用符号进行编址的工具表，用于建立用户自定义符号名（符号地址）与直接地址之间的对应关系。有了符号表，用户在编程时就可不采用存储单元的直接地址作为操作数，而是用有一定含义的自定义符号名来代表存储单元，从而使程序更容易阅读和理解。

程序下载到可编程控制器时，所有的符号地址被转换成对应存储单元的直接地址，符号表中的信息不下载到可编程控制器中。

可用下面的方法之一打开符号表窗口，如图 A.10 所示。

① 用菜单命令："查看"→"组件"→"符号表"。

② 单击浏览条中的"符号表"按钮。

③ 打开指令树中的"符号表"文件夹，然后双击相应的符号表项。

(a)

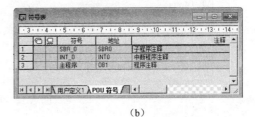

(b)

图 A.10　符号表窗口

(a) 用户自定义符号表；(b) POU 符号表

图 A.10（a）所示为用户自定义符号表，将地址 I0.0 定义为符号“正转启动”、Q0.0 定义为符号“正转接触器”。图 A.11 的（a）（b）分别为未定义符号表前和定义符号表后同一段程序的不同表现形式。

在一个 STEP 7–Micro/WIN 项目中可以定义多个符号表，但不允许将相同的符号名称多次用作全局符号赋值，在单个符号表中和几个表内均不得如此。若在项目中有一个以上的符号表，可以使用位于“符号表”窗口底部的标签在各符号表之间移动。另外，在 STEP 7–Micro/WIN 中新建一个项目时，系统会自建一个 POU 符号表，其中定义了主程序、子程序及中断程序等各程序组织单元对应的符号名，如图 A.10（b）所示。

符号	地址	注释
正转接触器	Q0.0	接电动机正转接触器线圈
正转启动	I0.0	接电动机正转控制按钮常开触点

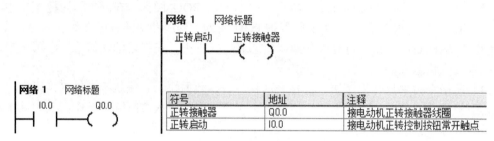

图 A.11　定义符号表前后同一段程序对比

（a）未定义符号表前；（b）定义符号表后

（2）状态表。

在 STEP 7–Micro/WIN 中，可以建立一个或多个状态表，在联机调试时，打开状态表即可以监视各变量的值和状态。状态表只是监视用户程序运行的一种工具，并不下载到 S7–200。

可用下面的方法之一打开状态图表，如图 A.12 所示。

① 用菜单“查看”→“组件”→“状态表”。

② 单击浏览条中的“状态表”按钮。

③ 单击打开指令树中的“状态表”文件夹，然后双击相应的状态表项。

	地址	格式	当前值	新值
1	M0.0	位	2#1	
2	VD100	无符号	55	
3	VW0	无符号	10	
4	VW2	无符号	20	
5	VW4	无符号	30	
6	VW6	无符号	40	
7	VW8	无符号	50	
8	VW10	无符号	60	
9	VW12	无符号	70	
10	VW14	无符号	80	
11	VW16	无符号	90	
12	VW18	无符号	100	
13		有符号		
14		有符号		
15		有符号		
16		有符号		

图 A.12　状态表窗口

可在状态表的“地址”列输入需要监视的程序变量地址，在“格式”列选择数值显示格式，则当 PLC 运行时，打开状态表监控窗口，在“当前值”列会连续、自动地更新状态表中各变量的数值。通过在"新值"列写入数值,可以将地址赋以新值。

在一个 STEP 7–Micro/WIN 项目中可以定义多个状态表,若在项目中有一个以上的状态表,可以使用位于"状态表"窗口底部的标签在状态表之间移动。

(3) 数据块。

"数据块"窗口可以以字节、字或双字为单位设置和修改变量存储器的初始值,并加注必要的说明。用户可以建立多个数据块,且数据块必须随程序一起下载到 S7–200 中才能起作用。

可用下面的方法之一打开"数据块"窗口,如图 A.13 所示。

① 用"查看"菜单→"组件"→"数据块"。

② 单击浏览条上的"数据块" 按钮。

③ 单击打开指令树中的"数据块"文件夹,然后双击相应的数据块项。

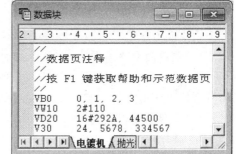

图 A.13 数据块

若在项目中有一个以上的数据块,可使用位于"状态表"窗口底部的标签在数据块之间移动。

在图 A.13 所示数据块中,前四行都以"//"作为起始字符,表示是注释,从第五行开始是数据行。第五行将 VB0、VB1、VB2、VB3 分别赋值为 0、1、2、3,第六行将 VW10 赋值为 2#110,第七行将 VD20、VD24 分别赋值为 16#292 A、44 500,第八行分别将 VB30、VW31、VD33 赋值为 24、5 678、334 567。从第八行的赋值结果可以看出,如果在数据块中没有指明数据的数据类型或长度,则 S7–200 会自动为其分配能存放相应数据的最小的存储单元。另外,数据块中各存储单元不能重复赋值,否则会出现编译错误。

(4) 交叉引用。

在程序编译成功后,可用下面的方法之一打开"交叉引用"窗口,如图 A.14 所示。

① 用菜单"查看"→"组件"→"交叉引用"。

② 单击浏览条中的"交叉引用" 按钮。

③ 双击指令树中的"交叉引用"。

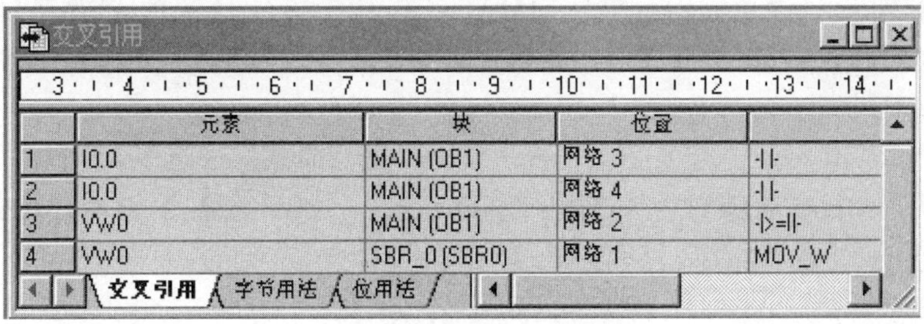

图 A.14 交叉引用表

"交叉引用"表列出了在程序中使用的各操作数所在的 POU 和网络,以及每次使用操作数的语句表指令。通过交叉引用表还可以查看哪些内存区域已经被使用以及是作为位、字节、字还是双字使用的。交叉引用表只有在项目编译成功后才能被打开,且不会随程序下载到

S7–200。在交叉引用表中双击某操作数，可以跳转到包含该操作数的那一部分程序。

（5）程序编辑器。

用菜单命令"文件"→"新建"，"文件"→"打开"或"文件"→"导入"，新建或打开一个项目。然后用下面方法之一打开"程序编辑器"窗口，建立或修改程序：

① 单击浏览条中的"程序块" 按钮，打开主程序（OB1）。可以单击子程序或中断程序标签，打开另一个POU。

② 单击打开指令树中的"程序块"文件夹，双击主程序（OB1）图标、子程序图标或中断程序图标。

用下面方法之一可改变程序编辑器选项：

① 菜单命令"查看"→ LAD、FBD、STL，更改编辑器类型。

② 菜单命令"工具"→"选项"→"常规"标签，可更改编辑器（LAD、FBD 或 STL）和编程模式（SIMATIC 或 IEC 1131–3）。

③ 菜单命令"工具"→"选项"→"程序编辑器"标签，设置编辑器选项。

④ 使用选项 快捷按钮→标签，设置编辑器选项。

在程序编辑器窗口上部是局部变量表。程序中的每个 POU 都有自己的局部变量表，局部变量存储器（L）有 64 个字节。局部变量表用来定义局部变量，局部变量只在建立该局部变量的 POU 中才有效。在带参数的子程序调用中，参数的传递就是通过局部变量表传递的。

在程序编辑器窗口将水平分裂条下拉即可显示局部变量表，将水平分裂条拉至程序编辑器窗口的顶部，局部变量表不再显示，但仍旧存在。

6）输出窗口

用来显示 STEP 7–Micro/WIN 项目编译结果，如编译结果有无错误、错误编码和位置等。

菜单命令："查看"→"框架"→"输出窗口"在窗口打开或关闭输出窗口。

7）状态条

提供 STEP 7–Micro/WIN 操作的有关信息。

2．编程准备

1）指令集和编辑器的选择

在编写程序之前，用户必须先选择使用的指令集和程序编辑器。

S7–200 系列 PLC 支持的指令集有 SIMATIC 和 IEC 1131–3 两种。SIMATIC 指令集是专为 S7–200 PLC 设计的，专用性强，程序执行时间短。本教材主要使用 SIMATIC 指令集进行编程，其切换方式为：

菜单命令"工具"→"选项"→"常规"→"编程模式"→选 SIMATIC。

在 STEP 7–Micro/WIN 中可以使用 LAD、STL、FBD 三种编辑器，选择编辑器的方法如下：

菜单命令"查看"→LAD、STL 或 FBD。

或者菜单命令"工具"→"选项"→"常规"→"默认编辑器"→LAD、STL 或 FBD。

2）根据 PLC 类型进行参数检查

在 PLC 和运行 STEP 7–Micro/WIN 的 PC 机连接后，应根据实际使用的 PLC 类型进行参数检查，以保证 STEP 7–Micro/WIN 中选择的 PLC 类型与实际 PLC 类型相符。方法如下：

菜单命令"PLC"→"类型"→"读取 PLC"。

PLC 类型选择对话框如图 A.15 所示。

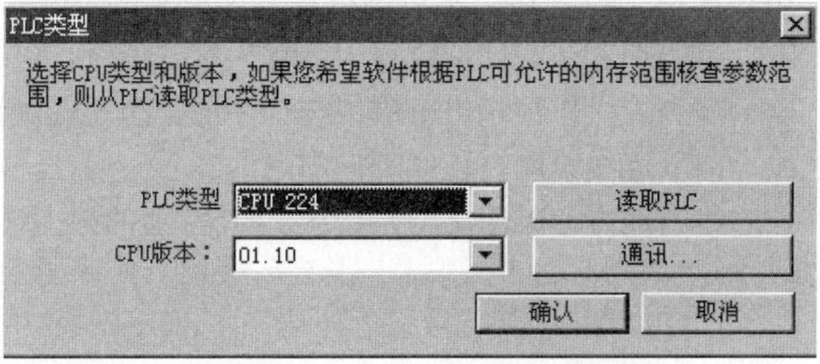

图 A.15 PLC 类型选择对话框

3. STEP 7–Micro/WIN 主要编程功能

1）编程元素及项目组件

STEP 7–Micro/WIN 是以项目的形式进行软件的组织，一个项目（Project）包括的基本组件有程序块、数据块、系统块、符号表、状态表、交叉引用等。程序块、数据块、系统块须下载到 PLC，而符号表、状态表、交叉引用不下载到 PLC。

S7–200 的程序块有三种类型：主程序、子程序和中断处理程序，这三种程序块都称为程序组织单元（POU）。缺省情况下，主程序总是第一个显示在程序编辑器窗口中，后面是子程序或中断程序标签。

2）建立项目

（1）打开已有的项目文件的方法如下：

① 用菜单命令"文件"→"打开"，在"打开文件"对话框中，选择项目的路径及名称，单击"确定"按钮，打开现有项目。

② 在"文件"菜单底部列出最近工作过的项目名称，选择文件名，直接选择打开。

③ 利用 Windows 资源管理器，选择扩展名为.mwp 的文件，双击打开。

（2）创建新项目。

① 单击"新建"快捷按钮。

② 菜单命令"文件"→"新建"。

3）编辑程序

打开项目后就可以进行程序的编辑操作，本书主要介绍梯形图程序编辑的相关操作。

（1）输入指令。

梯形图的元素主要有接点、线圈和指令盒，梯形图的每个网络必须从触点开始，以线圈或指令盒结束。线圈不允许串联使用。

要输入梯形图指令首先要进入梯形图编辑器，输入指令可以通过指令树、工具条按钮、快捷键等方法。

① 在指令树中选择需要的指令，拖放到需要的位置。

② 将光标放在需要插入指令的位置，在指令树中双击要插入的指令。

③ 将光标放到需要的位置，单击"LAD 指令工具条"上的指令按钮（图 A.9），打开一个通用指令窗口，选择需要的指令。

④ 使用功能键：F4=触点，F6=线圈，F9=指令盒，打开一个通用指令窗口，选择需要的

指令。

当编程元件图形出现在指定位置后,再单击编程元件符号的"???",输入操作数。红色字样显示语法出错,当把不合法的地址或符号改变为合法值时,红色消失。若数值下面出现红色的波浪线,表示输入的操作数超出范围或与指令的类型不匹配。

(2)插入向上连线、向下连线、向左连线、向右连线。

将光标移到要插入连线的地方,单击"LAD 指令工具条"上的向上连线 、向下连线 、向左连线 、向右连线 按钮。

(3)输入注释。

在梯形图程序编辑器中有三个注释级别:程序(POU)注释、网络标题、网络注释。分别如图 A.16 所示。

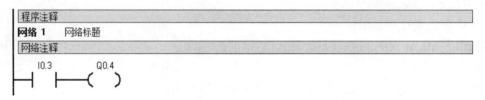

图 A.16 注释

① 程序注释:在每个 POU 的"网络 1"上方的灰色方框中单击,输入程序注释。单击"切换 POU 注释"按钮 或者用菜单命令"查看"→"POU 注释"选项,可在程序注释"打开"(可视)或"关闭"(隐藏)之间切换。每条程序注释所允许使用的最大字符数为 4 096 个。可视时,始终位于 POU 顶端,并在第一个网络之前显示。

② 网络标题:将光标放在网络标题行,输入一个便于识别该逻辑网络的标题。

③ 网络注释:将光标移到网络标号下方的灰色方框中,可以输入网络注释。网络注释可对网络的内容进行简单的说明,以便于程序的理解和阅读。网络注释中可允许使用的最大字符数为 4 096 个。单击"切换网络注释" 按钮或者用菜单命令"查看"→"网络注释"选项,可在网络注释"打开"(可视)和"关闭"(隐藏)之间切换。

(4)程序的编辑。

① 剪切、复制、粘贴或删除多个网络。

通过用 SHIFT 键+鼠标单击,可以选择相邻的多个网络进行剪切、复制、粘贴或删除等操作。注意:不能选择部分网络,只能选择整个网络。

② 编辑单元格、指令、地址和网络。

用光标选中需要进行编辑的组件,单击右键,弹出右键快捷菜单,通过右键快捷菜单可以进行梯形图组件的剪切、复制、粘贴及插入或删除行、列、垂直线及水平线等的操作。

(5)项目的编译。

项目经过编译正确无误后,方可下载到 PLC。编译的方法如下:

① 单击"编译"按钮 或选择菜单命令"PLC"→"编译"(Compile),编译当前被激活的窗口中的程序块或数据块。

② 单击"全部编译" 按钮或选择菜单命令"PLC"→"全部编译"(Compile All),编译全部项目元件(程序块、数据块和系统块)。使用"全部编译"命令时,与哪一个窗口

是活动窗口无关。

编译结束后,输出窗口显示编译结果。如果编译出现错误,则会在输出窗口显示错误总数以及每个错误所在的详细位置,如图 A.17 下部所示。如程序中出现错误,则会显示错误所在的程序名、网络编号、行编号、列编号、错误编号和错误说明。在相应的错误提示行上双击鼠标左键即可自动回到程序编辑器相应的错误处。

图 A.17 编译结果输出

4. 下载与上载

1)建立装有 STEP 7–Micro/WIN 的计算机与 S7–200 CPU 的通信

为了实现 S7–200 与计算机之间的通信,必须配备下列设备中的一种:一是 RS–232/PPI 多主站电缆或 USB/PPI 多主站电缆;二是一块插在个人计算机上的 CP 卡(通信处理器)。其中比较经济的方式是采用 RS–232/PPI 多主站电缆或 USB/PPI 多主站电缆。由于目前有 RS–232 接口的计算机或笔记本越来越少,而且大多配置 USB 接口,所以 USB/PPI 多主站电缆是目前最常用的连接方式。关于 RS–232/PPI 多主站电缆和 USB/PPI 多主站电缆详见"6.1.3 相关知识"中的"STEP 7–Micro/WIN 支持的通信硬件及协议"。

有了 RS–232/PPI 或 USB/PPI 多主站电缆后,还必须在 STEP 7–Micro/WIN 中对相关参数进行设置才能使 S7–200 与计算机之间相互通信,主要包括设置 PG/PC 接口和设置 PLC 的通信端口,具体方法详见"6.1.3 相关知识"中的"一、S7–200 的通信与网络概述"→"2. 通信速率和站地址"及"二、S7–200 的通信协议"→"1.PPI 协议"中的说明。

将 RS–232/PPI 或 USB/PPI 多主站电缆的两端分别连到计算机的相应接口和 S7–200 的 PORT0 或 PORT1 端口,按照上述说明设置好参数后,就可以建立计算机与 S7–200 CPU 的在线连接。

连接建立后,在 STEP 7-Micro/WIN 中单击浏览条中的"通信"图标,或选择"PLC"→"类型"→"通信",或打开指令树中的"通信"文件夹,双击"通信"选项,出现如图 A.18 所示的通信对话框。双击对话框中的"双击刷新"图标,STEP 7-Micro/WIN 将检查所有连接的 S7-200 站点并显示已建立起连接的每个站点的 CPU 图标、CPU 型号和站地址。然后就可以通过 STEP 7-Micro/WIN 对 S7-200 执行程序的上载、下载、监视等操作了。

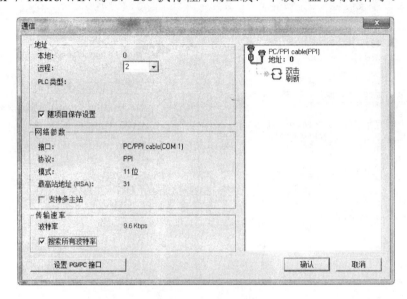

图 A.18 通信对话框

2)下载

如果已经成功地在运行 STEP 7-Micro/WIN 的计算机和 PLC 之间建立了通信,就可以将编译好的项目下载到 PLC 中。下载步骤如下:

(1)下载之前,PLC 必须位于"停止"工作方式。检查 PLC 上的工作方式指示灯,如果 PLC 没有在"停止",单击工具条中的"停止"按钮,将 PLC 置于停止方式。

(2)单击工具条中的"下载"按钮,或用菜单命令"文件"→"下载",出现"下载"对话框。

(3)根据默认值,在初次发出下载命令时,"程序块""数据块"和"系统块"复选框都被选中。如果不需要下载数据块或系统块,可以清除相应的复选框。

(4)单击"确定"按钮,开始下载程序。如果下载成功,将出现一个确认对话框,显示下载成功等相关信息。

(5)如果 STEP 7-Micro/WIN 中的 CPU 类型与实际的 PLC 不匹配,会显示以下警告信息:"为项目所选的 PLC 类型与远程 PLC 类型不匹配。继续下载吗?"

(6)此时应纠正 PLC 类型选项,选择"否",终止下载程序。

(7)用菜单命令"PLC"→"类型",调出"PLC 类型"对话框。单击"读取 PLC"按钮,由 STEP 7-Micro/WIN 自动读取正确的数值。单击"确定"按钮,确认 PLC 类型。然后重新下载。

(8)下载成功后,单击工具条中的"运行"按钮,或"PLC"→"运行",PLC 进入 RUN(运行)工作方式。

3)上载

用下面的方法从 PLC 将项目上载到 STEP 7–Micro/WIN 程序编辑器:

(1)单击"上载"按钮。

(2)选择菜单命令"文件"→"上载"。

(3)按快捷键组合 Ctrl+U。

执行的步骤与下载基本相同,选择需要上载的块(程序块、数据块或系统块),单击"上载"按钮,上载的程序将从 PLC 复制到当前打开的项目中,随后即可保存上载的程序。

5. 程序的监控与调试

1)使用程序状态监控进行程序的监控与调试

(1)启动/停止程序状态监控。

在运行 STEP 7–Micro/WIN 的计算机和 S7–200 PLC 之间建立了通信连接,将编译好的项目下载至 PLC 且将 PLC 置于运行(RUN)状态后,在程序编辑器中打开需要监控的 POU,执行菜单命令"调试"→"执行程序状态监控",或单击工具栏上的 按钮,即可启动程序状态监控。在程序状态监控状态,执行菜单命令"调试"→"停止程序状态监控",或再次单击工具栏上的 按钮,即可停止程序状态监控。

在启动程序监控状态的过程中,如果 CPU 中的程序和打开的项目中的程序不一致,将会出现如图 A.19 所示的"时间戳记不匹配"对话框。单击其中的"比较"按钮,如果经检查确认 PLC 中的程序和打开的项目中的程序相同,则对话框中会显示"已通过",单击"继续"按钮开始监控。如果检查后未通过,则需要重新下载程序。

图 A.19 "时间戳记不匹配"对话框

在程序状态监控状态,执行菜单命令"调试"→"暂停程序状态监控",或单击工具栏上的 按钮,即可暂停程序状态监控,当前的数据保留在屏幕上。再次单击该按钮,继续执行程序状态监控。

(2)梯形图程序的程序状态监控。

在 PLC 处于 RUN 模式启动程序状态监控功能后,将会用不同颜色显示出梯形图中各元件的状态,如图 A.20 所示。

此时,左边的左母线和与它相连的水平"导线"变为默认的蓝色(该颜色可以通过菜单命令"工具"→"选项"→"常规"→"颜色"选项卡进行设置,默认为蓝色。其他颜色也可以用同样的方法进行设置),如果某个位操作数的值为1(ON),则其对应的常开触点和线圈变为蓝色,中间出现蓝色方块,有"能流"流过的"导线"也变为蓝色。如果有"能流"流入指令盒的EN端,且该指令被成功执行时,指令盒的方框也变为设定的颜色(缺省为蓝色)。定时器和计数器指令的方框为绿色表示它们包含有效数据。红色方框表示执行指令时出现了错误。灰色表示无"能流"、指令被跳过、未调用或PLC处于停止(STOP)状态。

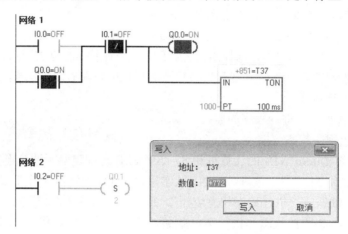

图A.20 梯形图的程序状态监控

图A.20所示的程序处于状态监控时,当T37定时的时候用鼠标右键单击T37的当前值,执行出现的快捷菜单中的"写入"命令,可以用出现的"写入"对话框(图A.20右下部)执行写入操作,来修改T37的当前值。用类似的方法,在程序处于状态监控时,在触点或线圈的位上单击鼠标右键,利用右键快捷菜单的"写入"命令也可以修改对应位的值。

在RUN模式启用程序状态监控功能后,STEP 7–Micro/WIN将以连续方式采集各元件状态值并显示在屏幕上。此处所说的"连续"并不意味着实时,而是指编程设备不断地从PLC轮询状态信息,并按照通信允许的最快速度在屏幕上更新显示,这中间可能捕获不到某些快速变化的值(如流过上升沿、下降沿检测触点的"能流")并在屏幕上显示。

2) 使用状态表监控进行程序的监控与调试

如果需要同时监控的多个变量不能在程序编辑器中同时显示,可以使用状态表监控功能。状态表的打开和简单编辑功能前面已经讲过,在此不再赘述。

(1) 启动/停止状态表监控。

在运行STEP 7–Micro/WIN的计算机和S7–200 PLC之间建立了通信连接后,打开状态表,执行菜单命令"调试"→"开始状态表监控",或单击工具栏上的"状态表监控"按钮,该按钮被"按下",即可启动状态表监控。STEP 7–Micro/WIN从PLC循环收集数据并在状态表的"当前值"列显示从PLC中读取的动态数据。这时还可以强制修改状态表中的变量值。

在状态表监控状态,执行菜单命令"调试"→"停止状态表监控",或再次单击工具栏上的按钮,即可停止状态表监控。状态表监控如图A.12所示。

(2) 单次读取状态信息。

状态表监控功能被停止,或PLC切换到STOP模式时,执行菜单命令"调试"→"单次读取"或单击工具栏上的"单次读取"按钮,可以从PLC收集一次当前数据并在状态表的"当前值"列显示出来。

（3）趋势图。

趋势图（图 A.21）用随时间变化的曲线跟踪 PLC 的状态数据。启动状态表监控功能后，单击工具栏上的趋势图按钮![icon]，可以在表格视图与趋势图之间切换。启动趋势图后，单击工具栏上的![icon]按钮，或执行菜单命令"调试"→"暂停趋势图"，可以暂停趋势图，再次单击该按钮将结束暂停。

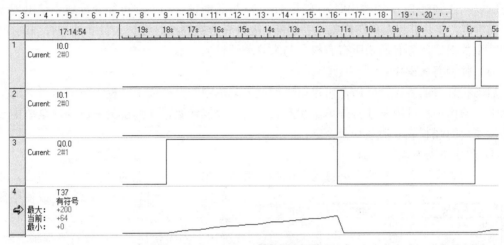

图 A.21　趋势图

用鼠标右键单击趋势图，执行弹出菜单中的"时间基准"命令，可以在 0.25 s～5 min 修改趋势图的时间基准（即时间轴的刻度）。如果时间基准被改变，则这个图的数据都会被清除，并用新的时间基准重新刷新显示。执行弹出菜单中的"属性"命令，在弹出的对话框中可以修改被单击的行变量的地址和显示格式，以及设置显示的上限和下限。

3）使用写入和强制进行程序的调试

（1）写入数据。

"写入"功能允许将一个或多个数值写入 PLC 中对应的存储单元或变量。将变量新的值键入状态表的"新值"列后，单击工具栏上的"全部写入"按钮![icon]，将"新值"列所有的值传送到 PLC。在 RUN 模式时，因为用户程序的执行，修改的数值可能会很快被程序改写成新的数值。不能用写入功能改写物理输入点（I 或 AI）的值。

在程序状态监控时，用鼠标右键单击梯形图中某个地址的某个操作数的值，可以用弹出的右键快捷菜单中的"写入"命令和出现的"写入"对话框来完成写入操作，如图 A.20 所示。

（2）强制的基本概念。

在 PLC 处于 RUN 模式且对控制功能影响较小的情况下，可以对程序中的某些变量强制性地赋值。强制功能通过强制 V、M 来模拟逻辑条件，通过强制 I/O 点来模拟物理条件。例如，可以通过对输入点的强制代替输入端外接的小开关来调试程序。

可以强制所有的 I/O 点，可以同时强制最多 16 个 V、M、I、Q、AI、AQ 地址。强制功能可以用于 I、Q、V、M 的字节、字和双字，只能从偶数字节开始以字为单位强制 AI 和 AQ，不能强制 I 和 Q 之外的位地址。强制的数据用 CPU 的 EEPROM 永久性地存储。

在 PLC 处于 RUN 模式时，在输入采样阶段，强制值被当作输入读入；在程序执行阶段，强制数据用于立即读和立即写指令指定的 I/O 点；在通信处理阶段，强制值用于通信的读/写请求；在输出刷新阶段，强制数据被当作输出写到输出电路。在 PLC 处于 STOP 模式时，输出将变为强制值。

一旦使用了强制功能，每次扫描都会将强制的数值用于该操作数，直到对其取消强制，即使关闭 STEP 7–Micro/WIN，断开 S7–200 的电源或将 PLC 置于 STOP 状态，都不能取消强制。所以，在强制 PLC 的输出时，如果 S7–200 与其他设备相连，可能会导致系统出现无法预料的情况，极易引起人身伤亡或设备损坏，故只有合格的维修维护人员才能进行强制操作。强制某个数据后，务必通知所有有权参与维修或调试的人员。

（3）强制有关操作。

启动状态表的监控功能后，可以用“调试”菜单中的命令或工具栏上与调试有关的按钮执行下述操作，也可用鼠标右键单击状态表中的某个操作数，从弹出的右键快捷菜单中选择对该操作数的强制或取消强制命令。

① 在状态表中执行强制。

打开状态表，在“新值”列键入要强制的数值，单击工具栏上的“强制”按钮，或使用菜单命令“调试”→“强制”，或使用鼠标右键单击状态表中需要强制数据所在的行，在弹出的右键快捷菜单中执行“强制”命令，则所选存储单元或变量被强制为新值，在“当前值”列的左侧会出现强制图标，如图 A.22 所示，同时 CPU 的 SF/DIAG 指示灯亮。

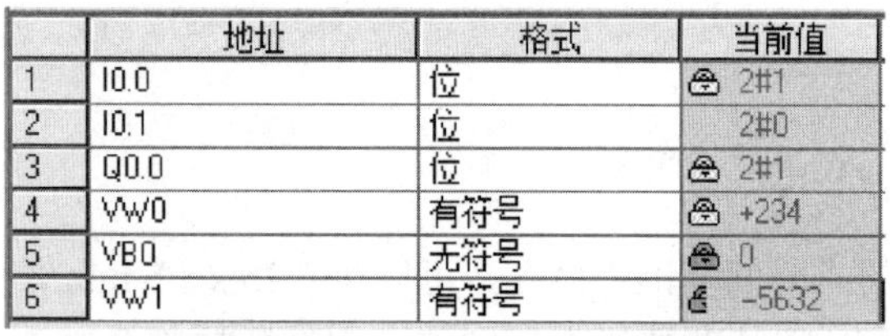

	地址	格式	当前值
1	I0.0	位	2#1
2	I0.1	位	2#0
3	Q0.0	位	2#1
4	VW0	有符号	+234
5	VB0	无符号	0
6	VW1	有符号	-5632

图 A.22　用状态表执行强制

图 A.22 中的 VW0 被显式强制，强制图标是一把黄色的合上的锁。VB0 是 VW0 的一部分，因此它被隐式强制，强制图标是一把灰色的合上的锁。又因为 VW1 的第一个字节 VB1 是 VW0 的第二个字节，所以 VW1 的一部分也被强制，这种情况也属于隐式强制，强制图标是半把灰色的合上的锁，表示该地址被部分隐式强制。不能直接取消对 VB0 的隐式强制和 VW1 的部分隐式强制，必须通过取消对 VW0 的显式强制，才能同时自动取消上述的隐式强制和部分隐式强制。

② 在程序状态监控中执行强制。

在程序监控状态也可以执行强制，只要用鼠标右键单击要强制的变量或地址，在弹出的右键快捷菜单中执行“强制”命令，然后用出现的“强制”对话框进行强制操作即可。在程序状态监控中，被强制后的变量或地址会出现相应的锁形图标，如图 A.23 所示。

③ 取消对单个数据的强制。

选择一个被显式强制的操作数，然后单击工具栏上的“取消强制”按钮，或使用菜单命令“调试”→“取消强制”，或单击鼠标右键，在弹出的右键快捷菜单中选择“取消强制”命令，则被选择的变量或地址的强制图标消失，强制被取消，与该变量或地址有关的隐式强制也同时被取消。

④ 取消全部强制。

单击工具栏上的“取消全部强制”按钮，或使用菜单命令“调试”→“取消全部强制”。使用该功能之前不必选中某个被强制的地址。

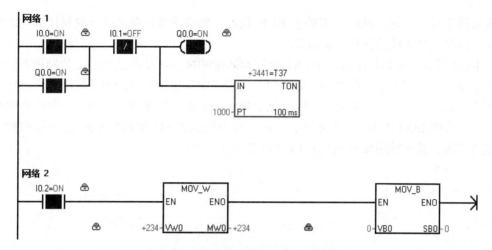

图 A.23　程序状态监控显示的强制图标

⑤ 读取全部强制。

打开状态表，单击工具栏上的"读取全部强制"按钮，或使用菜单命令"调试"→"读取全部强制"，状态表的"当前值"列将会为已被显式强制、隐式强制和部分隐式强制的所有地址显示出相应的强制图标。

4）调试用户程序的其他方法

（1）使用书签。

使用书签可以在程序的不同网络之间进行快速移动。工具栏上的"切换书签"按钮用于在当前光标指定的网络上设置或删除书签；单击 或 按钮将移动到程序中的下一个或上一个标有书签的网络；单击 按钮将删除程序中的所有书签。

（2）首次扫描。

S7-200 从 STOP 模式进入 RUN 模式，首次扫描位 SM0.1 在第一次扫描时为 ON。由于执行速度太快，在程序监控状态观察不到首次扫描刚结束时某些编程元件的状态。在 STOP 模式执行菜单命令"调试"→"首次扫描"，则 PLC 进入 RUN 模式，执行完第一次扫描后，会自动回到 STOP 模式，这样用户就可以观察到首次扫描后的编程元件的状态。

（3）多次扫描。

在 STOP 模式执行菜单命令"调试"→"多次扫描"，在出现的对话框中指定程序扫描的次数（1～65 535 次），单击"确认"按钮，则 PLC 从 STOP 转到 RUN 模式，执行完指定的扫描次数后，会自动返回到 STOP 模式。

（4）在 RUN 模式下编辑用户程序。

S7-200 允许用户不必切换到 STOP 模式，而直接在 RUN 模式下便可以对程序做较小的改动，并将改动下载到 PLC 中。

建立好计算机和 PLC 的通信连接后，在 RUN 模式下执行菜单命令"调试"→"RUN（运行）模式下程序编辑"，出现"上载"对话框和警告信息。单击"上载"按钮，程序被上载。上载结束后，进入 RUN 模式编辑状态，这时会出现一个跟随鼠标移动的 PLC 图标。

再次执行菜单命令"调试"→"RUN（运行）模式下程序编辑"，将退出 RUN 模式编辑。编辑前应退出程序状态监控，修改程序后，需要将改动下载到 PLC 中。因为在 RUN 模式下编辑和下载程序时，PLC 一直处于 RUN 状态，所以下载程序之前一定要仔细考虑可能对设备或操作人员造成的各种安全后果。

在 RUN 模式下编辑程序过程中，STEP 7–Micro/WIN 会自动在已有的上升沿和下降沿触点指令上面为其分配一个临时编号。如果用户在程序中新增加上升沿和下降沿触点指令，则要求用户为其指定一个临时编号，同时交叉引用表中出现"沿使用"选项卡，并在其中列出了程序中所有的 EU/ED 指令。选项卡中的 P 和 N 分别代表 EU 和 ED 指令，用户修改程序时可以参考该表，禁止使用编号重复的 EU/ED 指令。

附录 B

S7-200 仿真软件的使用

B.1 软件概述

除阅读相关教材及 S7-200 用户手册外,学习 PLC 最有效的方法是多动手编程并上机调试。但很多读者没有 PLC,缺乏相应的调试环境,编写程序后无法进行调试,编程能力很难进一步提高。目前网上有一种 S7-200 PLC 的仿真软件,很好地解决了这一问题。该软件通过在网上搜索"S7-200 仿真软件"即可找到并下载,且国内有人将其进行了部分汉化。

S7-200 仿真软件下载后不需安装,双击其中的"S7-200.exe"文件即可直接打开,然后单击屏幕中间出现的画面,在密码框中输入密码"6596",进入仿真软件,如图 B.1 所示。

此仿真软件虽然不能模拟 S7-200 的全部指令和功能,但它仍然不失为一个很好的学习 S7-200 的工具软件。本节主要以 V3.0 版的仿真软件为例加以介绍。

B.2 软件使用

1. 硬件配置

仿真软件使用前需要根据项目实际情况进行硬件配置。

1) CPU 配置

可以通过在图 B.1 所示的"CPU 模块"双击或选择菜单命令"配置"→"CPU 型号"来选择 CPU 型号,如图 B.2 所示。

2) 扩展模块配置

在图 B.1 所示相应扩展模块位置上双击,出现如图 B.3 所示的扩展模块配置对话框,在此对话框中用户可以选择扩展模块的种类。

如果用户选择了模拟量扩展模块,还可以继续通过单击模块下部的"Conf.Module"(模块参数设置)按钮(图 B.1),打开如图 B.4 所示的模拟量扩展模块配置对话框,通过该对话框可以设置模块上模拟量输入/输出的类型。

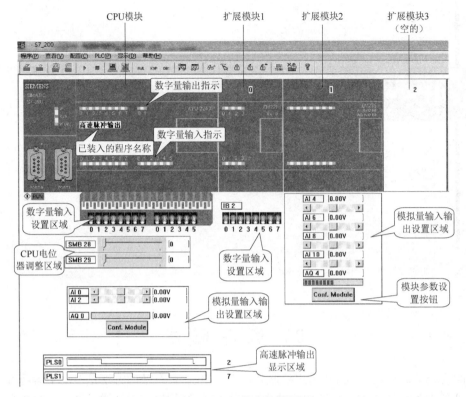

图 B.1　S7–200 仿真软件界面

图 B.2　CPU 型号配置对话框

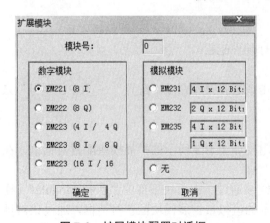

图 B.3　扩展模块配置对话框

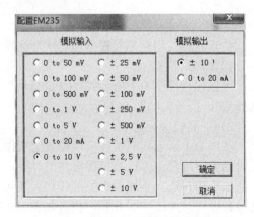

图 B.4　模拟量扩展模块配置对话框

2. 软件界面其他主要区域功能说明

下面对图 B.1 所示 S7-200 仿真软件界面中其他主要区域的功能进行说明。

1）数字量输入设置区域

在该区域可以模拟数字量输入点是否有输入。用鼠标左键单击相应输入点的小开关，输入点会在有/没有输入之间来回切换。

2）模拟量输入设置区域

通过调整滑块位置调整模拟量输入通道输入电压或电流的大小。

3）CPU 电位器调整区域

通过调整滑块位置调整 SMB 28 和 SMB 29 两个字节的值，以模拟 CPU 上电位器旋转的不同位置。

4）高速脉冲输出显示区域

在该区域显示了 S7-200 输出的两路高速脉冲 PLS0 和 PLS1 的波形及脉冲数量。

5）数字量输入/输出指示区域

该区域指示数字量输入/输出点是否有输入/输出。指示灯亮，表示对应的输入/输出点有输入/输出。

3. 下载及运行程序

1）下载程序到仿真 PLC

仿真 PLC 不能直接接收 S7-200 的项目文件和源程序，只能接收扩展名为 "awl" 格式的 ASCII 文本文件。在 STEP 7-Micro/WIN 中将程序编译成功后，打开主程序 OB1，执行菜单命令 "文件" → "导出"，将 S7-200 的用户程序导出扩展名为 "awl" 的 ASCII 文本文件。

生成 awl 格式文件后，单击仿真软件工具栏上的下载按钮 ，或使用菜单命令 "程序" → "载入程序"，出现如图 B.5 所示的装入 CPU 对话框。在该对话框中用户可以选择下载哪些块。选择完成后，单击 "确定" 按钮，在出现的 "打开" 对话框中双击需要下载的 "awl" 文件，开始下载程序。

下载成功后，会在界面上出现图 B.6 所示的语句表和梯形图窗口，用鼠标左键按住程序窗口最上面的标题行，可以将其拖到其他位置，也可以单击右上角的 按钮关闭窗口。

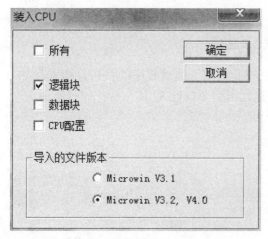

图 B.5 装入 CPU 对话框

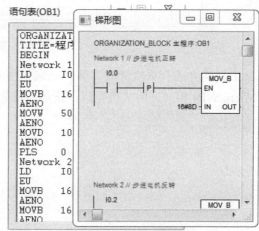

图 B.6 装入程序后的语句表和梯形图窗口

2）在仿真 PLC 中运行程序

程序下载完成后，单击图 B.1 工具栏上的运行按钮▷，或使用菜单命令"PLC"→"运行"，仿真 PLC 即开始运行程序，CPU 模块左侧的 RUN 指示灯亮。

如果用户程序中有仿真软件不支持的指令或功能，则单击运行按钮▷时，会出现仿真软件不能识别指令对话框，单击"确定"按钮后，不能切换到 RUN 模式，RUN 指示灯不会变为绿色。

4．模拟调试程序

仿真 PLC 运行后，用鼠标单击图 B.1 所示 CPU 模块或其他数字量扩展模块上的"数字量输入设置区域"的小开关，可以改变小开关手柄的位置，对应输入点的状态会发生改变，输入点对应的指示灯也会相应地发生变化。指示灯亮表示输入点有输入，否则输入点没有输入。数字量输出点的指示灯也会随输出点有没有输出发生变化。对于模拟量模块上的模拟量输入，可以通过图 B.1 所示的"模拟量输入输出设置区域"的滑块位置来设置模拟输入电压/电流的大小；对于模拟量输出，可以通过观察该区域的模拟量输出对应的状态条大小及数值得知其大小。

在仿真 PLC 处于 RUN 模式时，单击工具栏上的"程序状态监控"按钮 打开程序状态监控，监视图 B.5 所示梯形图程序窗口中触点、线圈等元件的状态。

单击工具栏上的"状态表监控"按钮 ，或使用菜单命令"查看"→"状态表"，出现如图 B.7 所示的状态表监控对话框，监控变量或地址的值。"开始"和"停止"按钮分别用来启动和停止监控。

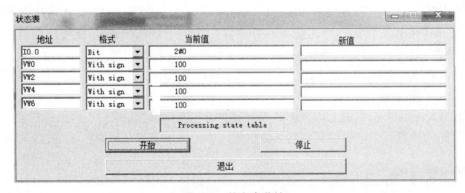

图 B.7 状态表监控

工具栏上还有单次读取、强制、取消强制等其他用于调试程序的按钮，样式与 STEP 7-Micro/WIN 相同，用法也类似，在此不再赘述，由读者自行试用。

参 考 文 献

[1] 廖常初. PLC编程及应用（第四版）[M]. 北京：机械工业出版社，2016.
[2] 陶权，等. PLC控制系统设计、安装与调试（第3版）[M]. 北京：北京理工大学出版社，2014.
[3] 崔维群，等. 可编程控制器应用技术项目教程[M]. 北京：北京大学出版社，2013.
[4] 孙平. 可编程控制器原理及应用（第3版）[M]. 北京：高等教育出版社，2014.
[5] 鲁远栋，等. PLC机电控制系统应用设计技术[M]. 北京：电子工业出版社，2006.
[6] 吴中俊，等. 可编程控制器原理及应用[M]. 北京：机械工业出版社，2007.
[7] 孙海维. SIMATIC可编程序控制器及应用[M]. 北京：机械工业出版社，2005.
[8] 柴瑞娟，等. 西门子PLC编程技术及工程应用[M]. 北京：机械工业出版社，2006.
[9] 胡学林. 可编程控制器原理及应用[M]. 北京：电子工业出版社，2007.
[10] 李辉. S7-200 PLC编程原理与工程实训[M]. 北京：北京航空航天大学出版社，2008.
[11] 西门子公司. SIMATIC S7-200可编程控制器系统手册，2002.
[12] 西门子公司. 用于自动控制系统的工业通信网络，2001.